土壤及地下水修复工程设计
（第 2 版）

Practical Design Calculations for Groundwater and
Soil Remediation, Second Edition

［美］杰夫·郭（Jeff Kuo）编著
北京建工环境修复股份有限公司翻译组　译

電子工業出版社
Publishing House of Electronics Industry
北京·BEIJING

内容简介

本书内容丰富翔实，涵盖了场地修复工程计算的多个方面，包括场地调查、反应器设计、土壤和地下水修复等的计算，是一本具有指导意义的设计计算说明书。

场地修复工程涉及地质、水文、化学、土木、环境等学科，这使得具有单一学科背景的人员难以完成系统的场地修复设计计算。本书"烹饪书式"的写作手法解决了以上难题。本书从原理引出公式，再过渡到工程案例计算，循序渐进，使非相关学科背景的人员也能很快读懂，适合作为地下水和土壤修复领域的工程师们的工作手册使用，也可作为高年级大学生或环境修复方向的研究生们的补充教材或参考书使用。

Jeff Kuo: Practical Design Calculations for Groundwater and Soil Remediation, Second Edition, ISBN 1-46658-523-2

Authorized translation from English language edition published by CRC Press, an imprint of Taylor & Francis Group LLC; All rights reserved;

Publishing House of Electronics Industry is authorized to publish and distribute exclusively the Chinese (Simplified Characters) language edition. This edition is authorized for sale throughout Mainland of China. No part of the publication may be reproduced or distributed by any means, or stored in a database or retrieval system, without the prior written permission of the publisher.

Copies of this book sold without a Taylor & Francis sticker on the cover are unauthorized and illegal.

本书原版由 Taylor & Francis 出版集团旗下 CRC 出版公司出版，并经其授权翻译出版。版权所有，侵权必究。本书中文简体翻译版授权由电子工业出版社独家出版并限在中国大陆地区销售。未经出版者书面许可，不得以任何方式复制或发行本书的任何部分。本书封面贴有 Taylor & Francis 公司防伪标签，无标签者不得销售。

版权贸易合同登记号 图字：01-2015-4559

未经许可，不得以任何方式复制或抄袭本书之部分或全部内容。
版权所有，侵权必究。

图书在版编目（CIP）数据

土壤及地下水修复工程设计：第2版／（美）杰夫·郭（Jeff Kuo）编著；北京建工环境修复股份有限公司翻译组译．—北京：电子工业出版社，2016.11
书名原文：Practical Design Calculations for Groundwater and Soil Remediation, Second Edition
ISBN 978-7-121-30135-3

Ⅰ.①土… Ⅱ.①杰… ②北… Ⅲ.①土壤污染—污染防治 ②地下水污染—污染防治 Ⅳ.①X53②X523.06

中国版本图书馆 CIP 数据核字（2016）第 248378 号

责任编辑：李　敏
印　　刷：北京虎彩文化传播有限公司
装　　订：北京虎彩文化传播有限公司
出版发行：电子工业出版社
　　　　　北京市海淀区万寿路173信箱　邮编 100036
开　　本：720×1000　1/16　印张：18.5　字数：342千字
版　　次：2013年6月第1版
　　　　　2016年11月第2版
印　　次：2023年10月第8次印刷
定　　价：59.00元

凡所购买电子工业出版社图书有缺损问题，请向购买书店调换。若书店售缺，请与本社发行部联系，联系及邮购电话：（010）88254888，88258888。
质量投诉请发邮件至 zlts@phei.com.cn，盗版侵权举报请发邮件至 dbqq@phei.com.cn。
本书咨询联系方式：010-88254753 或 limin@phei.com.cn。

北京建工环境修复股份有限公司翻译组成员

组　长：高艳丽

副组长：李书鹏

组　员：杨乐巍　李静文　刘　鹏　韦云霄　王文峰

　　　　刘　阳　徐海珍　于宏旭

译者序

在我国工业化、城市化和农业集约化的快速发展过程中，大量人为排放的污染物进入土壤和地下水，造成的环境影响日益凸显。土壤和地下水污染已成为限制我国经济结构转型、威胁粮食和饮用水安全、危害人民群众身体健康、阻碍社会和经济可持续发展的重大隐患。根据《国家环境保护"十三五"规划》、《土壤污染防治行动计划》等文件，土壤和地下水污染修复工作是目前亟待解决的突出环境问题之一，未来市场潜力巨大。

20世纪80年代以来，欧美发达国家逐步推进污染场地修复工作，在土壤和地下水的治理方面积累了丰富的经验。我国的场地修复起步较晚，直至2007年，国内以北京宋家庄交通枢纽污染场地为代表的修复工程项目开始实施，我国场地修复正式进入大规模的工程化阶段。2007—2015年，国内公开招标的工业场地修复工程类项目近150个。但是，目前国内污染场地修复技术的研究与应用处于起步阶段，缺乏将多领域、交叉学科的理论知识应用于工程实践的经验，设计工作也缺乏系统性和规范性。译者认为，其中的原因包括但不仅限于以下两点。首先，在中文资源检索范围内，各类图书、论文等都对污染场地修复的现有或前沿知识理论体系有了比较全面、详细的介绍，奠定了修复行业发展的基础，但均难以指导实际工程应用。其次，污染场地修复工程涉及环境、土木、地质、水文、化学、生物、材料、机械等领域，若没有经过专门的综合培训，技术/设计人员很难独立完成一整套方案的设计或计算工作。

一方面，污染场地修复工作任重而道远；另一方面，修复工程设计缺乏相关的指导。如何解决"供"、"需"矛盾，提高从业人员的设计水平，确保设计质量、效率及可行性是我们一直思考并致力于解决的问题。译者在杰夫·郭的 *Practical Design Calculations for Groundwater and Soil Remediation* 中找到了答案，并决定翻译此书，与行业同仁或学生共享。该书的特点与各章节主要内容已在内容简介和第 1 章中介绍，在此不再赘述。

2013 年 6 月，在李书鹏、马骏、杨乐巍、张秋子、于宏旭、徐海珍、王翔等同仁的努力下，《土壤及地下水修复工程设计》中文版第 1 版出版，并获得了广大读者的一致好评。2014 年，原著第 2 版一经面世后，北京建工环境修复股份有限公司旋即组织翻译小组，开展此书的翻译工作。此外，为方便广大读者阅读与使用，在征得原著作者同意的前提下，译者们将书籍中的相关公式、经验参数、案例中的美制单位全部统一换算为国际标准单位。为了确保书籍翻译的专业性、计算的准确性，翻译组进行了反复多次的校对、验算工作，为此付出了大量宝贵的时间和精力。

在此，对参与本书翻译与出版的同仁表示衷心的感谢！

如果本书对污染场地修复的业内同仁或有志于从事修复事业的学生有所帮助，译者将感到莫大的欣慰。由于翻译的水平和时间有限，文中难免存在错漏，恳请读者指正和原谅。

译 者

2016 年 9 月

作者序

近年来，人们对危险废弃物管理行业的关注已从诉讼、场地评价放眼至场地修复。场地修复阶段工作繁多，需要各方充分协调，通力合作。因此，修复专业人员的专业背景往往多种多样——地质学、水文学、化学、微生物学、气象学、毒理学和传染病学等科学学科，以及化学、机械、电力、土木、环境等工程学科。不尽相同的教育背景，使得他们进行或审核场地修复设计计算的能力差异很大。对他们中的一些人来说，做出精准的设计计算似乎是一个难以完成的任务。

绝大多数的场地修复书籍仅给出了描述性的修复措施，在我看来，还没有一本书能提供具有指导意义的设计计算说明。应土壤和地下水修复领域同行们——受聘于工业行业、咨询公司、律师事务所和管理部门的现场工程师、科学家和法律专家，以及高校在校生和毕业生的现实需要，特编此书。本书涵盖了修复领域中关键设计计算工作的重要方面，并提供了相关实用的工作信息，这些信息均来自前人著作文献及我个人在咨询和教学工作中的亲身实践经验。本书也可以作为打算从事场地修复领域工作的本科生或研究生的教科书或参考书。我真挚地希望，该书能成为场地修复领域专家和学生们的有用工具。

本书在1999年发行了第1版，距今已有15年的时间。此间我收到了来自世界各地读者的反馈，在此我表示真诚的感谢。在被多次鼓动之后，我最终完成了第2版的编写。我真挚地希望，该书能成为场地修复领域人员的有用工具。如果您有什么意见或建议，欢迎来信至我的邮箱jkuo@fullerton.edu。

最后，请允许我借此机会感谢洛杉矶郡卫生区的Tom Hashman和Ziad El Jack，他们为原稿修订提出了许多宝贵意见。

作者简介

杰夫·郭（Jeff Kuo）于 1995 年受聘于加利福尼亚州立大学（位于美国加州富勒顿）土木与环境工程系，在此之前，他已在环境工程领域从业十余载。他在地下水科技股份有限公司（现在的 Flour-GTI）、戴姆斯摩尔公司（Dames & Moore）、詹姆斯·蒙哥马利咨询工程公司（现在的 Montgomery-Watson）、南亚塑胶公司和洛杉矶郡卫生区的工作中积累了丰富的从业经验。杰夫·郭在环境工程领域的实践经验包括：空气吹脱装置、活性炭吸附器、土壤气相抽提系统、火焰/催化焚烧炉及土壤和地下水修复生物系统的设计与安装；场地评价和环境中有害物质的归趋分析；填埋场和超级基金场地的修复调查、可行性研究工作；应对日趋严格的无组织排放要求的特殊设计；污水处理系统的尾气排放；污水处理。此外，他还完成了多项研究：卤代芳烃的超声波脱氯、粉剂/菌剂在多孔介质内的迁移、沥青的生物可降解性、复合矿物氧化物的表面特征、活性炭吸附动力学、污水过滤、离子交换树脂的三氯甲烷生成势、紫外消毒、连续性氯化、硝化、脱硝、纳米粒子去除目标化合物、过硫酸盐氧化难降解化学制品、污水微波氧化、垃圾填埋气回收利用、温室气体和甲烷排放的控制技术和雨水径流处理。

杰夫·郭在"国立"台湾大学取得化学工程学士学位，在美国怀俄明州立大学取得化学工程硕士学位，后在南加利福尼亚州立大学获得石油工程硕士学位及环境工程的硕士、博士学位。杰夫·郭是加利福尼亚注册土木工程师、注册机械工程师、注册化学工程师。

目 录

第1章 概述 ·· 1

  1.1 背景和目标 ··· 1

  1.2 本书结构 ·· 2

  1.3 如何使用本书 ·· 3

第2章 场地评价及修复调查 ··· 4

  2.1 概述 ·· 4

  2.2 污染程度的确定 ··· 6

    2.2.1 质量和浓度关系 ··· 6

    2.2.2 储罐移除或污染区域挖掘产生的土壤量 ············· 16

    2.2.3 包气带中污染土壤的量 ···································· 19

    2.2.4 汽油中各组分的质量分数和摩尔分数 ················ 23

    2.2.5 毛细带高度 ··· 25

    2.2.6 计算自由漂浮相的质量和体积 ·························· 27

    2.2.7 确定污染范围——一个综合计算案例 ··············· 29

  2.3 土壤钻孔及地下水监测井 ·· 32

    2.3.1 土壤钻孔的钻屑量 ··· 32

    2.3.2 填料和膨润土密封材料 ···································· 33

    2.3.3 地下水采样的井体积 ······································· 35

  2.4 不同相态中污染物的质量 ·· 36

    2.4.1 自由相与气相的平衡 ······································· 36

  2.4.2 液-气平衡 ·· 40
  2.4.3 固-液平衡 ·· 44
  2.4.4 固-液-气平衡 ·· 48
  2.4.5 污染物在不同相中的分配 ·· 50
参考文献 ·· 59

第3章　污染羽在含水层和土壤中的迁移 ··· 60
3.1 概述 ·· 60
3.2 地下水运动 ··· 61
  3.2.1 达西定律 ·· 61
  3.2.2 达西流速和渗流速度 ·· 62
  3.2.3 固有渗透率与渗透系数的比较 ·· 64
  3.2.4 导水系数、给水度和释水系数 ··· 67
  3.2.5 确定地下水径流的水力梯度和方向 ··· 69
3.3 地下水抽水 ··· 70
  3.3.1 承压含水层的稳态流 ·· 70
  3.3.2 非承压含水层的稳态流 ··· 73
3.4 含水层试验 ··· 76
  3.4.1 泰斯（Theis）方程 ··· 76
  3.4.2 Cooper-Jacob 直线法 ·· 78
  3.4.3 距离-降深方法 ·· 80
3.5 溶解羽的迁移速度 ·· 82
  3.5.1 对流-弥散方程 ·· 82
  3.5.2 扩散系数和弥散系数 ·· 83
  3.5.3 地下水迁移的阻滞因子 ··· 88
  3.5.4 溶解羽的迁移 ··· 90
3.6 包气带污染物的迁移 ··· 93
  3.6.1 包气带中的液体运动 ·· 93
  3.6.2 包气带中气体扩散 ··· 95
  3.6.3 包气带中气相迁移的阻滞因子 ··· 97
参考文献 ·· 99

第 4 章　物质平衡概念和反应器设计 ·············· 101

- 4.1　概述 ·············· 101
- 4.2　物质平衡概念 ·············· 102
- 4.3　化学动力学 ·············· 104
  - 4.3.1　速率方程 ·············· 105
  - 4.3.2　半衰期 ·············· 107
- 4.4　反应器类型 ·············· 109
  - 4.4.1　序批式反应器 ·············· 110
  - 4.4.2　连续流搅拌式反应器（CFSTR） ·············· 114
  - 4.4.3　活塞流反应器（PFR） ·············· 116
- 4.5　确定反应器尺寸 ·············· 118
- 4.6　反应器组合 ·············· 120
  - 4.6.1　串联反应器 ·············· 121
  - 4.6.2　并联反应器 ·············· 127

第 5 章　包气带土壤修复 ·············· 133

- 5.1　概述 ·············· 133
- 5.2　土壤气相抽提 ·············· 133
  - 5.2.1　土壤通风技术介绍 ·············· 133
  - 5.2.2　抽提气体浓度 ·············· 134
  - 5.2.3　影响半径和压强分布 ·············· 143
  - 5.2.4　气体流量 ·············· 146
  - 5.2.5　污染物去除速率 ·············· 151
  - 5.2.6　清理时间 ·············· 154
  - 5.2.7　温度对 SVE 的影响 ·············· 158
  - 5.2.8　气体抽提井的数量 ·············· 159
  - 5.2.9　真空泵（风机）的规格 ·············· 160
- 5.3　土壤洗脱/溶剂浸提/土壤冲洗 ·············· 162
  - 5.3.1　土壤洗脱（Soil Washing）技术介绍 ·············· 162
  - 5.3.2　土壤洗脱系统设计 ·············· 162
- 5.4　土壤生物修复 ·············· 166

5.4.1 土壤生物修复技术介绍 …… 166
5.4.2 水分需求量 …… 167
5.4.3 营养物需求量 …… 168
5.4.4 氧气需求量 …… 170
5.5 生物通风 …… 172
5.5.1 生物通风技术介绍 …… 172
5.5.2 生物通风技术设计 …… 173
5.6 原位化学氧化 …… 175
5.6.1 原位化学氧化技术介绍 …… 175
5.6.2 常用氧化剂 …… 175
5.6.3 氧化剂需求量 …… 176
5.7 热裂解 …… 179
5.7.1 热裂解技术介绍 …… 179
5.7.2 焚烧单元设计 …… 180
5.7.3 危险废物焚烧的法规要求 …… 181
5.8 低温加热解吸 …… 183
5.8.1 低温加热解吸技术介绍 …… 183
5.8.2 低温加热解吸技术设计 …… 184
参考文献 …… 186

第6章 地下水修复 …… 187

6.1 概述 …… 187
6.2 地下水抽出 …… 188
6.2.1 降落漏斗 …… 188
6.2.2 捕获区分析 …… 192
6.3 活性炭吸附 …… 199
6.3.1 活性炭吸附技术介绍 …… 199
6.3.2 吸附等温线和吸附容量 …… 200
6.3.3 活性炭吸附系统设计 …… 202
6.4 空气吹脱 …… 206
6.4.1 空气吹脱技术介绍 …… 206
6.4.2 空气吹脱系统设计 …… 207

6.5 异位生物修复 ... 212
    6.5.1 异位生物修复技术介绍 ... 212
    6.5.2 地上生物修复系统设计 ... 212
6.6 原位地下水修复 ... 214
    6.6.1 原位生物修复技术介绍 ... 214
    6.6.2 基于增加溶解氧的强化生物降解 ... 214
    6.6.3 基于添加营养物质的强化生物降解 ... 218
6.7 空气注入 ... 219
    6.7.1 空气注入技术介绍 ... 219
    6.7.2 空气注入的增氧效果 ... 219
    6.7.3 空气注入压力 ... 221
    6.7.4 空气注入供电要求 ... 223
6.8 生物曝气 ... 224
6.9 化学沉淀法去除重金属 ... 225
6.10 原位化学氧化 ... 226
6.11 高级氧化工艺 ... 228
参考文献 ... 230

第7章 VOCs富集气体处置 ... 231

7.1 概述 ... 231
7.2 活性炭吸附 ... 231
    7.2.1 活性炭吸附技术介绍 ... 231
    7.2.2 颗粒状活性炭吸附系统规模设计 ... 232
    7.2.3 吸附等温线与吸附量 ... 232
    7.2.4 活性炭吸附器的常用横截面积和高度 ... 235
    7.2.5 计算活性炭吸附器的污染物去除速率 ... 237
    7.2.6 更换（或再生）频率 ... 238
    7.2.7 活性炭需求量（现场再生） ... 239
7.3 热氧化 ... 239
    7.3.1 气体流量与温度的关系 ... 240
    7.3.2 气体的热值 ... 241
    7.3.3 稀释空气 ... 243

7.3.4 助燃空气 ·········· 245
  7.3.5 补充燃料用量 ·········· 247
  7.3.6 燃烧室体积 ·········· 248
 7.4 催化焚烧 ·········· 250
  7.4.1 稀释空气 ·········· 250
  7.4.2 补热需求 ·········· 251
  7.4.3 催化反应床的体积 ·········· 252
 7.5 内燃机 ·········· 253
 7.6 土壤生物滤床 ·········· 254
 参考文献 ·········· 255
案例索引 ·········· 256
专业名词中英文对照 ·········· 262

第1章

概 述

1.1 背景和目标

从 20 世纪 70 年代中期开始，随着公众的关注，美国颁布了一系列环境法规，危险废弃物管理业务得到了稳定的增长。在这个时期的大部分时间里，各方花费了大量的时间和经费研究污染场地，其中大部分用于确定财政责任方，然而，近些年来关注的焦点从诉讼和场地评价转移到了修复工程上。场地修复通常需要多个阶段来实现，并需要多学科的协同努力。因此，修复专业人员的专业背景往往多种多样——地质学、水文学、化学、微生物学、气象学、毒理学和传染病学等科学学科，以及化学、机械、电力、土木、环境等工程学科。不尽相同的教育背景，使得他们进行或审核场地修复设计计算的能力差异很大。对他们中的一些人来说，做出精准的设计计算似乎是一件难以完成的任务。

由于土壤性质和地下的地质、水文特征极大地影响着一个给定技术的可实施性和有效性，土壤和地下水修复比传统的水处理、污水处理更为复杂。随着修复技术的不断发展，受过正规训练的修复专业人员的短缺情况进一步加剧。虽然最新的设计信息在文献上零星出现过，但通常是纯理论性的，很少能提供实际应用的例证。此外，大部分关于场地修复的书籍仅仅提供对修复技术叙述性的描述。以作者的观点，目前尚没有一本书对阐述设计计算提供有帮助的指导。

选择一个合适的修复方案是由具体的场地情况决定的。在做出一个正确的决定之前，人们需要了解每个技术的适用性和局限性。与了解一个修复技术是如何工作相比，更重要的是我们需要认识到为什么这个技术不适用于当前的污染场地。

可以这样说，若没有适当的培训，环境专业人员只能努力地做无用的重复性工作，并在他们的设计计算中犯错。本书涵盖了土壤和地下水修复领域主要设计计算的重要方面，同时提供了来自文献和作者自己经验的实用的、有重大作用的工作信息。丰富的实际案例阐述了修复设计计算的应用，其中很多案例旨在帮助读者建立正确的观念和常识。这本书的编写是为了给在土壤和地下水修复领域相关的咨询公司、律师事务所和监管机构从业的现场工程师、科学家和法律专家解决当前的需求；同时，本书也可以作为打算从事场地修复领域工作的本科生或研究生的教科书或参考书。

1.2 本书结构

除了概述章节，本书分为以下6个章节。

第2章 场地评价及修复调查。本章举例说明了在场地评价和修复调查过程中需要的工程计算。本章以简单的计算开始，计算污染土壤挖掘量、包气带中剩余受污染的土壤量及含水层中污染羽的尺寸。本章也包括通过必要的计算，确定污染物在不同相态间的质量分配，这对修复系统的设计和实施至关重要。

第3章 污染羽在含水层和土壤中的迁移。本章介绍了如何估算地下水运动和污染羽迁移的速率。读者也可学习如何解释含水土层测试数据和估计地下水污染羽的年代。

第4章 物质平衡概念和反应器设计。本章首先介绍了物质平衡概念，然后介绍了反应动力学及反应器的类型、结构和尺寸。读者将学会如何为专门的应用实践确定速率常数、去除率、反应器的优化组合，需要的停留时间及反应器尺寸。

第5章 包气带土壤修复。本章对于常用的原位和异位土壤修复技术，如土壤气相抽提、土壤清洗和土壤生物修复、原位化学氧化、低温热脱附、热裂解等，提供了重要的设计计算。以土壤气相抽提为例，本书将指导读者通过设计计算确定影响半径、井距、空气流量、抽提污染物浓度、温度对抽提蒸气流量的影响、净化时间及真空风机规格。

第6章 地下水修复。本章以捕获区和优化井距的设计计算开始，其余部分集中在常用的原位和异位地下水修复技术的设计计算，包括活性炭吸附、空气注入和吹脱、原位/异位生物修复、空气曝气、生物曝气、化学沉淀、原位化学氧化及高级氧化工艺。

第 7 章　VOCs 富集气体处置。污染土壤和地下水修复常导致有机污染物迁移至空气相。空气排放控制策略的制定和实施是整个修复计划的主要组成部分。本章举例说明了常用的尾气治理技术的设计计算，包括活性炭吸附、直接焚烧、催化焚烧、内燃机焚烧及生物过滤的设计计算。

1.3　如何使用本书

本书的结构编排全面地覆盖了常用的土壤及地下水修复技术，以用户友好的"烹饪书"风格进行编写。在翻译过程中，译者将整本书采用的美国通用单位换算为了国际单位制（SI 制），避免了读者不断进行单位换算。在设计公式之后提供了具体案例，其中一些案例用于说明重要的设计概念。使用本书最好的方法之一是首先跳过问题描述和讨论，阅读标题浏览全书，当遇到相关设计计算之后再详细翻阅相关具体问题。

第 2 章

场地评价及修复调查

2.1 概述

明确和定义修复项目的问题是典型土壤和地下水修复项目的第一步，也是最关键的一步，通常需要经过场地评价及修复调查（RI）工作来完成。

场地评价（也被称为场地特征描述）的目的是了解场地的污染历史。修复调查将在确定场地修复的必要性时启动，修复调查活动由补充的场地特征描述和数据收集组成。这些数据对于做控制污染羽迁移和选择修复方案的工程决策是必要的。修复调查活动通常要回答的问题包括如下方面。

- 哪些介质（表层土、包气带、地下含水层、空气等）受到了污染？
- 污染羽存在于各个受污染介质的哪些位置？
- 污染羽的垂直和水平范围有多大？
- 污染物的浓度如何？
- 污染羽已经存在多久了？
- 污染羽将去向何处？
- 污染羽是否超出了产权边界？
- 污染羽的移动速度有多快？
- 污染物在现场的污染源是什么？
- 是否有潜在的异地污染源影响污染羽（过去和/或现在）？

由于地下储罐（USTs）溢洒或泄漏产生的污染物而引起的环境问题通常需要

采取修复措施。污染物可能以不同相态存在于不同的介质中。

（1）包气带：

① 孔隙中的气相；

② 孔隙中的自由相；

③ 溶解于土壤水分中；

④ 吸附在土壤颗粒上；

⑤ 漂浮在毛细区边缘之上（对轻质非水相液体 LNAPLs 而言）。

（2）地下含水层：

① 溶解于地下水中；

② 吸附在含水层介质中；

③ 以自由相的形式与地下水共存于空隙介质中或存于基岩顶板之上（对重质非水相液体 DNAPLs 而言）。

常规的修复调查（RI）活动应该包括以下内容：

① 污染源的移除，如泄漏的地下储罐；

② 安装钻孔；

③ 安装地下水监测井；

④ 土壤样品采集和分析；

⑤ 地下水样品采集和分析；

⑥ 地下水高程数据的采集；

⑦ 含水层试验；

⑧ 对于可能成为影响含水层污染源的土壤的移除。

通过这些修复调查活动，可以收集以下数据：

① 包气带和地下含水层中污染物的类型；

② 采集的土壤及地下水样品中的污染物浓度；

③ 污染羽在包气带和地下含水层中的垂直和水平分布范围；

④ 非水相液体（LNAPLs 和 DNAPLs）的垂直和水平分布范围；

⑤ 土壤特性，包括土壤类型、密度、孔隙率、含水率等；

⑥ 地下水高程；

⑦ 含水层试验中的水位降深数据。

利用以上收集的数据，展开工程计算以推动场地修复。通常污染场地的工程计算包括以下内容：

① 地下储罐移除所需开挖土壤的质量和体积；
② 包气带中剩余的污染土壤的质量和体积；
③ 包气带中污染物的质量；
④ 自由相（LNAPLs 和 DNAPLs）的质量和体积；
⑤ 溶解相污染羽在含水层中的大小；
⑥ 含水层中污染物的质量（溶解和吸附相）；
⑦ 地下水流动和水力梯度和方向；
⑧ 含水层的水力传导系数/渗透系数。

除最后两项的计算外，本章将阐述所有上述需要的工程计算；最后两项计算将在第 3 章中涉及。本章也将讨论与场地评价活动相关的计算过程，包括钻孔切削土壤量和地下水取样洗井等有关计算。本章最后将部分讲述污染物在不同相态中的分配计算，清晰地理解相分配现象对于研究地下污染物归趋与运移及修复方式的选择至关重要。

2.2 污染程度的确定

2.2.1 质量和浓度关系

如前文所述，污染物可能以不同相态（如气相、溶解相、吸附相或自由相）存在于不同的介质中（如土壤、水、空气）。在环境工程实际应用中，污染物的浓度表达通常采用百万分之一（ppm）、十亿分之一（ppb）、万亿分之一（ppt）等几种形式。

尽管大家经常使用这些浓度单位，但是有些人或许还没有真正理解"1 ppm"的含义。例如，对于液体、固体和气体样品，1 ppm 代表的含义并不相同。在液相和固相中，ppm 单位表示质量/质量，即 1 ppm 表示某种化合物质量占介质质量的一百万分之一。1 ppm 的苯污染土壤，表示 1 g 土壤介质中含有 1 μg 的苯，即 1 g 土壤中含 10^{-6} g 苯（1 μg/g），或 1 kg 土中含 1 mg 的苯（1 mg/kg）。

对液相而言，1 ppm 的苯表示 1 g 水中溶解了 1 μg 的苯，或 1 kg 水中溶解了 1 mg 苯。由于通常情况下测量液体的体积比质量更方便，并且在常规环境条件下 1 kg 的水体积大约是 1 L，因此人们通常用"1 ppm"表示"液体中所含化合物的浓度是 1 mg/L"。应当指出的是，1 ppm（1 mg/kg 或 1 mg/L）等于 1000 ppb（1000 μg/kg 或 1000 μg/L）= 10^6 ppt（10^6 ng/kg 或 10^6 ng/L）。另外，质量分数为 1% 的浓度（10000 mg/kg）等于 10000 ppm，因为 1/100 = 10000/1000000。

对气相而言，情况则完全不同。气相 ppm 的单位是基于体积/体积（基于摩尔/摩尔）的，其通常结合体积来使用（ppmV）。空气中 1 ppmV 的苯，表示一百万份体积的空气中含有一份体积的苯。在修复工作中通常需要将 ppmV 转换成质量浓度单位，可以使用下列公式

$$1\,\text{ppmV} = \begin{cases} \text{MW}/22.4 & [\text{mg/m}^3], \quad 0\,°\text{C} \\ \text{MW}/24.05 & [\text{mg/m}^3], \quad 20\,°\text{C} \\ \text{MW}/24.5 & [\text{mg/m}^3], \quad 25\,°\text{C} \end{cases} \tag{2.1}$$

或

$$1\,\text{ppmV} = \begin{cases} \dfrac{\text{MW}}{359} \times 10^{-6} & [\text{lb/ft}^3], \quad 32\,°\text{F} \\ \dfrac{\text{MW}}{385} \times 10^{-6} & [\text{lb/ft}^3], \quad 68\,°\text{F} \\ \dfrac{\text{MW}}{392} \times 10^{-6} & [\text{lb/ft}^3], \quad 77\,°\text{F} \end{cases} \tag{2.2}$$

式中，MW 是化合物的分子量，以上每个公式中分母上的数字是理想气体在对应温度和一个大气压（atm）下的摩尔体积。例如，在 0 ℃时，1mol 理想气体的体积是 22.4 L。

以苯为例来确定 ppmV 与 mg/m³ 之间的换算因子（压力 P=1 atm）。苯的分子量是 78.1，因此，1 ppmV 苯相当于

$$1\,\text{ppmV 苯} = \begin{cases} \dfrac{78.1}{24.05} = 3.24\,\text{mg/m}^3, & 20\,°\text{C} \\ \dfrac{78.1}{24.5} = 3.18\,\text{mg/m}^3, & 25\,°\text{C} \end{cases} \tag{2.3}$$

作为比较，1 ppmV 的四氯乙烯（PCE，C_2Cl_4，MW=165.8）在 20 ℃和 1 atm 时相当于

$$1\,\text{ppmV 四氯乙烯} = \dfrac{165.8}{24.05} = 6.89\,\text{mg/m}^3, \quad 20\,°\text{C} \tag{2.4}$$

从该例可知，由于分子量不同，不同化合物的换算因子也不同。在 20 ℃时，1 ppmV 的四氯乙烯是 1 ppmV 苯的质量浓度的两倍（质量浓度分别为 6.89 mg/m³ 和 3.25 mg/m³）。另外，化合物的换算因子取决于温度，因为其分子体积随温度

而变化。对于同一化合物的 ppmV 值，温度越高则质量浓度越小。

在修复工程设计中，经常有必要确定污染物在介质中的质量。污染物的质量可以由其浓度及含有污染物介质的质量得出。该计算程序简单，但对液相、固相、气相有轻微差别，差别主要来自浓度单位。

以液相受溶解态污染物污染这一最简单的情形开始。溶解的污染物在液相中的浓度（C）通常表示为：污染物质量/液体体积，如 mg/L，因此，污染物在液相中的质量可以由其浓度乘以液相体积（V_l）得到，即

$$污染物在液相中质量 = 液相体积 \times 液相浓度 = V_l \times C \tag{2.5}$$

土壤样品被送至实验室进行分析检验时，通常会含有水分。对样品的处理首先需要称重，这个重量包括干燥土壤和附着水分的重量。若该土壤受到了污染，污染物会存于土壤颗粒的表面（吸附相）及土壤水分中（溶解相）。土壤样品中的吸附相和液相污染物将会作为整体提取出来。土壤表层的污染物浓度（X）通常表示为：污染物的质量/土壤质量，如 mg/kg；因此，污染物的质量可以由其浓度乘以土壤质量（M_s）得到，即

$$土壤中污染物的质量 = 污染物浓度 \times 土壤质量 = X \times M_s \tag{2.6}$$

土壤的质量也可以被估算为土壤体积和堆积密度的乘积。堆积密度可由物质总质量除以其占据的体积计算得出。在土木工程实践中，堆积密度的报告值通常是基于干燥土壤，即"干燥"堆积密度（干燥土壤质量/总体积）。然而，污染物在土壤中的浓度通常是基于湿土（土壤+水分）质量来计算。因此，在用堆积密度来计算土壤质量，以及在随后的关注污染物质量的计算中，堆积密度应为"湿"堆积密度（含水土壤的总质量/总体积）。"湿"堆积密度也被称为总堆积密度，在本书中用，用符号 ρ_t 来表示总堆积密度，符号 ρ_b 表示干燥堆积密度。所以，污染物在土壤中的质量也可以表达为

$$土壤中污染物的质量 = [(土壤体积) \times (总堆积密度)] \times 污染物浓度$$
$$= [(V_s)(\rho_t)]X = M_s \times X \tag{2.7}$$

气相中污染物的浓度（G）通常表示为体积/体积，如 ppmV；或质量/体积，如 mg/m³。计算质量时，首先需要用公式（2.1）把浓度换算成质量/体积的形式，然后气相中污染物的质量可以由其浓度乘以气相体积（V_a）得到，即

$$气相中污染物的质量 = 气相体积 \times 浓度 = (V_a)(G) \tag{2.8}$$

案例 2.1 质量和浓度关系

以下哪个介质中含有二甲苯（$C_6H_4(CH_3)_2$）的量最大？

a. $3875\ m^3$ 的水含有 10 ppm 的二甲苯；
b. $76.46\ m^3$ 的土壤（总堆积密度$=1.8\ g/cm^3$）含有 10 ppm 的二甲苯；
c. 一个空仓库（$60.96\ m \times 15.24\ m \times 6.10\ m$）的空气（20 ℃）中含有 10 ppmV 的二甲苯（参考公式（2.1））。

解答：

a. 二甲苯在液相中质量 = 液相体积 × 液相浓度
   $= (3875\ m^3) \times (1000\ L/m^3) \times (10\ mg/L) = 3.79 \times 10^7\ mg$

b. 土壤中二甲苯的质量 = 土壤体积 × 总堆积密度 × 土壤中二甲苯浓度
   $= (76.46\ m^3) \times (1.8\ g/cm^3) \times (10\ mg/kg)$
   $= 1.37 \times 10^6\ mg$

c. 二甲苯 $(C_6H_4(CH_3)_2)$ 的分子量$=12 \times 6+1 \times 4+(12+1 \times 3) \times 2=106\ g/mol$

   当 $T=20$ ℃，$P=1$ atm 时，有
   $10\ ppmV = 10 \times (二甲苯的分子量/24.05)\ mg/m^3$
   $= 10 \times (106/24.05)\ mg/m^3 = 44.07\ mg/m^3$

   气相中二甲苯的质量 = 气相体积 × 气相浓度
   $= (60.96\ m \times 15.24\ m \times 6.10\ m) \times (44.07\ mg/m^3)$
   $= 2.5 \times 10^5\ mg$

由此，水中含有的二甲苯量最大。

讨论

1. 在进行 ppmV 与质量密度的单位转换时，需要指定相应的温度和压力。
2. 应当指出的是，二甲苯有三种异构体，即邻-二甲苯、间-二甲苯和对-二甲苯。

案例 2.2 质量和浓度关系（采用国际单位制）

以下哪种介质中含有甲苯（$C_6H_5(CH_3)$）的量最大？

a. $5000\ m^3$ 水中含有 5 ppm 甲苯；
b. $5000\ m^3$ 土壤（总堆积密度$=1800\ kg/m^3$）含有 5 ppm 甲苯；

c. 一个空仓库（室内空间为 5000 m³）的空气中（25 ℃）含有 5 ppmV 甲苯（参考公式（2.1））

解答：

a. 甲苯在液相中质量 ＝ 液相体积 × 液相浓度
$$= (5000 \text{ m}^3) \times (1000 \text{ L/m}^3) \times (5 \text{ mg/L}) = 2.5 \times 10^7 \text{ mg}$$

b. 土壤中甲苯的质量 ＝ 土壤体积 × 总堆积密度 × 土壤中污染物浓度
$$= \left[(5000 \text{ m}^3) \times (1800 \text{ kg/m}^3) \right] \times (5 \text{ mg/kg})$$
$$= 4.5 \times 10^7 \text{ mg}$$

c. 甲苯（$C_6H_5(CH_3)$）的分子量 = 12×6+1×5+(12+1×3) = 92 g/mol

当 T=25 ℃，P=1 atm 时，有

$$5 \text{ ppmV} = 5 \text{ ppmV} \times (\text{甲苯的 MW}/24.5) \text{ mg/m}^3$$
$$= (5) \times (92/24.5) \text{ mg/m}^3 = 18.76 \text{ mg/m}^3$$

气相中甲苯的质量 ＝ 气相体积 × 气相浓度
$$= (5000 \text{ m}^3) \times (18.76 \text{ mg/m}^3)$$
$$= 9.38 \times 10^4 \text{ mg}$$

由此，土壤中甲苯的含量最大。

讨论

1. 在此类计算中使用国际单位制会更方便，因此本书全部采用国际单位。但工程师们在工作中仍需要掌握单位间的转换，尤其在美国，美国常用单位仍然经常会在项目中使用。

2. 虽然以上案例的体积都是 5000 m³，浓度均为 5 ppm，但污染物的量在三种介质中差别很大。

3. 请注意，由于环境温度的差异（25 ℃与 20 ℃），在本例中 ppmV 与质量浓度间的单位转换不同于案例 2.1。

▶ 案例 2.3 质量和浓度关系

假设某人一天喝了 2 L 含有 10 ppb 的苯和吸入了 20 m³ 含有 10 ppbV 苯的空气（20 ℃），问哪种情况摄取或吸入的苯多？假设成人一般的水摄取量为 2 L/d，空气吸入量为 15.2 m³/d。

解答：

a. 一天的苯摄取量为

$$(2 \text{ L/d}) \times (10 \times 10^{-3} \text{ mg/L}) = 2 \times 10^{-2} \text{ mg/d}$$

b. 苯（C_6H_6）的分子量=12×6+1×6=78 g/mol

当 T=20 ℃，P=1 atm 时，有

$$10 \text{ ppbV} = (10 \times 10^{-3}) \times (78/24.05) \text{ mg/m}^3 = 0.0324 \text{ mg/m}^3$$

一天的苯吸入量为

$$(15 \text{ m}^3/\text{d}) \times (0.0324 \text{ mg/m}^3) = 0.49 \text{ mg/d}$$

由此，呼吸系统吸入的苯更多。

 讨论

1. 1 ppb = 0.0001 ppm。
2. 题中没有给出特定的气压，假设 P 为一个大气压。

案例 2.4　质量和浓度关系

玻璃瓶中装有 900 mL 的二氯甲烷（CH_2Cl_2），比重为 1.335，不慎未盖瓶盖，在一个通风条件很差的房间（5 m×6 m ×3.6 m）里放了一周。在下个周一发现时已有 2/3 的二氯甲烷挥发。计算最坏的情况下（没有室内外的空气交换，所有挥发的二氯甲烷依然存在于该房间中），室内空气中二氯甲烷的浓度会超过美国职业健康和安全管理局容许的八小时平均暴露剂量限值（PEL）25 ppmV 吗？会超过短期接触限制值（STEL）125 ppmV 吗？

解答：

a. 二氯甲烷的挥发量 = 液体体积 × 比重

$$= [(2/3) \times (900 \text{ mL} \times 1 \text{ mL/cm}^3)] \times (1.335 \text{ g/cm}^3) = 801 \text{ g} = 8.01 \times 10^5 \text{ mg}$$

b. 气相浓度以质量/体积表示=质量/体积

$$= (8.01 \times 10^5 \text{ mg})/[5 \text{ m} \times 6 \text{ m} \times 3.6 \text{ m}] = 7417 \text{ mg/m}^3$$

c. 二氯甲烷（CH_2Cl_2）的分子量=12+1×2+35.5×2=85 g/mol

当 T=20 ℃，P=1 atm 时，有

$$1 \text{ ppmV} = (85/24.05) \text{ mg/m}^3 = 3.53 \text{ mg/m}^3$$

$$\text{气相浓度用体积/体积} = (7417\ \text{mg/m}^3)/[3.53\ (\text{mg/m}^3)/\text{ppmV}]$$
$$= 2100\ \text{ppmV}$$

由此，二氯甲烷的浓度会超过容许暴露剂量限值（PEL）和短期接触限制值（STEL）。

 讨论

1. 比重是一种物质的密度与参考物质密度的比率，参考物质通常是 4 ℃ 的水（1 g/cm³ 或 9.807 kN/m³）。
2. 短期接触限制值（STEL）一般是基于 15 分钟的采样时间。
3. 这个计算案例显示，即使是相对小剂量的关注污染物泄漏，也会使空气质量变得有害健康。

↘ **案例 2.5　质量和浓度关系**

某儿童进入一个乙苯（$C_6H_5C_2H_5$）污染场地玩耍。在此期间，他吸入了 2 m³ 含有 10 ppbV 乙苯的空气（20 ℃），同时摄取了少许（约为 1 cm³）含有 5 ppm 乙苯的土壤。问经嘴摄取和呼吸吸入的乙苯哪个更多？假设土壤总堆积密度为 1.8 g/cm³。

解答：

a. 乙苯（$C_6H_5C_2H_5$）的分子量 = 12×8 + 1×10 = 106 g/mol

当 T = 20 ℃，P = 1 atm 时，有

10 ppbV 的乙苯 = $(10×10^{-3}) × (106/24.05)$ mg/m³ = 0.0441 mg/m³

吸入乙苯的质量 = 空气体积 × 气相浓度
= (2 m³) × (0.0441 mg/m³) = 0.0882 mg

b. 乙苯的摄取量 = 土壤体积 × 土壤密度 × 土壤中污染物浓度
= [(1 cm³) × (1.8 g/cm³) × (1 kg/1000 g)] × (5 mg/kg) = 0.009 mg

由此，呼吸系统吸入的乙苯更多。

讨论

1. 通常 8~10 岁儿童每日的空气吸入量为 10 m³。根据案例中的儿童吸入空气量为 2 m³ 可知该儿童在户外场地活动达几个小时。
2. 普通儿童的平均土壤摄入量为 200 mg/d，而有异食癖的儿童平均土壤摄入量为 5000 mg/d（该摄入率只在评估急性暴露的情况下使用）。
3. 由于苯/甲苯/乙苯/二甲苯（BTEX）的毒性，他们是汽油中的主要污染物。请注意乙苯与二甲苯的分子式及分子量是相同的。

案例 2.6　气体 ppmV 浓度

汞的蒸气压在 25 ℃和 1 atm 时为 0.0017 毫米汞柱（mmHg）。假设汞在密闭空间中蒸发至平衡状态时，求空气中汞的理论浓度（以 ppm 为单位）。

解答：

a. 空气中汞的摩尔分数=汞分压/总气压
$$=(0.0017 \text{ mmHg})/(760 \text{ mmHg}) = 2.24 \times 10^{-6}$$

b. 汞的蒸气浓度=空气中汞的摩尔分数
$$=2.24 \times 10^{-6} = 2.24 \text{ ppm（或 ppmV）}$$

讨论

1. 本案例的计算相对比较简单。要进行正确的计算，我们需要正确的理解以 ppm 为单位的蒸气浓度。
2. 工程师需要对常用的压力单位熟悉。1 atm=1.013×10^5 Pa = 720 mmHg = 9.8×10^4 N/m² = 10.33 米水柱。

案例 2.7　气体 ppmV 与质量浓度间的单位转换

美国国家环境空气质量标准（NAAQS）规定二氧化氮的浓度上限为 100 ppb（一小时平均值）。一个弥散模型分析出一个二氧化氮扩散源排放至受体环境的浓度为 180 μg/m³。受体环境的海拔为 1828.8 m，压力为 609.6 mmHg，环境温度为 20 ℃。求在此环境下 NAAQS 的一小时平均二氧化氮值（以 μg/m³ 为单位）。

解答:

a. 当 $T=20\ ℃$,$P=609.6$ mmHg 时,有

理想气体摩尔体积$=(22.4\ L/mol) × (760/609.6) × [(273.13+20)/(273.13)]$

$=29.97\ L/mol$

b. 二氧化氮的摩尔质量$=14×1+16×2=46\ g/mol$

在此环境下,0.100 ppmV 二氧化氮$=(0.100)×(MW/29.97)\ mg/m^3$

$=0.153\ mg/m^3=153\ μg/m^3$($<180\ μg/m^3$)

由此,环境受体的最高二氧化氮浓度超过了 NAAQS 的一小时平均限定值。

讨论

1. 该案例有可能会在注册工程师的考试中遇到。本案例在 ppmV 和质量浓度的单位转换中,温度和压力均需要加入考虑,而之前的案例则假设 $P=1$ atm 的情况。

2. 在计算理想气体的体积时,我们可以使用理想气体状态方程 $PV=nRT$。在计算时需要选择一个合适的气体状态常数(R)。表2.1 提供了各种单位的气体状态常数值。为了便于记忆,这里以在 $T=0\ ℃$,$P=1$ atm,$R=22.4\ L/mol$ 开始。由于气体体积与温度成正比,与气压成反比,所以 $V_2/V_1=(T_2/T_1)(P_1/P_2)$ 这一关系成立。

3. 在理想气体状态方程中使用的温度应该以绝对温度开尔文(K)或兰氏度(R)为单位。$T(K)=T(℃)+273.15$,$T(R)=T(℃)+459.67$,$T(R)=1.8×T(K)$。

表2.1 理想气体常数的值

R	
$=82.05(cm^3·atm)/(mol)(K)$	$=83.14(cm^3·bar)/(mol)(K)$
$=8.314(J)/(mol)(K)$	$=1.987(cal)/(mol)(K)$
$=0.7302(ft^3·atm)/(lb)(R)$	$=10.73(ft^3·psia)/(lb\ mol)(R)$
$=1545(ft·lb_f)(lb\ mol)(R)$	$=1.986(Btu)/(lb\ mol)(R)$

▶ **案例 2.8 堆积密度、含水率和饱和度**

某场地的平均土壤比重为 2.65,孔隙度为 0.4,含水率(水分质量/土壤干重)为 0.12。求土壤的干燥堆积密度、总堆积密度、基于体积的土壤含水率和土壤饱和度。

解答：

a. 假设计算基于 1 m³ 土壤，有

土壤总孔隙体积=土壤体积×孔隙度
$$=(1 \text{ m}^3)\times(0.4)=0.4 \text{ m}^3$$

土壤颗粒占据的体积=土壤体积-孔隙体积
$$=1-0.4=0.6 \text{ m}^3$$

干燥土壤质量=土壤颗粒占据的体积×土壤密度
$$=(0.6 \text{ m}^3)\times(2650 \text{ kg/m}^3)=1590 \text{ kg}$$

干燥堆积密度=干燥土壤质量/土壤体积
$$=(1590 \text{ kg})/(1 \text{ m}^3)=1590 \text{ kg/m}^3=1.59 \text{ g/cm}^3$$

b. 土壤水分质量=含水率×干燥土壤质量
$$=(0.12)\times(1590 \text{ kg/m}^3)\times(1 \text{ m}^3)=190.8 \text{ kg}$$

土壤湿重=土壤水分质量+干燥土壤质量
$$=190.8+1590=1781 \text{ kg}$$

总堆积密度=土壤湿重/土壤体积
$$=(1781 \text{ kg})/(1 \text{ m}^3)=1781 \text{ kg/m}^3=1.78 \text{ g/cm}^3$$

c. 水分体积=水分质量/水密度
$$=(190.8 \text{ kg})/(1000 \text{ kg/m}^3)=0.19 \text{ m}^3$$

体积含水率=水分体积/土壤体积
$$=(0.19 \text{ m}^3)/(1 \text{ m}^3)=19\%$$

d. 饱和度=水分体积/孔隙体积
$$=(0.19 \text{ m}^3)/(0.4 \text{ m}^3)=47.5\%$$

讨论

1. 本案例中使用 1 m³ 土用于举例计算，也可以使用其他体积（如 10 m³），可以得到同样的结果。

2. 尽管质量和重量的概念不同，但是为了方便，这两个术语在本书（和很多其他工程类文章）中互换使用。

3. 很多涉及上述参数的公式可以在其他技术文章中找到。在案例计算过程中不展示这些公式是为了对其建立更好的概念和理解。

4. 本案例结果和预期一样，土壤的总堆积密度（1.78 g/cm³）大于其干燥堆积密度（1.59 g/cm³）。

5. 在土木工程应用中，含水率的计算通常是基于重量单位，然而在环境工程应用中，基于体积的含水率和饱和度更为常用。正如在本案例中，含水率为 0.12 时，水占据了 19% 的总土壤体积和 47.5% 的孔隙体积（空气占据了剩余体积，即 52.5% 的孔隙体积）。

2.2.2 储罐移除或污染区域挖掘产生的土壤量

地下储罐移除通常包含土壤的挖掘。如果挖掘的土壤是清洁的（如土壤没有被污染或在容许水平之内），可以作为回填材料再次利用或在垃圾填埋场处置。另外，如果挖掘的土壤是受污染的，则需要处理或在危险废物填埋场处置。在任一情形下，都必须准确计算土壤的体积和/或质量。如果条件允许，应该将污染土壤和清洁土壤分类堆放，以降低后续的处理和处置费用。使用便携式仪器，如光电离检测器（PID）、火焰电离检测器（FID）或有机气体分析仪（OVA），将有助于做土壤分类堆放的决定。

挖掘出的土壤通常首先以料堆的方式存储在场地内。储罐移除挖掘的土壤量可以通过测量料堆的体积来确定。然而，料堆的形状是不规则的，导致其更难测量。简单而且更精确的替代方案是：

步骤1：测量储罐坑的尺寸；
步骤2：由所测尺寸计算储罐坑的体积；
步骤3：确定移除的储罐数量和体积；
步骤4：从储罐坑的体积中减去总的储罐体积；
步骤5：由步骤4所得值乘以疏松因子。

此类计算所需要的信息包括：

- 储罐坑的尺寸（现场测量）；
- 移除储罐的数量和体积（由图纸或现场测得）；
- 土壤堆积密度（测量或估计）；
- 土壤疏松因子（估计）。

案例 2.9 确定从储罐坑挖掘土壤的质量和体积

两个 18.9 m³ 的储罐和一个 22.7 m³ 的储罐被移除。挖掘的储罐坑尺寸为 15.2 m×7.3 m×5.5 m。开挖土壤在场地内堆放,土壤的原位(开挖前)总堆积密度是 1.8 g/cm³,料堆中土壤的总堆积密度是 1.5 g/cm³。计算开挖土壤的质量和体积。

解答:

储油罐坑的体积 = 15.2 m × 7.3 m × 5.5 m = 610 m³
储油罐的总体积 = 2×18.9 m³ + 1×22.7 m³ = 60.5 m³
移除前储油罐坑内的土壤体积 = 储油罐坑的体积 − 储油罐的总体积
$$= 610 \text{ m}^3 - 60.5 \text{ m}^3 = 549.5 \text{ m}^3$$
开挖土壤的体积(堆放土堆处) = 储油罐坑的土壤体积 × 疏松因子
$$= (549.5 \text{ m}^3) \times 1.2 = 659.4 \text{ m}^3$$
开挖土壤的质量 = 储油罐坑的土壤体积 × 土壤的原位总堆积密度
$$= \text{土壤在堆放土堆处的体积} \times \text{土堆的总堆积密度}$$
土壤的原位总堆积密度 = 1.8 g/cm³ = 1.8×10³ kg/m³
土堆的总堆积密度 = 1.5 g/cm³ = 1.5×10³ kg/m³
开挖土壤的质量 = (549.5 m³) × (1.8×10³ kg/m³) = 989.1×10³ kg = 989.1 t
或 = (659.4 m³) × (1.5×10³ kg/m³) = 989.1×10³ kg = 989.1 t

讨论

1. 考虑到土壤从地下开挖后的膨胀因素,案例中疏松因子取 1.2。通常原位土壤较密实,疏松因子取 1.2 意味着土壤从原位到地面以上其体积增加 20%。另外,由于土壤开挖后的"膨胀",料堆中土壤的堆积密度比原位密度要小。

2. 无论土壤体积用的是储油罐坑体积还是土堆体积,计算的挖掘土壤质量应该是一样的。

3. 在国际单位制中,1t=1000 kg。

4. 当今的汽油储油罐更大,通常容积在 37.9 m³ 左右。

案例 2.10 开挖土壤质量和浓度关系

某地下储罐体积为 20 m³,由于泄漏被移除。开挖形成了一个 4 m×4 m×5 m

(长×宽×高)的储罐坑,开挖后土壤在场地内堆放。从土堆中取了 3 个样品,土壤中的总石油烃(TPH)的浓度分别为未检出(小于 100 ppm)、1500 ppm 和 2000 ppm。问这个土堆中总石油烃(TPH)的量是多少?用 kg 和 L 来表示。

解答:

储罐坑的体积 = 4 m × 4 m × 5 m = 80 m³

挖掘前储油罐坑内的土壤体积=储油罐坑的体积-储油罐的体积
$$= 80 \text{ m}^3 - 20 \text{ m}^3 = 60 \text{ m}^3$$

TPH 的平均浓度=(100 ppm+1500 ppm +2000 ppm)/3=1200 ppm=1200 mg/kg

土壤中TPH的质量 = [(60 m³)×(1800 kg/m³)]×(1200 mg/kg)
$$= 1.30 \times 10^8 \text{ mg} = 130 \text{ kg}$$

土壤中TPH的体积 = TPH的质量/TPH的密度
$$= (130 \text{ kg}) / (0.8 \text{ kg/L}) = 162.5 \text{ L}$$

讨论

1. 土壤密度假设为 1800 kg/m³(1.8 g/cm³),且总石油烃(TPH)的密度假设为 0.8 kg/L(0.8 g/cm³)。

2. 所取三个土样中有一个土样的 TPH 浓度小于检测限值(ND,<100 ppm)。通常有以下四种方法处理这种低于检测限值的数据。①用检测限值代替该值;②取检测限值的一半;③取零值;④基于统计学方法选择一个数值(特别在采集了多组样品,并有一些样品低于检测限值时)。本题采取了较为保守的方法,以检测限值作为浓度值。

3. 在技术文章中经常出现一些值显示为 ND,即未检出。更好的做法是应当将相应的检出限给出,如 ND(<100 ppm)。

▶ **案例2.11 开挖土壤质量和浓度关系**

某地下储罐体积为 3.79 m³,由于泄漏被移除,开挖形成了一个 3.66 m×3.66 m× 4.57 m(长×宽×高)的储罐坑,开挖的土壤在场地内堆放。从土堆中取 5 个样品,采用 EPA 8015 方法分析 TPH。基于实验室数据,某咨询公司的工程师估计土堆中大约含有 189 L 的汽油。在报告中的 5 个 TPH 值中有 1 个字迹模糊难以辨认,其余四个分别为未检出(<100 ppm)、1000 ppm、2000 ppm 和 3000 ppm,问这个模糊的数值是多少?

解答:

设 x 为未知的 TPH 值,有

$$\text{TPH 的平均浓度} = (x+100\text{ ppm}+1000\text{ ppm}+2000\text{ ppm}+3000\text{ ppm})/5$$
$$= [(x+100+1000+2000+3000)/5]\text{ mg/kg}$$

$$\text{污染土壤的质量} = [3.66\text{ m}\times 3.66\text{ m}\times 4.57\text{ m}-3.79\text{ m}^3]\times(1.79\times 10^3\text{ kg/m}^3)$$
$$= 102796\text{ kg}$$

$$\text{土壤中 TPH 的质量} = \text{汽油体积}\times\text{汽油密度}$$
$$= (189\text{ L})\times(0.8\text{ kg/L}) = 151.2\text{ kg}$$
$$= \text{污染物浓度}\times\text{污染土壤的质量}$$
$$= \{[(x+100+1000+2000+3000)/5]\text{mg/kg}\}\times(103000\text{ kg})\times(1\text{ kg}/10^6\text{ mg})$$

则有

$x=$未知 TPH 的浓度$=1254$ ppm

讨论

1. 本例中土壤总堆积密度假设为 1.79 g/cm³。
2. TPH 的密度假设为 0.80 g/cm³。

2.2.3 包气带中污染土壤的量

储罐泄漏的化学物质可能会迁移并超出储罐坑的范围。如果怀疑存在地下污染,常采用土壤钻孔取样来评估包气带的污染程度,从钻孔样品中按每隔 1.5 m 或 3.0 m 的固定间隔采样以分析土壤性质。选取的样品委托有认证的实验室分析污染物的浓度。通过这些数据,可以绘制污染物栅状剖面图,描述污染羽的范围。

工程师选择修复方法时,需要知道污染羽的垂直和水平位置、地下土壤的类型、污染物类型、污染土壤的质量或体积及污染物的质量。一方面,若污染羽的位置较浅(在地表以下不深)且污染土壤的量不大,则开挖至地面上进行现场或非现场的处理均为可行的选择。另一方面,若污染土壤的量大且位置深,更适宜用土壤通风等原位修复方法。因此,正确估计残留在包气带中的污染土壤量对于修复设计非常重要。本节将阐述修复计算的方法。

前面提到通过栅状剖面图可以说明污染羽的垂直和水平的分布范围。基于图表信息，可采用以下步骤来估算包气带中的污染土壤量：

步骤1：确定每个取样深度的污染源的面积 A_i。

步骤2：确定以上每个计算面积的间隔厚度 h_i。

步骤3：确定污染土壤的体积 V_s，用下面的公式计算，即

$$V_s = \sum A_i h_i \tag{2.9}$$

步骤4：确定污染土壤的质量 M_s，用 V_s 乘以土壤总堆积密度 ρ_t，即

$$M_s = \rho_t \times V_s \tag{2.10}$$

以上计算所需要的信息包括：

- 污染源的水平和垂直范围，A_i 和 h_i；
- 土壤总（原位）堆积密度，ρ_t。

为确定在地下水污染羽中所含污染水的质量和体积，可参照以下步骤：

步骤1：用公式（2.9）确定污染羽的尺寸；

步骤2：由步骤1所得体积乘以含水层的孔隙度，得到地下水的体积；

步骤3：由步骤2所得体积乘以水的密度，得到污染水的质量。

案例 2.12 确定包气带中污染土壤的量

对于案例 2.9 所述项目，地下储罐在搬移之后安装了 5 个土壤钻孔。自地表以下（Below Ground Surface，BGS）每隔 1.5 m 采取土壤样品。基于实验室分析结果及地下地质情况，每个土样采样间隔的污染羽的面积确定如下表所示。

深度（自地表以下 m）	相应深度的污染羽面积（m²）
4.5	0
6.0	33
7.5	39
9.0	52
10.5	75
12.0	0

利用上表求残留在包气带中的污染土壤的体积和质量。

分析：

每隔 1.5 m 采土样分析，因此，每个污染羽面积代表着同一个深度间隔。在 6.0 m 采的土样代表了 5.25～6.75 m 之间 1.5 m 的土壤（与前一个采样深度的中间点到与下一个采样深度的中间点），在 7.5 m 采的土样代表了 6.75～8.25 m 之间 1.5 m 的土壤，以此类推。

解答：

污染羽在各个深度间隔的厚度相同，都是 1.5 m。

a. 污染土壤的体积，由公式（2.9）可得为

$$1.5 \times 33 + 1.5 \times 39 + 1.5 \times 52 + 1.5 \times 75 = 298.5 \text{ m}^3$$

或 $(6.75 - 5.25) \times 33 + (8.25 - 6.75) \times 39 + (9.75 - 8.25) \times 52 + (11.25 - 9.75) \times 75$
$= 298.5 \text{ m}^3$

b. 假设土壤的总堆积密度为 1.79 g/m³，污染土壤的质量为

$$(298.5 \text{ m}^3) \times (1.79 \times 10^3 \text{ kg/m}^3) \approx 5.34 \times 10^5 \text{ kg} = 534 \text{ t}$$

案例 2.13　确定包气带中污染土壤的量

对于案例 2.9 所述项目，地下储罐在搬移之后设置了 5 个土壤钻孔。自地表以下每隔 1.5 m 采取土壤样品。然而，由于预算限制，并没有分析所有的样品。基于实验室分析结果及地下地质情况，在一些深度的污染羽的面积确定如下表所示。

深度（自地面以下 m）	相应深度的污染羽面积（m²）
4.5	0
6.0	33
7.5	39
10.5	75
12.0	0

利用上表求残留在包气带中的污染土壤的体积和质量。

分析：

采样间隔深度不完全相同，因此，每个污染羽的面积代表不同的深度间隔。例如，从 7.5 m 深度采的土样代表了 6.75～9 m 的间隔 2.25 m 的土壤。

解答：

a. 污染土壤的体积，由公式（2.9）可得为

$$1.5 \times 33 + 2.25 \times 39 + 2.25 \times 75 = 306 \text{ m}^3$$

或 $(6.75 - 5.25) \times 33 + (9 - 6.75) \times 39 + (11.25 - 9) \times 75 = 306 \text{ m}^3$

b. 假设土壤的总堆积密度为 1.79 g/cm^3，污染土壤的质量为

$$(306 \text{ m}^3) \times (1.79 \times 10^3 \text{ kg/m}^3) \approx 5.48 \times 10^5 \text{ kg} = 548 \text{ t}$$

案例 2.14　确定包气带中污染土壤的量（用国际单位制）

对于案例 2.9 所述项目，地下储罐在搬移之后设置了 5 个土壤钻孔。自地表以下每隔 2 m 采取土壤样品。然而，由于预算限制，并没有分析所有的样品。基于实验室分析结果及地下地质情况，在一些深度的污染羽的面积确定如下表所示。

深度（自地面以下 m）	相应深度的污染羽面积（m²）
6	0
8	32
10	42
14	81
16	0

利用上表求残留在包气带中的污染土壤的体积和质量。

分析：

采样间隔深度与前面不完全相同，因此，每个污染羽的面积代表不同的深度间隔。例如，从 10 m 深度采的土样代表了 9～12 m，间隔 3 m 的土壤。

解答：

a. 污染土壤的体积，由公式（2.9）可得为

$$2 \times 35 + 3 \times 42 + 3 \times 81 = 439 \text{ m}^3$$

或 $(9-7) \times 35 + (12-9) \times 42 + (15-12) \times 81 = 439 \text{ m}^3$

b. 假设土壤的总堆积密度为 1800 kg/m^3，污染土壤的质量由公式（2.10）可得

$$(439 \text{ m}^3) \times (1800 \text{ kg/m}^3) = 790200 \text{ kg} = 790 \text{ t}$$

2.2.4 汽油中各组分的质量分数和摩尔分数

地下储罐泄漏中常见的污染物质为汽油。汽油本身是各种碳氢化合物的混合物，含有 200 多种不同的化合物，其中一些组分比重相对较轻并且更易挥发。土壤样品中的汽油常根据 EPA 8015 方法，用气相色谱仪（GC）进行分析，以总石油烃（TPH）表示。考虑到柴油中重组分含量比汽油多，常用修正后的 EPA 8015 方法来测量柴油。汽油的某些组分比其他组分毒性更大，苯、甲苯、乙苯、二甲苯（苯系物，BTEX）由于其毒性，是汽油中应关注的组分（众所周知苯是一种人体致癌物质）。通常用 EPA 8020 方法或 EPA 8260 方法测量苯系物。

为了减少空气污染，许多石油公司开发了所谓"新配方"的汽油，其苯的含量有所减少。从 2011 年起，为了符合美国汽车源有毒气体条例的要求，所有汽油中苯的含量降低至 0.62%（体积比）以下。苯系物（BTEX）的一些理化特性见表 2.2（作者注：目前在互联网上可以很容易地搜索到化合物的理化性质）。材料安全数据表（MSDS），现在称为安全数据表（SDS），是这些数据的一个很好的来源。

表 2.2　BTEX 的一些理化特性

	分子式	MW	水的溶解度（mg/L）	蒸气压（mmHg）
苯	C_6H_6	78	1780 @ 25℃	95 @ 25℃
甲苯	$C_6H_5(CH_3)$	92	515 @ 20℃	22 @ 20℃
乙苯	$C_6H_5(C_2H_5)$	106	152 @ 20℃	7 @ 20℃
二甲苯	$C_6H_4(CH_3)_2$	106	198 @ 20℃	10 @ 20℃

引自 LaGrega, M.D., Buckinghamm, P. L. and Evans, J.C., Hazardous Waste Management, McGraw-Hall, New York, 1994.

有时候由于以下原因有必要确定汽油的组分，如一些重要组分的质量和摩尔分数。

（1）识别潜在责任方。在拥有两个或更多加油站的繁忙十字路口，一个场地下面发现的自由漂浮相也许并不是来自其自身的地下储罐。每个品牌的汽油有自己不同的配方，多数石油公司有能力识别汽油中的生物标志物或确定自由漂浮相是否与其配方相符。

（2）确定健康风险。前面提到，汽油中一些成分比其他成分更有毒性，在健康风险评价中应给予不同的考虑。

(3) 确定污染羽年代。某些化合物比其他的化合物更易挥发。在新近溢洒的汽油中，挥发性组分所占比例大于风蚀汽油中的比例。

为确定汽油组分中的质量分数，可采用以下步骤：

步骤1：确定混合物（如总石油烃，TPH）和每种污染物的质量；

步骤2：通过污染物的质量除以总TPH的质量来确定该物质的质量分数。

为确定汽油组分中的摩尔分数，可采用以下步骤：

步骤1：确定污染土壤中总石油烃（TPH）的质量和每种化合物的质量。

步骤2：确定每一个污染物的分子量。

步骤3：由所有组分的组成及分子量来确定汽油的分子量。这一步比较烦琐，且数据不易获得。假定汽油分子量为100相对合理，相当于庚烷（C_7H_{16}）的分子量。

步骤4：根据每种污染物的质量除以其分子量来计算其摩尔数。

步骤5：根据每种污染物的摩尔数除以TPH总的摩尔数来计算单个组分的摩尔分数。

以上计算所需要的信息包括：

- 污染土壤的质量；
- 污染物的浓度；
- 污染物分子量。

案例2.15 汽油中各组分的质量分数和摩尔分数

从一个土堆（85 m^3）中取出3个样品，以分析TPH（EPA 8015方法）及BTEX（EPA 8020方法）。TPH的平均浓度为1000 mg/kg，其中BTEX的浓度为20 mg/kg。求汽油中BTEX的质量和摩尔分数。假定土壤的总堆积密度为1.65 g/cm^3。

解答：

a. 污染土壤的质量 = 土壤体积 × 总堆积密度

$$= 85\,m^3 \times (1.65 \times 10^3\,kg/m^3) \approx 139000\,kg$$

b. 污染土壤的质量 = 土壤质量 × 污染物浓度

TPH的质量 = $(139000\,kg) \times (1000\,mg/kg) = 1.39 \times 10^8\,mg = 1.39 \times 10^5\,g$

苯的质量 = $(139000\,kg) \times (20\,mg/kg) = 2.78 \times 10^6\,mg = 2.78 \times 10^3\,g$

甲苯的质量 = (139000 kg)×(20 mg/kg) = $2.78×10^6$ mg = $2.78×10^3$ g

乙苯的质量 = (139000 kg)×(20 mg/kg) = $2.78×10^6$ mg = $2.78×10^3$ g

二甲苯的质量 = (139000 kg)×(20 mg/kg) = $2.78×10^6$ mg = $2.78×10^3$ g

c. 污染物的质量分数=污染物的质量/TPH 的质量

苯的质量分数 = $(2.78×10^3$ g) / $(1.39×10^5$ g) = 0.020=2.0%

甲苯的质量分数 = $(2.78×10^3$ g) / $(1.39×10^5$ g) = 0.020=2.0%

乙苯的质量分数 = $(2.78×10^3$ g) / $(1.39×10^5$ g) = 0.020=2.0%

二甲苯的质量分数 = $(2.78×10^3$ g) / $(1.39×10^5$ g) = 0.020=2.0%

d. 污染物的摩尔数=污染物的质量/污染物的分子量

TPH的摩尔数 = $(1.39×10^5$ g) /(100 g/mol) = 1390 mol

苯的摩尔数 = $(2.78×10^3$ g) /(78 g/mol) = 35.6 mol

甲苯的摩尔数 = $(2.78×10^3$ g) /(92 g/mol) = 30.2 mol

乙苯的摩尔数 = $(2.78×10^3$ g) /(106 g/mol) = 26.2 mol

二甲苯的摩尔数 = $(2.78×10^3$ g) /(106 g/mol) = 26.2 mol

e. 污染物的摩尔分数=污染物的摩尔数/TPH 的摩尔数

苯的摩尔分数 = (35.6 mol) /(1390 mol) = 0.0256 = 2.6%

甲苯的摩尔分数 = (30.2 mol) /(1390 mol) = 0.0217 = 2.2%

乙苯的摩尔分数 = (26.2 mol) /(1390 mol) = 0.0189 = 1.9%

二甲苯的摩尔分数 = (26.2 mol) /(1390 mol) = 0.0189 = 1.9%

讨论

1. 每种污染物的质量分数也可以直接由该污染物与 TPH 的浓度比率决定。以苯为例，苯的质量分数 = (20 mg/kg) / (1000 mg/kg) = 0.020 = 2.0%。

2. 案例中 BTEX 有相同的质量分数（2.0%），是因为他们的浓度一样（20 mg/kg）。而由于 BTEX 的分子量不同，他们的摩尔分数则不一样。

2.2.5 毛细带高度

毛细带是非承压含水层中紧邻地下水面以上的区域。由于水的毛细上升作用，它从地下水面的顶面开始向上扩展。在场地修复项目中，毛细带的存在通常带来其他问题。一般而言，由于地下水中溶解污染羽的扩散，使得地下水中的污染羽的尺寸比其在包气带中大。若地下水位波动，则毛细带会随着地下水面向上或向下运动。因此，位于溶解污染羽之上的毛细带会受到污染。此外，若存在自由漂浮相，则地下水面的波动会引起自由相的垂直或侧向移动，这种情形下场地修复会变得更加复杂和困难。大多数常用的修复技术难以有效地处理包气带污染区域。

一个场地的毛细带高度取决于场地的地质情况。20 ℃下对于干净玻璃试管中的纯水，毛细上升高度可以近似的由以下公式表示

$$h_c = \frac{0.153}{r} \tag{2.11}$$

式中，h_c 是用 cm 表示的毛细上升高度；r 是用 cm 表示的毛细管的半径。

该式可以用来估计毛细带的高度。从公式（2.11）可以看出，毛细带的厚度随土壤孔隙的变化而变化。表 2.3 汇总了两个参考文献中关于毛细带的相关信息。随着颗粒尺寸的变小，孔隙半径通常变小，毛细上升高度增大。粘土含水层的毛细区的厚度可高达 328 m。

表 2.3 典型毛细带的高度

材料	颗粒尺寸（mm）[5]	孔隙半径（cm）[6]	毛细上升高度（cm）	
粗砾	—	0.4	—	0.38[6]
细砾	2~5	—	2.5[5]	—
砾砂	1~2	—	6.5[5]	—
粗砂	0.5~1	0.05	13.5[5]	3.0[6]
中砂	0.2~0.5	—	24.6[5]	—
细砂	0.1~0.2	0.02	42.8[5]	7.7[6]
粉砂	0.05~0.1	0.001	105.5[5]	150[6]
粉土	0.02~0.05	—	200[5]	—
粘土	—	0.0005	—	300[6]

引自文献[5]、[6]。

案例 2.16 毛细区的厚度

从污染的非承压含水层采集一个土芯样品，分析孔隙尺寸分布，有效孔隙半径经确定为 5 μm。估算该含水层的毛细区厚度。

解答：

孔径 = 5×10^{-6} m = 5×10^{-4} cm

用公式（2.11），可得到
毛细上升高度 = (0.153) / (5×10⁻⁴) = 306 cm = 3.06 m

讨论

1. 公式（2.11）是一个经验公式。式中毛细上升高度 h_c 和孔隙半径 r 的单位均为 cm。观察这个公式可以发现，两个参数均以 cm 为单位似乎并不匹配，其实这其中常数（0.153）起到了单位转换的作用。因此，如果需要使用其他单位，常数的值也需要改变。

2. 计算得出的毛细上升高度（306 cm）与表 2.3 中给出的孔隙半径为 0.0005 cm 的粘土的毛细上升高度（300 cm）相一致。

2.2.6 计算自由漂浮相的质量和体积

由地下储罐泄漏的 LNAPL 污染物有可能积聚在地下水面（潜水含水层）的顶部的毛细区或承压含水层的顶部，而形成自由相层。对于现场修复来说，估计自由漂浮相的质量和体积常常是必要的。从监测井中发现的自由相厚度可直接用于计算其井外的体积。然而，这些计算值很少能代表该土层构造中存在的自由相体积。

众所周知，在该地层中的自由相厚度（实际厚度）要比漂浮于监测井水面上的厚度（表观厚度）小。使用未做任何修正的表观厚度来估计自由相的体积，有可能导致过高地估计自由相的量及对修复系统的过度设计。修复调查（RI）阶段过高估计自由相的体积，会对最终获得场地关闭许可造成困难，因为修复行动回收的自由相永远不可能达到场地评价中所报告的量。

自由相的实际厚度和表观厚度的差异受一些因素的影响，包括自由相和地下水的密度（或比重）及土层结构（特别是孔隙尺寸）。已经有很多研究提出了修正这两种厚度的几种方法。近年来，Ballestero et al. 提出了一个采用不同流体流动机制和流体静力学来确定非承压含水层中的自由相实际厚度的公式。

$$t_g = t(1 - S_g) - h_a \qquad (2.12)$$

式中，t_g 为实际（土层中）的自由相厚度，t 为表观（井孔中）的自由相厚度，S_g 为自由相的比重，h_a 为从自由相底部到地下水面的距离。

若没有更多的 h_a 数据得到，则可用平均的毛细上升高度来代替。毛细上升高度的相关信息见 2.2.5 节。

为了估计自由相的实际厚度，可采用以下步骤：

步骤 1：确定自由相的比重（若没有足够信息获得的话，则汽油的比重假设为 0.75～0.80 比较合理）；

步骤 2：测量井中自由相的表观厚度；

步骤 3：将以上参数代入公式（2.12）以确定土层的实际厚度。

以上计算所需要的信息包括：

- 自由相的比重（或密度），S_g；
- 测量井中自由相的厚度，t；
- 毛细上升高度，h_a。

确定自由漂浮相的质量和体积，可采用以下步骤：

步骤 1：确定自由漂浮相的水平范围；

步骤 2：确定自由漂浮相的实际厚度；

步骤 3：确定自由漂浮相的体积，用实际厚度得到的面积乘以该土层的有效孔隙度；

步骤 4：确定自由漂浮相的质量，用其体积乘以其密度。

以上计算所需要的信息包括：

- 自由漂浮相的水平范围；
- 自由漂浮相的实际厚度；
- 该地层土壤的有效孔隙度；
- 自由漂浮相的密度（或比重）。

案例 2.17　确定自由漂浮相的实际厚度

最近，一个地下水监测井的调查显示水面上漂浮有 190 cm 厚的汽油层。汽油的密度是 0.8 g/cm³，地下水面以上毛细区的厚度是 30 cm。估算自由漂浮相在该地层中的实际厚度。

解答：

由公式（2.12），可得

实际轻质自由相厚度 = 190×(1 – 0.8) – 30 = 8 cm

 讨论

1. 某一物质的比重是该物质密度与参考物质（通常为 4 ℃的水）密度的比率。
2. 从本案例可以看出，自由相实际厚度仅有 8 cm，而在监测井中的表观厚度比实际厚度高得多，达到 190 cm（24 倍差异）。

案例 2.18 估计自由漂浮相的质量和体积

某污染场地最近的地下水检测结果显示，其自由漂浮相的水平面积范围近似为一个 15 m×12 m 的长方形。根据污染羽内 4 个监测井中自由漂浮相的表观厚度，估测各监测井附近地层中自由相的实际厚度分别是 0.61 m、0.79 m、0.85 m 及 0.91 m。土壤的有效孔隙度为 0.35。估算该地点目前自由漂浮相的质量和体积。假定该自由漂浮相的比重是 0.8。

解答：

a. 该自由漂浮相的水平面积范围 = 15 m×12 m = 180 m^2

b. 自由漂浮相的平均厚度 = (0.61 m+0.79 m+0.85 m+0.91 m)/4=0.79 m

c. 自由漂浮相的体积 = 面积×厚度×土壤的有效孔隙度
   = (180 m^2)×(0.79 m)×0.35 = 49.77 m^3

d. 自由漂浮相的质量 = 自由漂浮相的体积 × 自由漂浮相的密度
   =49.77 m^3 ×(0.8×10^3 kg/m^3)=3.98×10^4 kg=39.8 t

 讨论

在此类估算中，孔隙度需要使用有效孔隙度。有效孔隙度代表孔隙空间中有助于流体（如本案例中的自由漂浮相）在多孔介质中流动的那一部分。

2.2.7 确定污染范围——一个综合计算案例

本节提供了一个与常见的场地评价活动相关的综合计算案例。

案例 2.19　确定污染范围

某加油站位于大洛杉矶地区的 Santa Ana 河平原内,该场地主要由粗颗粒河流冲积土层构成。2013 年 5 月移除了 3 个 $19\ m^3$ 的钢制储罐,并打算由 3 个双层纤维玻璃罐在原地替代。

在储罐移除过程中,发现储罐回填土有强烈的汽油气味。基于目测,土壤中的燃料烃来源于往油箱加油时因过满而溢出的油料,以及储罐东部的少数管道泄漏。开挖形成了一个 $6\ m \times 9\ m \times 5.5\ m$(长×宽×高)的坑,开挖的土壤堆放在现场。从土堆中取出 4 个样品,采用 EPA 8015 方法分析其总石油烃(TPH)的含量。土壤中 TPH 的浓度分别为未检出(<10 ppm)、200 ppm、400 ppm 和 800 ppm。

储罐坑用干净土壤回填并压实(3 个新的储罐被安装在新的未被污染的区域)。为表征地下地质状况和描述污染羽情况,现场施工了 6 个钻孔(其中 2 个在开挖区内),钻孔采用中空螺旋钻成孔方法,用一个直径为 5.08 cm(2 英寸)的铜质对开式取样器,每间隔 1.5 m 采集土样。水位线位于地面以下 15 m,所有的钻孔钻至地面以下 21 m,随后被转建为 10.16 cm(4 英寸)的地下水监测井。

从钻孔中选取的土壤样品用于分析 TPH(采用 EPA 8015 方法)和 BTEX(采用 EPA 8020 方法)。分析结果显示自开挖区域外采的土样检测值均为未检出。其余结果列于下表:

钻孔编号	深度 (m)	TPH (ppm)	苯 (ppb)	甲苯 (ppb)
B1	7.5	800	10000	12000
B2	10.5	2000	25000	35000
B3	13.5	500	5000	7500
B4	7.5	<10	<100	<100
B5	10.5	1200	10000	12000
B6	13.5	800	2000	3000

同时也发现位于开挖区域内的两个监测井中有自由漂浮汽油出现。这两个监测井中的自由漂浮相的表观厚度换算为实际厚度分别为 0.3 m 和 0.6 m。土壤有效孔隙度为 0.35,总堆积密度为 $1.8\ g/cm^3$。

假定油罐泄漏污染了一个从储罐坑底到地下水面的土壤长方体,其长和宽与储罐坑的相等,可估算以下内容:

a. 土堆的总体积(用 m^3 表示);
b. 土堆中 TPH 的质量(用 kg 表示);

c. 残留于包气带的污染土壤的体积（用 m^3 表示）；
d. 包气带中的 TPH、苯和甲苯的质量（用 kg 表示）；
e. 泄漏汽油中的苯和甲苯的质量分数和摩尔分数；
f. 自由相的体积（用 m^3 表示）和质量（用 kg 表示）；
g. 泄漏汽油的总体积（用 m^3 表示）[注：忽略含水层以下的溶解相]。

解答：

a. 假设土壤疏松因子为 1.2，有

土堆的总体积 = (储油罐坑的体积 − 储油罐的体积) × 土壤疏松因子

$$= [(6\,m \times 9\,m \times 5.5\,m) - 3 \times 19\,m^3] \times 1.2$$

$$= (240\,m^3) \times 1.2 = 288\,m^3$$

b. 土堆中 TPH 的质量 $= (V)(\rho_t)(X) = (M_s)(X)$

X = (10 ppm+200 ppm+400 ppm+800 ppm)/4 = 352.5 mg/kg

ρ_b(原位土) $= 1.8\,g/cm^3 = 1.8 \times 10^3\,kg/m^3$

ρ_t(土堆土) $= \rho_t$(原位土)/土壤疏松因子 $= (1.8 \times 10^3\,kg/m^3)/1.2$

$$= 1.5 \times 10^3\,kg/m^3$$

所以，土堆中的 TPH 的质量为

$$(240\,m^3) \times (1.8 \times 10^3\,kg/m^3) \times (352.5\,mg/kg)$$

$$= (288\,m^3) \times (1.5 \times 10^3\,kg/m^3) \times (352.5\,mg/kg)$$

$$= 1.52 \times 10^8\,mg = 152\,kg$$

c. 残留于包气带的污染土壤的体积 $= (6\,m \times 9\,m) \times (15\,m - 5.5\,m) = 513\,m^3$

d. 包气带中的 TPH、苯和甲苯的质量 $= (V)(\rho_t)(X) = (M)(X)$，或采用更精确的算法，其计算公式为 $\sum_i (A_i)(h_i)(\rho_t)(X_i)$，计算结果如下表所示：

	平均浓度（mg/kg）	质量（kg）
TPH	(800+2000+500+10+1200+800)/6=885	(513)×(1.8×10³)×(885)/1000000=817
苯	(10+25+5+0.1+10+2)/6=8.68	(513)×(1.8×10³)×(8.68)/1000000=8.02
甲苯	(12+35+7.5+0.1+12+3)/6=11.6	(513)×(1.8×10³)×(11.6)/1000000=10.71

e. 苯和甲苯的质量分数和摩尔分数如下表所示：

	质量（kg）	质量分数	分子量	×10³ mol	摩尔分数
TPH	817		100	817/100=8.17	
苯	8.02	8.02/817=0.0098	78	8.02/78=0.103	0.103/8.17=0.0126
甲苯	10.71	10.71/817=0.0131	92	10.71/92=0.116	0.116/8.17=0.0142

f. 自由漂浮相的体积 = $(h)(A)(\phi)$ = $[(0.3\ m + 0.6\ m)/2] \times (6\ m \times 9\ m) \times 0.35 = 8.5\ m^3$
自由漂浮相的质量 = $(V)(\rho)$ = $(8.5\ m^3) \times (0.75 \times 10^3\ kg/m^3) = 6375\ kg$

g. 泄漏汽油的总体积为开挖区土壤、包气带和自由相中（本题中忽略含水层中的溶解态污染物）的体积总和，有

泄漏汽油的总体积 = $(152\ kg + 817\ kg + 6375\ kg)/(0.75 \times 10^3\ kg/m^3)$
= $(7344\ kg)/(0.75 \times 10^3\ kg/m^3)$
= $9792\ m^3$（本题中忽略溶解相）

 讨论

含水层中关注污染物质量的确定方法将在 2.4 节中讲到。

2.3 土壤钻孔及地下水监测井

本节涉及有关土壤钻孔及地下水监测井的设置，以及地下水取样前的洗井计算。

2.3.1 土壤钻孔的钻屑量

土壤钻孔中的钻屑在最终处理前常常暂时存储在 0.2 m³（55 gal）的桶中，因而有必要估算钻屑量和所需存储桶的数量。该计算相对直观而简单，如下所示。

为计算土壤钻孔产生的钻屑量，可以采用以下步骤：

步骤 1：确定钻孔的直径，d_b；
步骤 2：确定钻孔的深度，h；
步骤 3：采用下面的公式计算钻屑的体积：

$$\text{钻屑（土壤）的体积} = \sum (\frac{\pi}{4} d_b^2)(h)(\text{疏松因子}) \qquad (2.13)$$

以上计算所需要的信息包括：

- 每个钻孔的直径，d_b；
- 每个钻孔的深度，h；
- 土壤疏松因子。

案例 2.20 土壤钻孔的钻屑量

为安装 10.16 cm(4 英寸)口径的地下水监测井,钻了 4 个口径 25.4 cm(10 英寸)、15 m 深的钻孔。估算钻屑(土壤)量及所需的 208 L 存储桶的数量。

解答:

a. 单个钻孔的钻屑量 = $[(\frac{\pi}{4}) \times (25.4 \text{ cm})^2] \times (15 \text{ m}) \times 1.2 = 0.912 \text{ m}^3$

所有钻孔的钻屑体积 = $4 \times (0.912 \text{ m}^3) = 3.648 \text{ m}^3$

b. 所需的 208 L 的存储桶数量 = $(3.648 \text{ m}^3)/(0.208 \text{ m}^3/\text{桶}) = 17.5$ 桶

答: 需要 208 L 的桶 18 个。

2.3.2 填料和膨润土密封材料

在监测井安装之前,需要购买填料及膨润土密封材料并运送到场地。对于场地评价,有必要准确地估算填料和膨润土密封的量。为计算所需的填料及膨润土密封材料的用量,可以采用以下步骤:

步骤 1:确定钻孔的直径,d_b;
步骤 2:确定井套管的直径,d_c;
步骤 3:确定填料或膨润土密封材料的厚度间隔,h;
步骤 4:用下式计算填料或膨润土密封材料的体积

$$\text{所需填料或膨润土密封材料的体积} = \frac{\pi}{4}(d_b^2 - d_c^2)(h) \quad (2.14)$$

步骤 5:确定井中所需填料或膨润土密封材料的质量,由其体积乘以其总堆积密度可得。

以上计算所需要的信息包括:

- 钻孔的直径,d_b;
- 井套管的直径,d_c;
- 填料或膨润土密封材料的厚度间隔,h;
- 填料或膨润土密封材料的总堆积密度,ρ_t。

案例 2.21　所需填料的量

案例 2.20 中安装的 4 个监测井深入地下水含水层 4.5 m。监测井在地下水位以下 4.5 m 及地下水位以上 3 m 之间开筛（筛缝 0.05 cm）。选取 Monterey 3# 砂作为填充材料，估算所需砂砾的袋数，每袋砂砾的质量为 23 kg。假设砂的总堆积密度是 1.8 g/cm^3。

解答：

a. 单个井的填充区间 = 开筛区间+0.3 m=(4.5 m+3 m)+0.3 m=7.8 m
单个井所需砂的体积 = {(π/4)×[(0.254)^2 – (0.1016 m)^2]}×(7.8 m) = 0.332 m^3
四个井所需砂的体积=4×(0.332 m^3)=1.328 m^3

b. 所需要 23kg/袋砂砾的数量 = (1.328 m^3)×(1800 kg/m^3)/(23 kg/袋) = 104 袋

答： 需要 104 袋。

讨论

1. 填充区间应当略大于筛管开筛区间。
2. 考虑到钻孔的形状可能不是规整的圆柱形，在估计砂的用量时应附加10%作为安全因子。

案例 2.22　所需膨润土密封材料的用量

案例 2.21 中的 4 个监测井在顶部灰浆层以下用膨润土止水，止水层厚度为 1.5 m。估算该项应用所需要 23 kg/袋的膨润土的数量。假设膨润土的总堆积密度是 1.8 g/cm^3。

解答：

a. 单个井所需膨润土的体积 = {(π/4)×[(0.254 m)^2 – (0.1016 m)^2]}×1.5 m = 0.064 m^3
四个井所需膨润土的体积=(0.064 m^3)×4=0.256 m^3

b. 所需 23 kg/袋膨润土袋的数量=(0.256 m^3)×(1800 kg/m^3)/(23 kg/袋)=20 袋

答： 需要 20 袋。

讨论

考虑到孔的形状可能不是规整的圆柱形，在估计膨润土的用量时应附加 10%作为安全因子。

2.3.3 地下水采样的井体积

洗井是在地下水采样前从监测井中移除污浊井水的过程。污浊井水包括存在于井套管和砂/砾滤料中的水。为确保地下水采样取得一致连续的数据，采样前常常要监测一些参数，如电导率、pH 及温度等。洗井水量依场地而变化，且很大程度上取决于场地的地质情况。在地下水采样前可粗估 3~5 倍的井体积作为初始的洗井水量。由于洗井水常常受到污染，因此需要处理、存储及离场处置。对于场地评价，准确地估算洗井水量是必要的。

采用以下步骤估算所需洗井水的量：

步骤 1：确定钻孔的直径，d_b；
步骤 2：确定井套管的直径，d_c；
步骤 3：确定井中水的深度，h；
步骤 4：用下式计算井水的体积：

井的体积=井套管内的地下水体积+填料孔隙间的地下水体积，即

$$监测井的容量 = \left[\frac{\pi}{4}d_c^2\right]h + \left[\frac{\pi}{4}(d_b^2 - d_c^2)h\right]\phi \tag{2.15}$$

以上计算所需要的信息包括：

- 钻孔的直径，d_b；
- 井套管的直径，d_c；
- 填料的有效孔隙度，ϕ；
- 井中水的深度，h。

案例 2.23 地下水采样的井体积

经测量，案例 2.21 的 4 个监测井中的水位降深均为 4.42 m。采样前需要洗井，洗井水量应 3 倍于井中水的体积。计算洗井水量及所需 208 L 的存储桶的数量。假定井中填料的有效孔隙度为 0.40。

解答：

a. 井中水的体积为
$(\pi/4) \times (0.1016 \text{ m})^2 \times (4.42 \text{ m}) + (\pi/4) \times [(0.254 \text{ m})^2 - (0.1016 \text{ m})^2] \times (4.42 \text{ m}) \times 0.40 = 0.111 \text{ m}^3$

b. 三倍井中水的体积 $= 3 \times (0.111 \text{ m}^3) = 0.333 \text{ m}^3$（每口井）

c. 单口井所需 208 L 存储桶的数量 $= (0.333 \text{ m}^3)/(0.208 \text{ m}^3/\text{桶}) = 1.6$ 桶

d. 四口井总共需要 208 L 存储桶的数量 $= (1.6 \text{ 桶}) \times 4 = 6.4$ 桶

答：需要 7 个 208 L 的存储桶。

2.4 不同相态中污染物的质量

非水相液体（NAPL）一旦进入包气带，最终可能以四种相态形式存在。污染物会离开自由相进入孔隙空间中，在孔隙空间或自由相中的化合物，由于接触到土壤水会溶解在液相中，进入土壤水中的污染物也会吸附在土壤颗粒上。总结来说，NAPL可以分配进入以下四个相态：①自由相；②土壤孔隙中的气相；③土壤水分中的溶解成分（土壤水相）；④吸附于土壤颗粒上（土壤固相）。存在于空气中、土壤水分中及土壤固体颗粒上的污染物的浓度是相互关联的，且很大程度上受自由相存在与否的影响。污染物在这四个相中的分配对于化合物的归趋和运移，以及场地修复的需求有很大的影响。理解好这种分配现象对于实行经济合理的场地修复是必要的。

本节中，首先讨论由于孔隙中自由相的存在而引起的气相浓度变化（见 2.4.1 节）；接下来讨论液相中污染物的浓度与气相中污染物浓度之间的关系（见 2.4.2 节）；液相与土壤中污染物的浓度之间的关系会在后面涉及（见 2.4.3 节）；再接着讨论液相、气相及固相浓度之间的关系（见 2.4.4 节）；最后的小节阐述了确定污染物在这些相中分配的步骤（见 2.4.5 节）。

2.4.1 自由相与气相的平衡

当液体与空气接触时，液体中的分子趋向于以蒸气形式通过蒸发或挥发进入气相，液体的蒸气压由与其平衡时的气相压力获得。通常用毫米汞柱（注：760 mmHg= 760 torr=1atm=1.013×10^5 N/m^2=1.013×10^5 Pa=14.696 psi）来表示，且受温度影响很大。一般来说，温度越高蒸气压越高。已经建立了几个方程以关联蒸气压和温度，Clausius–Clapeyron 方程是常用的一个方程。该方程假定蒸发焓独立于温度，其表达式为

$$\ln \frac{P_1^{\text{sat}}}{P_2^{\text{sat}}} = -\frac{\Delta H^{\text{vap}}}{R}\left(\frac{1}{T_1} - \frac{1}{T_2}\right) \tag{2.16}$$

式中，P^{sat} 为纯液相组分的蒸气压，T 是绝对温度，R 是理想气体常数，ΔH^{vap} 是蒸发焓，可在化学手册中可以查得，见参考文献[8]。

前面章节中提到的表 2.1 列出了在不同单位下理想气体常数的值。

Antoine方程描述了蒸气压与温度间的关系，是一个广泛使用的经验方程，有如下形式

$$\ln P^{\text{sat}} = A - \frac{B}{T+C} \tag{2.17}$$

式中，A、B、C 是 Antoine 常数，可在化学手册中可以查得，见参考文献[9]。

对于理想液体混合物，其气-液平衡符合 Raoult 定律

$$P_{\text{A}} = \left(P^{\text{vap}}\right)(x_{\text{A}}) \tag{2.18}$$

式中，P_{A} 为组分 A 在气相中的分压，P^{vap} 为组分 A 作为纯液相的蒸气压，x_{A} 为组分在纯液相中的摩尔分数。

组分分压是指假设从混合气体系统中排出其他气体，而保持系统体积和温度不变时该气体组分具有的压力。它等于该化合物在气相中的摩尔分数乘以气相总压力。Raoult 定律仅支持理想溶液，亨利定律更加适用于通常在环境应用中发现的稀溶液，该定律将在下节讨论。

案例2.24　自由相存在时土壤孔隙中的气相浓度

某场地地下储罐泄漏的苯进入包气带，估算地下土壤孔隙气相中苯的最大浓度（用 ppmV 表示）。地下的温度为 25 ℃。

解答：

由表 2.2 得，25 ℃苯的蒸气压是 95 mmHg，95 mmHg=(95 mmHg)/(760 mmHg/1 atm)=0.125 atm。

苯在土壤孔隙气相中的分压是 0.125 atm（125000×10⁻⁶ atm），即苯在土壤孔隙气相中的最大浓度为 125000 ppmV。

讨论

125000 ppmV 是苯与其纯液体相平衡的气相浓度。平衡会发生在受限空间或停滞阶段。若系统未完全受限,则气相趋向于移离介质表面而产生浓度梯度(蒸气的浓度随着其与液体的距离而下降),然而在溶液附近的气相浓度会等于或接近平衡值。

案例 2.25 用 Clausius-Clapeyron 方程估算气相压力

苯的蒸发焓是 33.83 kJ/mol[9],25 ℃苯的蒸气压是 95 mmHg(从表 2.2 得到)。用 Clausius-Clapeyron 方程估算 20 ℃苯的蒸气压。

解答:

蒸发焓=33.83 kJ/mol=33830 J/mol,R=8.314 J/(g·mol)(K)由表 2.1 可得,用公式(2.16)计算得

$$\ln \frac{95}{P_2^{\text{sat}}} = -\frac{33830}{8.314}\left[\frac{1}{(273+25)} - \frac{1}{(273+20)}\right]$$

则 $P_2^{\text{sat}} = 75$ mmHg

答: 20 ℃苯的 P_2^{sat} 为 75 mmHg。

 讨论

正如所估算的,20 ℃苯的蒸气压比 25 ℃苯的蒸气压要低,其差值约为 20%(75 mmHg 与 95 mmHg)。

案例 2.26 用 Antoine 方程估算气相压力

苯的 Antoine 经验常数 A=15.9008,B=2788.51,C=-52.36。用 Antoine 方程估算苯在 20 ℃及 25 ℃的蒸气压。

解答:

a. 用公式(2.17),20 ℃时有

$$\ln P^{\text{sat}} = A - \frac{B}{T+C} = 15.9008 - \frac{2788.51}{(273+20-52.36)} = 4.322$$

因此,P^{sat} =73.5 mmHg。

b. 用公式（2.17），25 ℃时有

$$\ln P^{sat} = A - \frac{B}{T+C} = 15.9008 - \frac{2788.51}{(273+25-52.36)} = 4.557$$

因此，P^{sat} =95.3 mmHg。

 讨论

1. 苯在25 ℃的蒸气压计算值95.3 mmHg基本上与表2.2中的95 mmHg相同。
2. 苯在20 ℃的蒸气压计算值75.3 mmHg与案例2.25中用Clausius-Clapeyron方程所得值75 mmHg基本相同。

> **案例2.27** 自由相存在时土壤孔隙中的气相浓度

由50%（重量分数）甲苯和50%乙苯组成的工业溶剂从某场地的地下储罐泄漏，进入土壤包气带。估算地下土壤孔隙中甲苯和乙苯的最大气相浓度（用ppmV表示）。地下的温度为20 ℃。

解答：

由表2.2可知，20 ℃甲苯（C_7H_8，分子量92）的蒸气压是22 mmHg，乙苯（C_8H_{10}，分子量106）的蒸气压是7 mmHg。由甲苯的重量百分比50%，得其相应的摩尔百分比（摩尔分数）为：甲苯的摩尔数/(甲苯的摩尔数+乙苯的摩尔数)×100%，即

甲苯的摩尔百分比=(50/92)/[(50/92)+(50/106)]×100%=53.5%

孔隙中甲苯的分压可由公式（2.18）确定，有

22 mmHg×53.5%=11.78 mmHg=0.0155 atm=15500 ppmV

孔隙中乙苯的分压也可由公式（2.18）确定，有

7 mmHg×(1-53.5%)=3.26 mmHg=0.043 atm=4300 ppmV

 讨论

气相浓度是与纯液体相平衡时的浓度。平衡会发生在受限空间或停滞阶段。若系统未完全受限，则气相趋向于移离介质表面而产生浓度梯度，气相浓度随着其与溶剂的距离增加而降低。然而在溶剂附近的气相浓度会等于或接近平衡值。

2.4.2 液-气平衡

土壤包气带孔隙中的化合物趋向于通过溶解作用或吸收作用进入液相。当化合物进入土壤水的速率与化合物从土壤水中挥发的速率相等时，平衡条件成立。

亨利定律用于描述液相浓度和气相浓度之间的平衡关系。平衡状态时，液体之上的气体的分压与液体中化学物质的浓度成比例。亨利定律可表示为

$$P_A = H_A C_A \tag{2.19}$$

式中，P_A 为组分 A 在气相中的蒸气分压，H_A 为组分 A 的亨利常数，C_A 为组分 A 在液相中的浓度。

该公式表明液相与气相浓度之间呈线性关系。液相中的浓度越高，气相中的浓度也会越高。应当指出的是，在某些有关大气污染的书籍或参考书中，亨利定律也写作 $C_A = H_A P_A$，该公式中的这个亨利常数是本书中及多数场地修复文章中使用的亨利常数的倒数。亨利定律也可以用下式表示

$$G = HC \tag{2.20}$$

式中，C 是液相中污染物的浓度，G 是气相中的相应浓度。

亨利定律已广泛运用于不同学科来描述气相和液相中溶解物的分配规律。文献中报道的有关亨利定律常数（或亨利常数）单位有所不同。通常见到的单位包括 atm/mol 分数、atm/M、M/atm、atm/(mg/L) 及无量纲。因此，往公式（2.19）和公式（2.20）中代入亨利常数时，检查其量纲是否和另外两个参数的量纲匹配很重要。工程师们通常使用自己熟悉的单位，很难做到单位的统一。为方便起见，给出亨利常数的换算表（见表 2.4）。无量纲形式的亨利常数使用已日益增加。应当指出的是亨利常数的单位并不是"(mol 分数)/(mol 分数)"的无量纲单位。无量纲形式的亨利常数的实际意义是"气相中溶质的浓度/液相中溶质的浓度"，可以表示为(mg/L)/(mg/L)，更精确地表示为"单位液相体积/单位气相体积"。

任意给定化合物的亨利常数随温度而变。亨利常数实际上是相同温度条件下测定的蒸气压与溶解度的比值，即

$$H = \frac{蒸气压}{溶解度} \tag{2.21}$$

该方程意味着气相压力越高，亨利常数值越大。此外，溶解度越小（或微溶性化合物），亨利常数值越大。对于大多数有机化合物，随温度增加其气相压力增加而溶解度减少。相应地，公式（2.19）或公式（2.20）所定义的亨利常数值应当随温度增加而增加。

表 2.4　亨利常数换算表

常数单位	换算方程
atm/M 或 atm L/mol	$H=H^*RT$
atm m³/mol	$H=H^*RT/1000$
M/atm	$H=1/(H^*RT)$
atm/（液相 mol 分数）或 atm	$H=(H^*RT)[1000\gamma/w]$
（气相 mol 分数）/（液相 mol 分数）	$H=(H^*RT)[1000\gamma/w]/P$

注：H^* 为无量纲的亨利常数，γ 为溶液的比重（稀溶液为 1），W 为溶液的等价分子量（低浓度的含水相溶液为 18），R 为 0.082 atm/(K)(M)，T 为用开文尔表示的体系温度，P 为用 atm 表示的体系压力（通常=1 atm），M 为溶液用（g·mol/L）表示的（体积）克摩尔分子浓度。

引自文献[10]。

表 2.5 汇总了一些常见污染物的亨利常数、蒸气压和溶解度，也列出了污染物的辛醇-水分配系数 K_{ow} 及扩散系数 D 的值。有关参数 K_{ow} 与 D 的讨论将会在后面的章节中给出。关于这些数值的完整列表可查阅化学手册或参考书。

表 2.5　常见污染物的物理特性

组分	MW (g/mol)	H (atm/M)	P^{vap} (mmHg)	D (cm²/s)	$\lg K_{ow}$	溶解度 (mg/L)	T (℃)
苯	78.1	5.55	95.2	0.092	2.13	1780	25
溴甲烷	94.9	106	—	0.108	1.10	900	20
2-丁酮	72	0.0274	—	—	0.26	268000	—
二硫化碳	76.1	12	260	—	2.0	2940	20
氯苯	112.6	3.72	11.7	0.076	2.84	488	25
氯乙烷	64.5	14.8	—	—	1.54	5740	25
三氯甲烷	119.4	3.39	160	0.094	1.97	8000	20
氯甲烷	50.5	44	—	—	0.95	6450	20
溴氯甲烷	208.3	2.08	—	—	2.09	0.2	—
二溴甲烷	173.8	0.998	—	—	—	11000	—
1,1-二氯乙烷	99.0	4.26	180	0.096	1.80	5500	20
1,2-二氯乙烷	99.0	0.98	61	—	1.53	8690	20
1,1-二氯乙烯	96.9	34	600	0.084	1.84	210	25
1,2-二氯乙烯	96.9	6.6	208	—	0.48	600	20
1,2-二氯丙烷	113.0	2.31	42	—	2.00	2700	20
1,3-二氯丙烯	111.0	3.55	38	—	1.98	2800	25
乙苯	106.2	6.44	7	0.071	3.15	152	20

（续表）

组　分	MW（g/mol）	H（atm/M）	P^{vap}（mmHg）	D（cm²/s）	$\lg K_{ow}$	溶解度（mg/L）	T（℃）
二氯甲烷	84.9	2.03	349	—	1.3	16700	25
芘	202.3	0.005	—	—	4.88	0.16	26
苯乙烯	104.1	9.7	5.12	0.075	2.95	300	20
1,1,1,2-四氯乙烷	167.8	0.381	5	0.077	3.04	200	20
1,1,2,2-四氯乙烷	167.8	0.38	—	—	2.39	2900	20
四氯乙烯	165.8	25.9	—	0.077	2.6	150	20
四氯甲烷	153.8	23	—	—	2.64	785	20
甲苯	92.1	6.7	22	0.083	2.73	515	20
三溴乙烷	252.8	0.552	5.6	—	2.4	3200	30
1,1,1-三氯乙烷	133.4	14.4	100	—	2.49	4400	20
1,1,2-三氯乙烷	133.4	1.17	32	—	2.47	4500	20
三氯乙烯	131.4	9.1	60	—	2.38	1100	25
三氟甲烷	137.4	58	667	0.083	2.53	1100	25
氯乙烯	62.5	81.9	2660	0.114	1.38	1.1	25
二甲苯	106.2	5.1	10	0.076	3.0	198	20

引自文献[1]和[4]。

案例2.28　亨利常数单位换算

如表2.5中所示，25 ℃苯在水中的亨利常数是5.55 atm/M，将该值换算为无量纲单位及atm单位的值。

解答：

由表2.4可知，$H = H^* RT = 5.55 = H^*(0.082) \times (273 + 25)$

$$H^* = 0.227（无量纲）$$

同样，由表2.4可知

$$H = (H^* RT)[1000\gamma / W]$$
$$H = [0.227 \times 0.082 \times (273 + 25)][1000 \times 1/18] = 308.3 \text{ atm}$$

 讨论

1. 之前提到，无量纲亨利常数的应用逐渐流行。苯是一种受关注的VOC，其亨利常数数值在大多数的数据库里有显示。记住苯在环境条件下的无量纲常数为0.23是个不错的方法。

2. 换算数据库中其他污染物的亨利常数时，仅用该污染物的亨利常数与苯的亨利常数的比率（任意单位）乘以 0.23 即可。例如，为了得到二氯甲烷的无量纲亨利常数，首先，由表 2.5 查得二氯甲烷的亨利常数为 2.03 atm/M，苯的亨利常数为 5.55 atm/M；然后找出这两个值的比率，乘以 0.23，就可以得到二氯甲烷的无量纲亨利常数为 [(2.03)/(5.55)]×0.23=0.084。

案例 2.29　由溶解度及蒸气压计算亨利常数

如表 2.5 所示，25 ℃时苯的蒸气压是 95.2 mmHg，苯在水中的溶解度是 1780 mg/L，求给定条件下苯的亨利常数。

解答：

由公式（2.21）可知亨利常数是蒸气压与溶解度之比，有
$$H = (95.2\, \text{mmHg}) / (1780\, \text{mg/L}) = 0.0535\, \text{mmHg/(mg/L)}$$

为了与表 2.5 中给出的值进行比较，需要转换蒸气压和溶解度的单位。
$$P^{\text{vap}} = 95.2 / 760 = 0.125\, \text{atm}$$
$$C = 1780\, \text{mg/L} = 1.78\, \text{g/L}$$

转换单位有

即　　$C = (1.78\, \text{g/L}) / (78.1\, \text{g/mol}) = 0.0228\, \text{mol/L} = 0.0228\, \text{M}$

因此　　$H = (0.125\, \text{atm}) / (0.0228\, \text{M}) = 5.48\, \text{atm/M}$

讨论

1. 案例 2.29 的计算结果 5.48 atm/M 基本上和表 2.5 中的值 5.55 atm/M 相当。
2. 需要注意的是在技术文章中使用的蒸气压、溶解度和亨利常数可能有不同的数据来源。因此从蒸气压和溶解度的比率派生出来的亨利常数可能会与上面提到的值不完全一致。

案例 2.30　用亨利定律计算平衡浓度

某场地地下受到四氯乙烯（PCE）的污染。最近的土壤气体浓度调查显示土壤气中含有 1250 ppmV 的 PCE。估算土壤水分中 PCE 的浓度。假设地下的温度是 20 ℃。

解答:

a. 由表 2.5 可知，对于 PCE 有

$$H = 25.9 \text{ atm/M}；分子量 MW = 165.8 \text{ g/mol}$$

同时，$1250 \text{ ppmV} = 1250 \times 10^{-6} \text{ atm} = 1.25 \times 10^{-3} \text{ atm} = P_A$

由公式（2.19）可得

$$P_A = H_A C_A = 1.25 \times 10^{-3} \text{ atm} = (25.9 \text{ atm/M}) \times C_A$$

因此

$$C_A = (1.25 \times 10^3 \text{ atm})/(25.9 \text{ atm/M}) = 4.82 \times 10^{-5} \text{ M}$$
$$= (4.82 \times 10^{-5} \text{ mol/L}) \times (165.8 \text{ g/mol})$$
$$= 8 \times 10^{-3} \text{ g/L} = 8 \text{ mg/L} = 8 \text{ ppm}$$

b. 也可以采用无量纲亨利常数解这个问题

$$H = H^* RT = 25.9 = H^* \times 0.082 \times (273 + 20)$$
$$H^* = 1.08 \text{（无量纲）}$$

由公式（2.1）把 ppmV 换算为 mg/m^3，有

$$1250 \text{ ppmV} = 1250 \times [(165.8/24.05)] \text{ mg/m}^3$$
$$= 8620 \text{ mg/m}^3 = 8.62 \text{ mg/L}$$

由公式（2.20）可得

$$G = HC = 8.62 \text{ mg/L} = (1.08)C$$

因此，$C = 8 \text{ mg/L} = 8 \text{ ppm}$

讨论

1. 两种方法得出了相同的结果。
2. PCE 的亨利常数相对较高（约为苯的 5 倍，1.08 与 0.227）。
3. 在平衡时，土壤水分中 PCE 的浓度是 8 mg/L，而气相浓度为 1250 ppmV。
4. 气相中的浓度数值（1250 ppm）远高于相应液相中的浓度数值（8 ppm）。

2.4.3 固-液平衡

1. 吸附

吸附是一组分穿过两相的界面从液相向固体表面迁移的过程。吸附由以下三

个不同成分之间相互作用引起：
- 吸附剂（如包气带土壤、含水层基质及活性炭）；
- 吸附质（如污染物）；
- 溶剂（如土壤水相及地下水）。

在吸附过程中，吸附质被从溶剂中去除并被吸附剂吸收。吸附作用是影响污染物在环境中归趋和运移的一个重要机理。

2. 吸附等温线

在固相和液相共存的体系中，吸附等温线描述固相和液相间的平衡关系。等温线表示的是恒定温度下的固体-液体关系。

最常见的等温线是 Langmuir 等温线和 Freundlich 等温线，两者都是 20 世纪初推导出的。Langmuir 等温线的理论基础是假定吸附质单层覆盖吸附剂的表面，而 Freundlich 等温线是一个半经验关系。对于 Langmuir 等温线来说，土壤中污染物的浓度随液体中污染物浓度的增加而增加，直至达到固体浓度最大值。Langmuir 等温式如下式所示

$$S = S_{max} \frac{KC}{1+KC} \quad (2.22)$$

式中，S 是在固体表面的吸附浓度，C 是液体中溶解相的浓度，K 是平衡常数，S_{max} 是饱和吸附浓度。需要指出，在本书中符号 S 和 X 都将会用于表示土壤中污染物的浓度。其中，S 代表"污染物质量/土壤干重"，而 X 代表"污染物质量/土壤湿重"。

另外，Freundlich 等温式如下式表示

$$S = KC^{1/n} \quad (2.23)$$

K 和 $1/n$ 都是经验常数，因吸附剂、吸附质和溶剂的不同而不同。对于给定的任一化合物，经验常数值因温度不同而不同。使用等温式的时候，要确保所用的参数的单位和经验常数的单位一致。

这两种等温线都是非线性的。将 Langmuir 等温线和 Freundlich 等温线并入质量平衡方程以评估污染物的归趋和运移会使得计算机模拟变得更难、更费时。幸运的是，研究发现在许多环境应用中，可使用 Freundlich 等温线的线性形式，称为线性吸附等温式，即 $1/n=1$，因此有

$$S = KC \quad (2.24)$$

该式在归趋和运移模型中简化了质量平衡方程。

3. 分配系数

对于土-水体系，线性等温吸附式常写成以下形式

$$S = K_p C$$

从而
$$K_p = S/C \tag{2.25}$$

式中，K_p 称为分配系数，用于测量化合物被土壤表面或底泥从液相中吸附的趋势并描述该化合物本身在两介质（如固体和液体）间的分配程度。前面提到的亨利常数，可以看作气-液分配系数。

对于给定的有机化合物，分配系数因土壤不同而不同。有机吸附的主要机理是化合物与土壤中的自然有机质之间的疏水键合作用。已发现 K_p 随土壤中的有机物的百分含量 f_{oc} 增加而线性增加，从而

$$K_p = f_{oc} K_{oc} \tag{2.26}$$

有机物碳分配系数 K_{oc}，可以认为是有机化合物进入假定的纯天然有机质中的分配系数。由于土壤不是100%的有机物，因此分配系数要用折减因子 f_{oc} 折减。黏性土常常与更多的天然有机质相关联，因而对有机污染物有很强的吸附能力。

实际上 K_{oc} 是一个理论参数，是由实验确定的 K_p-f_{oc} 曲线斜率。很多化合物没有可供使用的 K_{oc} 值。大量研究把 K_{oc} 和其他更为常见易得到的化学特性关联起来，诸如水中的溶解度（S_w）、辛醇-水分配系数（K_{ow}）。辛醇-水分配系数是一个无量纲常数，定义为

$$K_{ow} = \frac{C_{ow}}{C_w} \tag{2.27}$$

式中，C_{ow} 为辛醇中有机物的平衡浓度，C_w 为水中有机物的平衡浓度。

K_{ow} 可作为有机物在有机相和水之间分配的指示值。K_{ow} 值的范围很广，在 $10^{-3} \sim 10^7$ 变化。K_{ow} 值低的有机物是亲水性的（倾向于存在在水中），土壤对其的吸附作用较弱。文献中报道了 K_{oc} 与 K_{ow}（或在水中的溶解度 S_w）之间有许多关联方程。表2.6列出了一些 EPA 工程手册中的经验方程[5]。可以看出在对数图下，K_{oc} 随着 K_{ow} 的增加或 S_w 的减少而线性增加（注：一些常见污染物的 K_{ow} 值见表2.5）。通常采用以下简单的关联式[8]，即

$$K_{oc} = 0.63 K_{ow} \tag{2.28}$$

表 2.6 K_{oc} 和 K_{ow} 之间的一些关联方程

方 程	基本数据
$\lg K_{oc}=0.544(\lg K_{ow})+1.377$ 或 $\lg K_{oc}=-0.55(\lg S_w)+3.64$	芳香族、羟基的酸和酯、杀虫剂、尿素，以及尿嘧啶、三嗪类化合物及其混合物
$\lg K_{oc}=1.00(\lg K_{ow})-0.21$	多环芳烃、氯代烃
$\lg K_{oc}=-0.56(\lg S_w)+0.93$	PCBs、农药、卤代乙烷和丙烷、PCE、1,2-二氯苯

注：S_w 是在水中的溶解度，mg/L。
引自文献[12]。

为计算与液相相平衡的固相浓度（或反之），需要首先确定分配系数的值。可以采用以下步骤确定土壤-水体系中的分配系数：

步骤 1：查得污染物的 K_{ow} 或 S_w（见表 2.5）；

步骤 2：采用表 2.6 中的关联式或公式（2.28）以确定 K_{oc}；

步骤 3：确定土壤的 f_{oc}；

步骤 4：由公式（2.26）确定 K_p。

↘ 案例 2.31　固-液平衡浓度

某场地的含水层受到了四氯乙烯（PCE）的污染，所采地下水样品中含有 200 ppb 的 PCE。计算吸附于含水层土壤中的 PCE 的浓度，该含水层土壤有机碳含量为 1%。假设吸附等温线符合线性模型。

解答：

a. 由表 2.5，对于 PCE 有
$$\lg K_{ow} = 2.6 \rightarrow K_{ow} = 398$$

b. 由表 2.6，PCE 为一种氯代烃，故有
$$\lg K_{oc} = 1.00(\lg K_{ow}) - 0.21 = 2.6 - 0.21 = 2.39$$
可得　$K_{oc} = 245 \text{ mL/g} = 245 \text{ L/kg}$
或由公式（2.28）可得
$$K_{oc} = 0.63 K_{ow} = 0.63 \times 398 = 251 \text{ mL/g} = 251 \text{ L/kg}$$

c. 由公式（2.26）得到 K_p，有
$$K_p = f_{oc} K_{oc} = 1\% \times 251 \text{ L/kg} = 2.51 \text{ L/kg}$$

d. 由公式（2.25）得到 S，即
$$S = K_p C = (2.51 \text{ L/kg}) \times (0.2 \text{ mg/L}) = 0.50 \text{ mg/kg}$$

讨论

1. 由非常直观的的公式（2.28）（$K_{oc}=0.63K_{ow}$）得到的 K_{ow} 估计值（251 L/kg），与从表 2.6 中的关联方程得出的 K_{oc} 值（245 L/kg）相一致。

2. 大多数技术文章中并没有谈到 K_p 的单位。实际上 K_p 的单位为"溶剂体积/吸附质质量"，多数情况下它相当于 mL/g 或 L/kg。

2.4.4 固-液-气平衡

本节开始时提到，非水相液体（NAPL）进入包气带后可能以四种不同的相态存在，前面仅讨论了液-气两相及固-液两相的平衡体系，现在进一步讨论包括液、气、固相（在一些应用中也有自由相）的体系。

包气带中的土壤水分与土壤颗粒及孔隙间的空气都接触，且每一相中的污染物能够迁移到另一相。例如，液相中污染物的浓度受其他相（如土壤固相、气相、自由相）的影响。如果整个系统处于平衡状态，这些浓度与前面提到的平衡方程相关联。换句话说，整个体系处于一个平衡体系中，只要知道污染物其中一个相的浓度，就可用平衡关系计算其他相的浓度。尽管实际应用中平衡条件并不总是成立，但是基于这样的条件得出的估计值还是一个好的起点，或者可以作为真实值的上限或下限。

案例 2.32 固-液-气-自由相平衡浓度

某场地地下发现有 1,1,1-三氯乙烷（1,1,1-TCA）的自由相。土壤质地为淤泥质土，其有机质含量为 2%，地下温度为 20 ℃。计算土壤孔隙气体、土壤水及土壤颗粒里 TCA 的最大浓度。

解答：

a. 由于自由相的存在，蒸气浓度的最大值是该温度下 TCA 液相的蒸气压。由表 2.5，20 ℃下 TCA 的蒸气压是 100 mmHg。

$$100 \text{ mmHg}=(100 \text{ mmHg})/(760 \text{ mmHg/1atm})=0.132 \text{ atm}$$

$$G=0.132 \text{ atm}=132000 \text{ ppmV}$$

用公式（2.1）将 ppmV 换算为 mg/m^3（由表 2.5 摩尔分子量=133.4），有

$$132000 \text{ ppmV}=(132000)\times(133.4/24.05) \text{ mg/m}^3=732000 \text{ mg/m}^3$$

$$G = 732000 \text{ mg/m}^3 = 732.2 \text{ mg/L}$$

b. 由表 2.5，H=14.4。用表 2.4 将 H 换算为无量纲亨利常数，即

$$H = H^*RT = H^* \times 0.082 \times (273+20) = 14.4$$

$$H^* = 0.60 \text{（无量纲）}$$

用公式（2.20）得液相浓度为

$$G = H^*C = (0.60)C = 732.2 \text{ mg/L}$$

因此

$$C = 1220 \text{ mg/L} = 1220 \text{ ppm}$$

c. 由表 2.5，对于 TCA 有

$$\lg K_{ow} = 2.49 \rightarrow K_{ow} = 309$$

由表 2.6，TCA 作为一种氯代烃有

$$\lg K_{oc} = 1.00(\lg K_{ow}) - 0.21 = 2.49 - 0.21 = 2.28$$

可得

$$K_{oc} = 191 \text{ mL/g} = 191 \text{ L/kg}$$

或由公式（2.28）可得

$$K_{oc} = 0.63 K_{ow} = 0.63 \times 309 = 195 \text{ mL/g} = 195 \text{ L/kg}$$

由公式（2.26）得到 K_p 为

$$K_p = f_{oc} K_{oc} = 2\% \times (191 \text{ L/kg}) = 3.82 \text{ mL/g} = 3.82 \text{ L/kg}$$

由公式（2.25）得到 S 为

$$S = K_p C = (3.82 \text{ L/kg}) \times (1220 \text{ mg/L}) = 4660 \text{ mg/kg}$$

讨论

1. 计算所得液相浓度 1220 mg/L 比表 2.5 中给出的溶解度 4400 mg/L 要低。

2. 公式（2.28）得出的 K_{oc}（195 L/kg）与从表 2.6 中的关联方程得出的值（191 L/kg）相一致。

3. 计算所得浓度是可能的最大值；若体系不是封闭体系且不处于平衡状态，则实际值要低一些。

案例 2.33 固-液-气-平衡浓度（无自由相）

某场地地下受 1,1,1-三氯乙烷（1,1,1-TCA）污染，土壤气体中 TCA 浓度为 1320 ppmV。土壤质地为淤泥质土，其有机质含量为 2%。地下温度为 20 ℃。计算土壤水及土壤颗粒里 TCA 的最大浓度。

解答：

a. TCA 气体浓度为 1320 ppmV，比案例 2.32 中浓度值低 100 倍，即
$$G=1320 \text{ ppmV}=7320 \text{ mg/m}^3=7.32 \text{ mg/L}$$

b. 无量纲亨利常数为 0.60（由案例 2.32 得），即
$$G=HC=7.32 \text{ mg/L}=(0.60)C$$
因此，$C=12.2 \text{ mg/L}=12.2 \text{ ppm}$

c. 由 $K_p=3.82 \text{ L/kg}$ 可得
$$S=K_p C=(3.82 \text{ L/kg})\times(12.2 \text{ mg/L})=46.6 \text{ mg/kg}$$

 讨论

1. $G=HC$ 和 $S=K_p C$ 的平衡关系为线性关系。当气相浓度为 1320 ppmV 时，其浓度值比案例 2.33 中的值（132000 ppmV）低 100 倍，其对应的液相和固相浓度也相应会低 100 倍。应当指出的是，这种情况仅在两个系统具有相同的特性（相同的 H 和 K_p）时才成立。

2. 计算结果是基于系统处于平衡状态这一假设，如果系统处于非平衡状态，则实际浓度值将会不同。

2.4.5 污染物在不同相中的分配

包气带中污染物的总质量为四个相（气相、液相、固相及自由相）中污染物质量的总和。以包气带内体积为 V 的污染羽为例。

由公式（2.3）可得

溶解在土壤水相中关注污染物的质量 $=(V_1)(C)=[V(\phi_w)]C$ (2.29)

由公式（2.4）可得

吸附在土壤颗粒表面的关注污染物质量 $=(M_s)(S)=[(V)(\rho_b)]S$ (2.30)

由公式（2.5）可得

挥发到孔隙空间的关注污染物质量 $=(V_a)(G)=[V(\phi_a)]G$ (2.31)

式中，ϕ_w 是体积含水量，ϕ_a 是空气的孔隙度（注：总孔隙度 $\phi=\phi_w+\phi_a$）。

污染物在污染羽中的总质量 M_t 代表了以上三相各相中污染物质量以及自由相（若存在）的总合。从而

$$M_t = V(\phi_w)C + V(\rho_b)(S) + (V)(\phi_a)G + 自由相质量 \tag{2.32}$$

自由相的质量简单地由自由相的体积乘以它的密度计算得到。若自由相不存在，则公式（2.32）可简化为

$$M_t = V(\phi_w)C + V(\rho_b)(S) + (V)(\phi_a)G \tag{2.33}$$

若体系处于平衡状态，且亨利定律和线性吸附适用，则其中一相的浓度可用其他相的浓度乘以一个因子来表示。以下关系成立

$$G = HC = H\left(\frac{S}{K_p}\right) = \left(\frac{H}{K_p}\right)S \tag{2.34}$$

$$C = \left(\frac{S}{K_p}\right) = \left(\frac{G}{H}\right) \tag{2.35}$$

$$S = K_p C = K_p\left(\frac{G}{H}\right) = \left(\frac{K_p}{H}\right)G \tag{2.36}$$

联立以上关系式及公式（2.33），则公式（2.33）可重写为

$$\begin{aligned}\frac{M_t}{V} &= \left[(\phi_w) + (\rho_b)K_p + (\phi_a)H\right]C \\ &= \left[\frac{(\phi_w)}{H} + \frac{(\rho_b)K_p}{H} + (\phi_a)\right]G \\ &= \left[\frac{(\phi_w)}{K_p} + \rho_b + (\phi_a)\frac{H}{K_p}\right]S\end{aligned} \tag{2.37}$$

式中，$\frac{M_t}{V}$ 可以看作污染羽的平均质量浓度。若已知污染羽的体积 V，乘以 $\frac{M_t}{V}$ 很容易确定污染羽中污染物的总质量。若在无自由相存在，且平均液相浓度、固相浓度、气相的浓度已知的情况下，可用公式（2.37）估算包气带内污染物的总质量。

对于地下水污染羽中的溶解相（$\phi_a = 0$ 及 $\phi_w = \phi$），公式（2.37）可以改写为

$$\frac{M_t}{V} = \left[\phi + (\rho_b)K_p\right]C = \left[\frac{\phi}{K_p} + \rho_b\right]S \tag{2.38}$$

本节所用方程中，建议使用以下单位：V（单位为 L）、G（单位为 mg/L）、C（单位为 mg/L）、S（单位为 mg/kg）、M_t（单位为 mg）、ρ_b（单位为 kg/L）、K_p（单位为 L/kg）、ϕ_a、ϕ_w、ϕ 及 H（无量纲）。

在 2.4.3 小节中提到，本书中 S 和 X 均用于表示污染物在土壤中的浓度。S 的含义是"污染物质量/干燥土壤质量"，用于表示吸附于固体表面的浓度；X 则代表"污染物质量/湿土质量"，用于表示土壤样品中污染物的浓度。假设当样品土壤孔隙空气中的污染物也被分析测出时，单位体积内污染物的总质量（M_t/V）与污染物在土壤里的浓度（X）有如下关系：

$$\frac{M_t}{V} = X(\rho_t) \tag{2.39}$$

式中，ρ_t 为土壤样品的总堆积密度。

正如即将在案例 2.37 中所示，污染物在土壤孔隙气体中的质量与溶解相和吸附相相比较小。因此，将土壤孔隙气中的质量包括至公式（2.39）中是合理的。将公式（2.39）带入公式（2.37）中，土壤样品浓度（X）与 G、C、S 间的关系可表达为：

$$\begin{aligned}
X &= \left\{\frac{[(\phi_w)+(\rho_b)K_p+(\phi_a)H]}{\rho_t}\right\}C \\
&= \left\{\frac{\dfrac{(\phi_w)}{H}+\dfrac{(\rho_b)K_p}{H}+(\phi_a)}{\rho_t}\right\}G \\
&= \left\{\frac{\dfrac{(\phi_w)}{K_p}+(\rho_b)+(\phi_a)\dfrac{H}{K_p}}{\rho_t}\right\}S
\end{aligned} \tag{2.40}$$

案例 2.34　气液两相间的质量分配

一个技术新手被安排从监测井中采集地下水样，他所采的苯污染地下水样仅装了 40 mL 样品瓶的一半（$T = 20$ ℃）。经分析所采集地下水中苯的浓度为 5 mg/L。求：

　a. 样品瓶打开前瓶内上部空间苯的浓度（ppmV）；
　b. 密封样品瓶水相中的苯占样品瓶中苯总质量的百分比；
　c. 若样品瓶的顶部空间也充满了地下水样，地下水中苯的实际浓度。
假定苯的无量纲亨利常数值为 0.22。

解答：

基准：1L 容器

a. 容器顶部空间气相中苯的浓度为

$$HC_1 = 0.22 \times (5 \text{ mg/L}) = 1.1 \text{ mg/L} = 1100 \text{ mg/m}^3$$

$$1 \text{ ppmV} = (MW/24.05) \text{ mg/m}^3 = (78/24.05) \text{ mg/m}^3 = 3.24 \text{ mg/m}^3$$

容器顶部空间气相中苯的浓度=1100/3.24=340 ppmV

b. 液相中苯的质量

$$CV = (5 \text{ mg/L}) \times 0.5 \text{ L} = 2.5 \text{ mg}$$

容器顶部空间气相中苯的质量

$$GV = (1.1 \text{ mg/L}) \times 0.5 \text{ L} = 0.55 \text{ mg}$$

苯的总质量 = 液相中的质量+容器顶部空间气相中的质量

= 2.5 mg+ 0.55 mg=3.05 mg

水相中苯的质量百分比=(2.5 mg)/(3.05 mg)=82%

c. 实际的液相浓度为

$$(3.05 \text{ mg})/(0.5 \text{ L}) = 6.1 \text{ mg/L}$$

 讨论

1. 尽管取样体积只有 40 mL，但为了使计算简化，选取基准体积为 1 L。
2. 由于样品瓶中顶部空间的存在，液相表观浓度比实际浓度要低。

案例 2.35　含水层中固液两相间的质量分配

某场地的地下含水层受到了四氯乙烯（PCE）的污染，该含水层孔隙度为 0.4，含水层土壤（干燥）堆积密度为 1.6 g/cm³，地下水样品中含有 200 ppb 的 PCE。假设吸附符合线性吸附模型，计算：

a. 吸附在含水层土壤上的 PCE 浓度，该含水层土壤含有 1%的有机质（质量分数）；

b. PCE 在溶解相及吸附在固相中的分配。

解答：

a. 吸附于固相的 PCE 浓度已在案例 2.31 中确定为 0.50 mg/kg。

b. 基准：含水层体积为 1 L。

液相中 PCE 的质量为
$$(C)[(V)(\phi)] = (0.2 \text{ mg/L}) \times [(1 \text{ L}) \times 0.4] = 0.08 \text{ mg}$$
吸附于固相的 PCE 质量
$$(X)[(V)(\rho_b)] = (0.5) \times [(1 \text{ L}) \times (1.6 \text{ g/cm}^3)] = 0.8 \text{ mg}$$
PCE 的总质量 = 液相质量+固相质量=0.08 mg+0.8 mg=0.88 mg
含水相中 PCE 的总质量百分比=0.08/0.88=9.1%

讨论

污染含水层中大部分 PCE（90.9%）吸附于含水层土壤中，这从某种程度上解释了为什么抽出处理方法处理含水层需要更长的时间。

▶ **案例2.36 液固两相间的质量分配**

废水中含有 500 mg/L 的悬浮固体，悬浮固体中有机质的质量分数为 1%。过滤后废水中苯的浓度为 5 mg/L，苯的 K_{oc} 为 85 mL/g。求：
  a. 吸附于悬浮固体表面上苯的浓度；
  b. 溶解于未过滤废水中苯的总质量百分比。

解答：

  a. 用公式（2.26），得 K_p 为
$$K_p = f_{oc} K_{oc} = 1\% \times (85 \text{ mL/g}) = 0.85 \text{ mL/g} = 0.85 \text{ L/kg}$$
用公式（2.25），得 S 为
$$S = K_p C = (0.85 \text{ L/kg}) \times (5 \text{ mg/L}) = 4.25 \text{ mg/kg}$$

  b. 基准：1 L 的溶液
液相中苯的质量为
$$(C)(V) = (5 \text{ mg/L}) \times (1 \text{ L}) = 5 \text{ mg}$$
吸附在固体上的苯的质量为
$(X)[(V)(悬浮固相中苯的浓度)]$
$= (4.15 \text{ mg/kg}) \times [(1 \text{ L}) \times (5000 \text{ mg/L}) \times (1 \text{ kg}/1000000 \text{ mg})]$
$= 2.125 \times 10^{-2}$ mg
苯的总质量=在液体中的质量+在固体中的质量
$= 5 \text{ mg} + 2.125 \times 10^{-2} \text{ mg} = 5.021 \text{ mg}$
水相中苯的质量百分比=5/5.0215×100%=99.6%

讨论

由于只有少量的悬浮固体存在且其有机质含量较低，且苯相对比较亲水，因此固相中仅出现少量的苯；几乎所有的苯（99.6%）存在于溶解相中。

案例2.37　气、液、固三相间的质量分配

某垃圾填埋场包气带土壤中苯和芘的气相浓度分别为 100 ppmV 和 10 ppbV。包气带土壤的总孔隙度为 40%，其中的 30%被水占据。土壤（干）堆积密度为 1.6 g/cm³，总堆积密度为 1.8 g/cm³。假设无自由相存在，求每种污染物在孔隙气体、液体及固相三相中的质量分数。苯和芘的无量纲亨利常数值分别为 0.22 和 0.0002，苯和芘的 K_p 值分别为 1.28 和 717。

分析：

使用计算机电子表格，如 Excel，是解决这类问题的一个好方法。

解答：

基准：1 m³ 的土壤

		苯	芘
a.	确定孔隙气体中的质量		
	分子量	78	202
	G（ppmV）	100	0.01
	G（mg/m³）	324.32	0.084
	孔隙气体的体积（m³）=0.40×0.7	0.28	0.28
	气相中的质量（mg）	90.8	0.024
b.	确定溶解在液体中的质量		
	H	0.22	0.0002
	C（mg/m³）=G/H	1474	420
	液体体积（m³）=0.40×0.3	0.12	0.12
	液相中的质量（mg）	176.9	50.4
c.	确定吸附在固体上的质量		
	K_p	1.28	717
	C（mg/L）	1.47	0.42
	X（mg/kg）= $K_p C$	1.89	301
	土壤质量（kg）=(1m³)(ρ_b)	1600	1600
	固体表面质量（mg）	3019	4.82×10⁵

（续表）

		苯	芘
d.	确定在三相中的总质量	3287	4.82×10^5
e.	确定每个相的质量分数		
	孔隙中的%	2.8	4.9×10^{-6}
	水中的%	5.4	0.01
	固相中的%	91.8	99.99

 讨论

对于这两种化合物，大多数污染物都吸附于土壤固相（苯为 91..8%；芘为 99.99%），对具有高 K_p 值和低 H 值的芘而言尤甚。芘在气相中的浓度非常低，但在土壤固相中的浓度很高。

案例 2.38 土壤中的关注污染物浓度：S 与 X 的比较

在案例 2.37 中，苯和芘吸附于土壤颗粒表面的浓度分别为 1.89 mg/kg 和 301 mg/kg。假如从该场地取样对苯与芘在土壤里的浓度进行实验室分析，求土壤中的浓度值，并用此浓度计算土壤中污染物的总质量。

求解：

a. X 和 S 的关系由公式（2.40）得

$$X = \left\{ \frac{\left[\dfrac{(\phi_w)}{K_p} + (\rho_b) + (\phi_a)\dfrac{H}{K_p}\right]}{\rho_t} \right\} S$$

$$X = \{[(0.12)/(1.28) + 1.6 + (0.28) \times (0.22)/(1.28)]/1.8\} \times 1.89$$
$$= 1.83 \text{ mg/kg}（苯浓度）$$

$$X = \{[(0.12)/(717) + 1.6 + (0.28) \times (0.0002)/(717)]/1.8\} \times 301$$
$$= 268 \text{ mg/kg}（芘浓度）$$

b. 假如关注污染物在土壤孔隙气体中的质量未被分析至总质量时，公式（2.40）可变为：

$$X = \left\{\frac{\left[\dfrac{(\phi_w)}{K_p} + (\rho_b)\right]}{\rho_t}\right\} S$$

$X = \{[(0.12)/(1.28) + 1.6]/1.8\} \times 1.89 = 1.78 \text{ mg/kg}$（苯浓度）

$X = \{[(0.12)/(717) + 1.6]/1.8\} \times 301 = 268 \text{ mg/kg}$（芘浓度）

c. 利用公式（2.7）得出关注污染物的总质量为

$[(V_s)(\rho_t)]X = M_s \times X$

$\quad = [(1 \text{ m}^3) \times (1800 \text{ kg/m}^3)] \times (1.83 \text{ mg/kg}) = 3284 \text{ mg}$（苯质量）

$\quad = [(1 \text{ m}^3) \times (1800 \text{ kg/m}^3)] \times (268 \text{ mg/kg}) = 482000 \text{ mg}$（芘质量）

讨论

1. 本案例说明了 X 与 S 间的区别。对于苯来说，X 与 S 的值非常接近。而对于芘，X 与 S 的比值约等于干堆积密度与总堆积密度的比值。这主要是因为绝大部分的芘吸附于土壤颗粒的表面。
2. 忽略土壤孔隙空气中的质量不会对 X 的估值带来明显影响。
3. 土壤中关注污染物总质量的计算值基本上与案例 2.37 的结果一致。

案例 2.39　土壤气相与土壤样品浓度之间的关系

某垃圾填埋场包气带土壤孔隙中苯和芘的气相浓度经土壤气调查分别为 100 ppmV 和 10 ppbV。包气带土壤的总孔隙度为 40%，其中的 30% 被水占据，土壤（干）堆积密度是 1.6 g/cm³，总堆积密度为 1.8 g/cm³。苯和芘的无量纲常数值分别为 0.22 和 0.0002。苯和芘的 K_p 值分别为 1.28 和 717。

土壤样品取自土壤气探头所在位置，并送实验室分析土壤中污染物的浓度。计算土壤中污染物的浓度。

解答：

基准：1 L 的土壤

a. 首先计算苯的浓度。气相浓度 ppmV 必须换算为 mg/L。由案例 2.37，苯的 $G = 0.324$ mg/L。用公式（2.39）估计土壤中苯的浓度，有

$$\frac{M_t}{V} = \left[\frac{(\phi_w)}{H} + \frac{(\rho_b)K_p}{H} + (\phi_a)\right]G$$

$$= \left[\frac{0.12}{0.22} + \frac{(1.6) \times (1.28)}{0.22} + 0.28\right] \times (0.324)$$

$$= 3.28 \text{ mg/L}$$

将土壤质量浓度单位换算为 mg/kg，把上面所得的值除以总土壤堆积密度得苯土壤浓度（X）=(3.28 mg/L)/(1.8 kg/L)=1.82 mg/kg

b. 对于芘而言，由案例2.37，G=0.000084 mg/L。用公式（2.37）估算土壤中芘的质量浓度，有

$$\frac{M_t}{V} = \left[\frac{(\phi_w)}{H} + \frac{(\rho_b)K_p}{H} + (\phi_a)\right]G$$

$$= \left[\frac{0.12}{0.0002} + \frac{(1.6) \times (717)}{0.0002} + 0.28\right] \times (0.000084)$$

$$= 482 \text{ mg/L}$$

将土壤质量浓度单位换算为 mg/kg，把上面所得的值除以总土壤堆积密度得芘土壤浓度（X）=(482 mg/L)/(1.8 kg/L)=268 mg/kg

讨论

1. 在本案例中，含有 1.82 mg/kg 苯的土样，其气相浓度达到了 100 ppmV。土壤中芘的浓度 268 mg/kg 比苯的浓度高 150 倍，但其气相浓度却低 10000 倍。

2. 假设土壤中污染物的浓度一定，若土壤中污染物的 K_p 值越小且亨利常数 H 值越大，土壤中气相的浓度会越高（换句话说，土壤中有机质的含量越少，污染物的疏水性越差，越易挥发）。对于砂质土壤，土壤气相浓度可能高些，但吸附在砂颗粒上的污染物浓度相对较低。这也解释了 PID（Photoionization Detector，光离子化检测器）或 OVA（Organic Vapor Analyzer，有机气体分析仪）读数中有关砂质土壤样品中污染物的浓度会高一些，而实验室结果测出的砂质土壤中污染物的浓度值要低些的原因。

3. 本案例中芘浓度为 268 mg/kg，意味着 1 kg 湿土（土壤+水分）中含有 268 mg 芘。而在案例 2.38 中，芘浓度为 301 mg/kg，意味着 1 kg 干土壤中含有 301 mg 芘。需要注意的是，一般实验室测得的结果是基于湿土样品。

参考文献

[1] U.S. EPA. 2010. Gasoline composition regulations affecting LUST sites. EPA 600/R-10/001. Washington, DC: Office of Research and Development, US Environmental Protection Agency.

[2] U.S. EPA. 2012. Summary and analysis of the 2011 gasoline benzene pre-compliance reports. EPA 420/R-12/007. Washington, DC: Office of Transportation and Air Quality, US Environmental Protection Agency.

[3] U.S. Federal Register. 2007. Control of hazardous air pollutants from mobile sources. 72 (37): 8427–8476.

[4] LaGrega, M.D., P.L. Buckingham, and J.C. Evans. Hazardous waste management. New York: McGraw-Hill., 1994.

[5] Fetter Jr., C.W. Applied hydrogeology. Columbus, OH: Charles E. Merrill, 1980.

[6] Todd, D.K. Groundwater hydrology. 2nd ed. New York: John Wiley & Sons, 1980.

[7] Ballestero, T.P., F.R. Fiedler, and N.E. Kinner. 1994. An investigation of the relationship between actual and apparent gasoline thickness in a uniform sand aquifer. Groundwater, 32 (5): 708.

[8] Lide, D.R. Handbook of chemistry and physics. 73rd ed. Boca Raton, FL: CRC Press, 1992.

[9] Reid, R.C., J.M. Prausnitz, and B.F. Poling. The properties of liquids and gases. 4th ed. New York: McGraw-Hill, 1987.

[10] Kuo, J.F., and S.A. Cordery. 1988. Discussion of monograph for air stripping of VOC from water. J. Environ. Eng. 114 (5): 1248–1250.

[11] U.S. EPA. 1990. CERCLA site discharges to POTWs treatability manual. EPA 540/2-90-007. Washington, DC: Office of Water, US Environmental Protection Agency.

[12] U.S. EPA. 1991. Site characterization for subsurface remediation. EPA 625/R-91/026. Washington, DC: US Environmental Protection Agency.

[13] Agency for Toxic Substances & Disease Registry. 2005. Public health assessment manual. Appendix G: Calculating exposure doses (2005 update). ATSDR. http://www.atsdr.cdc.gov/hac/PHAManual/toc.html.

第 3 章

污染羽在含水层和土壤中的迁移

3.1 概述

第 2 章举例说明了场地评价和修复调查中所需要的计算。一般通过修复调查活动可以确定污染羽在地下土壤或含水层中的范围。如果污染物不能立即去除，通常情况下污染物将向下游迁移，且污染羽的范围将不断扩大。

包气带中污染物将作为自由相向下运动，并溶解于渗流水中且在重力的作用下向下迁移。向下迁移的液体可能进入并接触下部的含水层并形成溶解羽，并会在含水层中向下游迁移。另外，关注污染物，尤其是挥发性有机物（VOCs）将会挥发至包气带的空气相，在对流（空气流动）或浓度梯度（通过扩散）的作用下迁移。气相的迁移可以发生在任何方向，且当气相中的污染物与土壤水分和地下水接触时，也可能溶解于其中。对场地修复或健康风险评估，了解污染物在地下的归趋与运移非常重要。常见的有关地下污染物的归趋与运移问题包括如下方面。

① 包气带里污染羽需要多长时间进入含水层？
② 包气带中的气相污染物迁移距离、速度、浓度如何？
③ 地下水流动速度？流动方向？
④ 污染羽迁移速度？迁移方向？
⑤ 污染羽迁移将和地下水流动是否具有相同的速度？如果不同，是什么因素使得污染羽迁移速度不同于地下水流动速度？
⑥ 污染羽存在于含水层中多长时间？

这一章将包含上述大部分问题所需的基本计算。3.2 节介绍了地下水运动的计算，并澄清了有关地下水流速和渗透系数的一些普遍的错误概念；同时还给出了确定地下水流动的水力梯度和流动方向的流程。3.3 节讨论了承压含水层和非承压含水层中的抽水。由于渗透系数在地下水运动中非常关键，3.3 节和 3.4 节还包含了几个计算渗透系数的常规方法，如含水层试验。随后，3.5 节和 3.6 节讨论了溶解污染羽在含水层和包气带里的迁移。

3.2 地下水运动

3.2.1 达西定律

达西（Darcy）定律通常用于描述在多孔介质中的层流。对一给定介质，流速和水头损失成正比，且反比于流动路径长度。典型的地下水含水层流动是层流，因此达西定律是有效的。达西定律可以表达为

$$v_{\mathrm{d}} = \frac{Q}{A} = -K \frac{\mathrm{d}h}{\mathrm{d}l} \tag{3.1}$$

式中，v_{d} 是达西流速，Q 是体积流速，A 是多孔介质垂直于流动方向的横截面积，$\mathrm{d}h/\mathrm{d}l$ 是水力梯度（无量纲），K 是渗透系数。

渗透系数代表多孔介质对流动流体的渗透性。地层的 K 值越大，流体越容易流动。一般而言，渗透系数的单位是速度单位，如 cm/s、m/d，或是每单位面积的体积流速，如 $m^3/d/m^2$。表 3.1 中可以找到有帮助的单位转换。

表 3.1 渗透系数的通常转换因子

m/d	cm/s	ft/d	gpd/ft^2
1	1.16×10^{-3}	3.28	2.45×10^{1}
8.64×10^{2}	1	2.83×10^{3}	2.12×10^{4}
3.05×10^{-1}	3.53×10^{-4}	1	7.48
4.1×10^{-2}	4.73×10^{-5}	1.34×10^{-1}	1

▶ **案例 3.1 估算地下水进入污染羽时的流量**

某垃圾填埋场渗滤液渗漏到其下部的含水层，形成污染羽。使用以下数据来计算每天从上游进入污染区域的地下水量。

垂直于地下水流动方向的污染羽最大横截面积为 150 m² (6 m 厚，25 m 宽)；

地下水梯度为 0.005；

渗透系数为 102 m/d。

解答：

达西定律（见公式（3.1））的另一种一般形式为

$$Q = K \times (dh/dl) \times A = KiA \quad (3.2)$$

式中，i（$= dh/dl$）是水力梯度。

在上述公式中代入对应的值可以得到进入污染羽的地下水流量为

$$Q = (102 \text{ m/d}) \times (0.005) \times (150 \text{ m}^2) = 76.5 \text{ m}^3/\text{d}$$

讨论

1. 案例 3.1 计算本身虽然直接简单，然而可以从这个练习中得到有价值的信息。76.5 m³/d 的流量表示上游地下水进入并接触污染物的速度。这些地下水将被污染，并向下流动或侧向流动，相应地扩大了污染羽的尺寸。

2. 为了控制当前污染羽的扩展，将采用抽水的方法，最小抽水量为 76.5 m³/d。由于抽水引起的地下水水位降落会增大水力梯度，因此所需的实际抽水速率必须高于上述最小值。如上面公式（3.2）所示，水力梯度的增加反过来会增大地下水进入污染羽的速度。另外，并非所有抽出的地下水均来自污染区域。

3. 使用最大的横截面积作为上游地下水和污染区域的"接触面"是合理的方法。最大横截面积用污染羽最大厚度和最大宽度的乘积来计算。

3.2.2　达西流速和渗流速度

公式（3.1）中的速度通常被称为达西流速（或排放速度），达西流速代表地下水的实际流动速度吗？答案是"否"。式中的达西流速假定条件为，水流穿过多孔介质的整个横截面积。换句话说，假设含水层是通透的管道时，达西流速表示水流过含水层的流速。事实上，地下水流动仅存在于可利用的孔隙中（水流有效过水面积较小），所以地下水通过多孔介质的实际流动速率将大于相应的达西流速。该流速通常称为渗流速度或孔隙速度。渗流速度 v_s 和达西流速 v_d 的关系如下

$$v_s = \frac{Q}{\phi A} = \frac{v_d}{\phi} \quad (3.3)$$

式中，ϕ 是有效孔隙度。例如，对于有效孔隙度为 33% 的含水层，地下水流经该

含水层的渗流速度将是达西流速的3倍（也就是$v_s = 3v_d$）。

案例3.2 达西速率和渗流速度

某惰性物质泄漏进入地下，泄漏物渗透进入不饱和区（包气带）并迅速到达下部含水层潜水面。该含水层主要为砂土和砾石层，渗透系数为102 m/d，有效孔隙度为0.35。泄漏点邻近的监测井的静态水位高程为171 m，沿地下水流动方向的下游1610 m处的另外一个监测井的水位高程为168 m。求：

a. 地下水达西流速；
b. 地下水渗流速度；
c. 污染羽迁移速度；
d. 污染羽到达下游井所需时间。

解答：

a. 首先求出含水层的水力梯度
$$i = dh/dl = (171 \text{ m} - 168 \text{ m})/(1610 \text{ m}) = 1.86 \times 10^{-3} \text{ m/m}$$
达西流速 $v_d = Ki = (102 \text{ m/d}) \times (1.86 \times 10^{-3} \text{ m/m}) = 0.19 \text{ m/d}$

b. 渗流速度：$v_s = v_d / \phi = (0.19 \text{ m/d})/0.35 = 0.54 \text{ m/d}$

c. 若污染物是惰性的，则意味着它不会与含水层介质发生反应（如氯化钠是一种很好的惰性物质，且常在含水层研究中作为示踪剂）。因此，本例中污染羽迁移的速度和渗流速度一样，为0.54 m/d。

d. 时间=距离/速度，即
$$t = (1610 \text{ m})/(0.54 \text{ m/d}) = 2981 \text{ d} \approx 8 \text{ 年}$$

讨论

1. 计算得到的污染羽迁移速度是估测值，应只作为粗略的估计。很多因素，诸如流体动力学弥散项等，在方程中并没有考虑。弥散作用使污染羽发生横向扩散（垂直于地下水流方向），并加快纵向迁移（地下水流方向）。弥散是由水质点的混合等因素引起的，由于不同的孔径大小和弯曲导致了孔隙速度的不同。

2. 绝大多数化学物质在地下水中的迁移速度将会由于与含水层的相互作用而延缓，特别是与粘土、土壤有机物质及金属氧化物和氢氧化物相互作用时。在3.5.3节将对此现象做进一步讨论。

> **案例 3.3 渗滤液在压实粘土衬层中的迁移速度**

压实粘土衬层（CCL）作为衬层安装在垃圾填埋场的底部。CCL 的厚度为 0.6 m，渗透系数小于 10^{-7} cm/s，有效孔隙度为 0.25。当在衬层顶部的渗滤液厚度维持在小于 0.3 m 时，估算渗滤液流经衬垫需要的时间。

解答：

a. 首先求出含水层的水力梯度

$i = dh/dl$ = 水头损失/水流路径长度

  = （粘土衬层厚度+渗滤液厚度）/粘土衬层厚度

  = (0.6 m + 0.3 m)/(0.6 m) = 1.5

达西流速（v_d）= Ki = (10^{-7} cm/s)×1.5 = $1.5×10^{-7}$ cm/s

b. 渗流速度：$v_s = v_d/\phi$ = $(1.5×10^{-7})/0.25$ = $6.0×10^{-7}$ cm/s = $5.2×10^{-2}$ cm/d

c. 时间=距离/渗流速度

  = (0.6 m)/($5.2×10^{-2}$ cm/d) = 1154 d ≈ 3.2 年

讨论

1. 渗滤液最高厚度（0.3 m）和 CCL 最大渗透系数（10^{-7} cm/s）视为最坏的情况。
2. 假设 CCL 是无损坏的，渗滤液需要 3.2 年来通过衬层。
3. 总迁移时间与水力梯度和渗透系数成反比，而与 CCL 厚度成正比。

3.2.3 固有渗透率与渗透系数的比较

在土壤通风文献中可能遇到像"土壤渗透率为 4 达西"的表述，然而在地下水修复文献中可能读到"渗透系数等于 0.05 cm/s"。两种表述都描述了地层的渗透性能。那它们是一样的吗？如果不是，渗透率和渗透系数之间的关系是什么？

渗透率和渗透系数两个术语，有时候可替换使用，然而它们有不同的意思。多孔介质（如地下土壤、含水层）的固有渗透率定义了其传输流体的能力，它仅是介质的特性，且是独立于传输流体特性的。这应该就是为什么称之为"固有"渗透率的原因。然而，多孔介质的渗透系数取决于流经它的流体和介质本身的性质。

渗透系数用于描述含水层传输地下水的能力。当多孔介质在一般的运动黏度和单位水力梯度下，在单位时间内通过单位横截面积（垂直于流动方向）传输单位体积的地下水,就称其有一个单位的渗透系数。

固有渗透率和渗透系数之间的关系是

$$K = \frac{k\rho g}{\mu} \quad \text{或} \quad k = \frac{K\mu}{\rho g} \tag{3.4}$$

式中,K 是渗透系数,k 是固有渗透率,μ 是流体黏度,ρ 是流体密度,g 是重力常数(注:运动黏度$=\mu/\rho$)。固有渗透率单位为 m^2,推导如下

$$k = \frac{K\mu}{\rho g} = \left[\frac{(m/s)(kg/m \cdot s)}{(kg/m^3)(m/s^2)}\right] = \left[m^2\right] \tag{3.5}$$

在石油工业里,地层的固有渗透率一般通过一个叫达西的单位来计量。如果地层中黏度为 1 厘泊(1 mPa·s)的液体在 1 atm/cm 的压力梯度下穿过面积为 1 cm² 断面,且传输速度为 1 cm³/s(注:1 Pa = 1 N/m²),则该地层的固有渗透率为 1 达西,即

$$1\,\text{达西} = \frac{(1\,cm^3/s)(10^{-3}\,Pa \cdot s)}{(1\,atm/cm)(1\,cm^2)} \tag{3.6}$$

通过单位转化,公式(3.6)可以写为

$$1\,\text{达西} = 0.987 \times 10^{-8}\,cm^2 \tag{3.7}$$

表 3.2 列出了 1 个大气压下水的质量密度和黏度。如表中所示,水从 0 ℃到 40 ℃的密度实质上是一样的,约为 1 g/cm³。水的黏度随着温度的增加而减小。水在 20 ℃的黏度为 1 厘泊(注:厘泊为定义达西单位时使用的流体黏度的单位)。

表 3.2 大气压下水的质量密度和黏度

温度(℃)	密度(g/cm³)	黏度(C_p,厘泊)
0	0.999842	1.787
3.98	1.000000	1.567
5	0.999967	1.519
10	0.999703	1.307
15	0.999103	1.139
20	0.998207	1.002
25	0.997048	0.890
30	0.995650	0.798
40	0.992219	0.653

注:1 g/cm³ = 1000 kg/m³;1 厘泊=0.01泊=0.01 g/cm·s=0.001 Pa·s=0.001 N·s/m²。

案例 3.4 给定固有渗透率,求渗透系数

某土样样品的固有渗透率为 1 达西,在 15 ℃下土壤对水的渗透系数是多少?25 ℃下呢?

解答:

a. 从表 3.2 得到,在 15 ℃时,水密度(15 ℃)=0.999703 g/cm³,水黏度(15 ℃)为 0.01139 泊=0.01139 g/s·cm,有

$$K = \frac{k\rho g}{\mu} = \frac{(9.87 \times 10^{-9} \text{cm}^2) \times (0.999703 \text{ g/cm}^3) \times (980 \text{ cm/s}^2)}{0.01139 \text{ g/s·cm}}$$

$$= 8.49 \times 10^{-4} \text{ cm/s} = 8.49 \times 10^{-4} \times (8.64 \times 10^2) \text{ m/d} = 0.73 \text{ m/d}$$

b. 从表 3.2 得到,在 25 ℃时,水密度(25 ℃)=0.997048 g/cm³,水黏度(25 ℃)为 0.00890 泊= 0.00890 g/s·cm。

$$K = \frac{k\rho g}{\mu} = \frac{(9.87 \times 10^{-9} \text{cm}^2) \times (0.997048 \text{ g/cm}^3) \times (980 \text{ cm/s}^2)}{0.00890 \text{ g/s·cm}}$$

$$= 1.08 \times 10^{-3} \text{ cm/s} = 1.08 \times 10^{-3} \times (8.64 \times 10^2) \text{ m/d} = 0.93 \text{ m/d}$$

讨论

1. 在上述计算(a)和(b)中使用的 8.64×10^2 是由表 3.1 中的转换因子得到的($1 \text{ cm/s} = 8.64 \times 10^2 \text{ m/d}$)。

2. 如前文所述,渗透系数取决于流体的性质。本案例说明固有渗透率为 1 达西的某多孔介质在 15 ℃下的渗透系数为 0.73 m/d,在 25 ℃下为 0.93 m/d。该介质在较高温度下(25 ℃)的渗透系数大于其在较低温度下(15 ℃)的值。

3. 固有渗透率与温度无关。

4. 美国水文地质学家通常使用 gpd/ft² 为渗透系数单位,该单位又称为 Meinzer,以美国地质中心[2]水文地质工作先驱者 O.E. Meinzer 的名字命名。在土壤力学研究中,则更多使用 cm/s 为单位(例如,在垃圾填埋场中的粘土衬层的渗透系数通常用 cm/s 来表示)。

从上面的例子看出,固有渗透率为 1 达西的地层传输 20 ℃的纯水的渗透系数约为 10^{-3} cm/s。表 3.3 给出了不同土层的典型固有渗透率值和渗透系数值。

表3.3 典型的固有渗透率值和渗透系数值

	固有渗透率（Darcy）	渗透系数（cm/s）	渗透系数（m/d²）
粘土	$10^{-6} \sim 10^{-3}$	$10^{-9} \sim 10^{-6}$	$10^{-6} \sim 10^{-3}$
粉土	$10^{-3} \sim 10^{-1}$	$10^{-6} \sim 10^{-4}$	$10^{-3} \sim 10^{-1}$
粉砂	$10^{-2} \sim 1$	$10^{-5} \sim 10^{-3}$	$10^{-2} \sim 1$
砂土	$1 \sim 10^{2}$	$10^{-3} \sim 10^{-1}$	$1 \sim 10^{2}$
砾石	$10 \sim 10^{3}$	$10^{-2} \sim 1$	$10 \sim 10^{3}$

3.2.4 导水系数、给水度和释水系数

导水系数（T）是另一个经常用于描述含水层传输水能力的术语。它表示在一个单位的水力梯度下水平传输通过整个含水层饱和厚度的水量，等于含水层厚度（b）与渗透系数（K）的乘积。通常用 m^2/d 作为 T 的单位。

$$T = Kb \tag{3.8}$$

含水层具有两种典型功能：①作为流动发生的通道；②贮水层。这是通过含水层土壤的缝隙来实现的。如果允许通过重力来排干单位饱和岩土层，并不能放出所有它所含的水量。通过重力能够排出水的体积与整个饱和土壤体积的比称为给水度，而其余不能排出水的体积与整个饱和土壤体积的比称为持水度。表 3.4 列出了典型的土壤、粘土、砂土、砾石的孔隙度、给水度和持水度。岩层给水度和持水度的和等于它的孔隙度。

给水度和持水度与水和岩土层的附着力有关。粘质岩层的渗透系数通常较低，这经常导致错误地认为粘土层的孔隙度较低。如表 3.4 所示，粘土比砂土和砾石有更高的孔隙度。粘土的孔隙度可以达到50%，但是它的给水度相当低，可低达2%。孔隙度决定了地层能够贮藏水的总量，而给水度决定了可用于抽取的水量。低给水度解释了难于从黏性土质含水层中抽取地下水的原因。

表 3.4　不同地层的典型孔隙度、给水度和持水度

	孔隙度（%）	给水度（%）	持水度（%）
土壤	55	40	15
粘土	50	2	48
砂	25	22	3
砾石	20	19	1

引自文献[2]。

当饱和层的压头改变，水将进入贮水层或从贮水层中释放出来。释水系数或贮藏系数（S）描述了每单位面积单位压头改变时水进入贮水层或从贮水层中释放的量，它是个无量纲量。承压含水层与非承压含水层对水压头变化的反应不一样。当压头下降时，承压含水层维持饱和；从贮水层中释放的水通过水的膨胀和含水层的压头而实现，其释放的水量极少。然而，在非承压含水层，随着压头的改变，地下水面上升或下降；当水位变化时，水从孔隙排出或进入。这里的贮藏或释放主要取决于给水度，它同样是无量纲量。对非承压含水层，释水系数实际上等于给水度，且典型取值范围为 0.1～0.3。承压含水层的释水系数相当小，取值范围为 0.0001～0.00001，而对于有泄漏的承压含水层为 0.001。小的释水系数意味着在特定的流量下，抽取一定流量的地下水将需要更大的压力变化（或梯度）。

从含水层里排出的地下水的体积（V）可以按下式求得

$$V = SA(\Delta h) \tag{3.9}$$

式中，S 为释水系数，A 为含水层面积，Δh 为压头变化。

案例 3.5　计算由于压头的变化含水层损失的水量

某非承压含水层面积为 13 km²，含水层释水系数为 0.15。由于近期的干旱，地下水面下降了 0.25 m。计算贮水层损失的水量。

如果含水层为承压含水层，且它的释水系数为 0.0005，对于 0.25 m 的下降压头，损失的水量为多少？

解答：

a. 在公式（3.9）中代入已知值，可以得到非承压含水层排出的水体积为

$$V = (0.15) \times \left[(13) \times (1000)^2 \, m^2 \right] \times (0.25 \, m) = 4.89 \times 10^5 \, m^3$$

b. 对承压含水层，其排出的水体积为

$$V = (0.0005) \times \left[(13) \times (1000)^2 \, m^2 \right] \times (0.25 \, m) = 1.63 \times 10^3 \, m^3$$

讨论

对于相同的压头变化，在非承压含水层里损失的水是承压含水层损失的 300 倍。该倍数为两者的释水系数之比（0.15/0.0005 = 300）。

3.2.5 确定地下水径流的水力梯度和方向

地下水修复必须充分了解地下水径流的水力梯度和方向。地下水径流的水力梯度和方向的确定对选择控制污染羽迁移的修复方案影响很大，如抽水井的位置和地下水抽水流量等。

地下水径流的水力梯度和方向的计算最少需要三个点的地下水高程。下面是一般步骤，其后为一个例子。

步骤 1：按比例在图上定出三个测量点的位置；
步骤 2：在图上连接三个点，标出它们的地下水面高程；
步骤 3：将三角形的每条边按相等的间隔分段（每条线段代表一个单位地下水高程的增加）；
步骤 4：连接高程数值相等的点（等势线），从而形成了地下水位等值线；
步骤 5：画一条线垂直穿过地下水位等值线，这条线为地下水的流动方向；
步骤 6：按公式 $i = dh/dl$ 计算地下水的水力梯度。

案例 3.6 从三个地下水水位高程计算地下水径流的水力梯度和方向

某污染场地安装了三口地下水监测井，最近通过对三口井的测量得到地下水高程，其值标于图上（见图 3.1）。计算地下含水层地下水径流的水力梯度和方向。

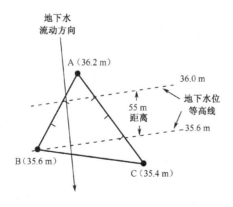

图 3.1 地下水梯度和方向的确定

解答:

a. 将三个监测井测量水位高程（36.2 m、35.6 m 和 35.4 m）标于图上。
b. 用直线连接三个点形成一个三角形。
c. 将三角形的每条边按相等的间隔分成一定段数。例如,将连接点 A（36.2 m）和点 B（35.6 m）的线段分成三段。每一段代表 0.2 m 高程的增加。
d. 连接相等的高程点（等势线）,从而形成地下水位等值线。在此,连接了 36.0 m 的高程和 35.6 m 的高程,形成了两条水位等值线。
e. 画一条直线垂直穿过每条水位等值线（等势线）,标为地下水的流动方向。
f. 量出两条地下水位等值线的距离,在本例中为 55 m。
g. 按公式 $i=dh/dl$ 计算地下水流动的水力梯度为

$$i = (36.0 - 35.6)/(55) = 0.0073$$

讨论

地下水高程,尤其是含水层的地下水面高程,会随着时间变化。因此,地下水径流的水力梯度和方向会改变。如果发现了地下水位的波动,就有必要对地下水面高程进行定期的测量。场地外抽水、季节变化和回灌,是可能引起地下水位波动的一些原因。

3.3 地下水抽水

3.3.1 承压含水层的稳态流

公式（3.10）是承压含水层中完整井的稳态流公式,完整井意味着含水层从顶部到底部的任何水位的水都可以进入抽水井内。

$$Q = \frac{2.73Kb(h_2 - h_1)}{\lg(r_2/r_1)} \tag{3.10}$$

式中,Q 为抽水流量或井出水量（单位为 m^3/d）,h_1、h_2 为从含水层底部测得的静压头（单位为 m）,r_1、r_2 为距离抽水井的半径距离,b 为含水层的厚度（单位为 m）,K 为含水层的渗透系数（单位为 m/d）。

上述公式基于许多假定,参考文献[1]、[3]、[4]、[5]和其他的地下水水文学书籍对此提供了更多细节。

渗透系数通常由含水层试验得到（详见 3.4 节）。在已知两个井的稳态降深、流量和含水层厚度等数据的条件下，公式（3.10）可以简单修正，用于计算承压含水层的渗透系数。

$$K = \frac{Q \lg(r_2/r_1)}{2.73 b (h_2 - h_1)} \quad (3.11)$$

另一参数，单位涌水量，同样可用于评估含水层的渗透系数。单位涌水量定义为

$$\text{单位涌水量} = \frac{Q}{s_w} \quad (3.12)$$

式中，Q 为井排放流量（抽水流量），单位为 m^3/d；s_w 为抽水井的降深，单位为 m。

例如，如果井产水量为 270 m^3/d，且抽水井水位降深为 1.5 m，该抽水井的单位涌水量为 180 m^2/d（1 m 有效水位降深带来 180 m^3/d 井流量）。承压含水层导水系数（单位为 m^2/d）可以通过将单位涌水量（单位为 m^2/d）乘以 1.39 来粗略估计；非承压含水层导水系数（单位为 m^2/d）可由单位涌水量（单位为 m^2/d）乘以 1.08 得到。导水系数除以含水层厚度（单位为 m），即可求得渗透系数（单位为 m/d）。

案例 3.7 承压水层抽水稳态水位降深

某承压含水层厚 9.1 m，水压面高于隔水层底部 24.4 m。地下水从直径为 0.1 m 的完整井里抽提出来。

抽水流量为 0.15 m^3/min。含水层为砂层，渗透系数为 8.2 m/d。监测井里观测到 1.5 m 的稳态水位降深，监测井距离抽水井 3.0 m。计算：

a. 距离抽水井 9.1 m 处的水位降深；
b. 抽水井的水位降深。

解答：

a. 先求 h_1（当 r_1=3.0 m 时），有

$$h_1 = 24.4 \text{ m} - 1.5 \text{ m} = 22.9 \text{ m}$$

运用公式（3.10）有

$$0.15 \times 1440 = \frac{2.73 \times 8.2 \times 9.1 \times (h_2 - 22.9)}{\lg(9.1/3.0)} \rightarrow h_2 = 23.4 \text{ m}$$

因此，9.1 m 远处水位降深 = 24.4 m − 23.4 m = 1.0 m。

b. 为了求抽水井的水位降深，设井的半径 $r=0.05$ m，有

$$0.15 \times 1440 = \frac{2.73 \times 8.2 \times 9.1(h_2 - 22.9)}{\lg(0.05/3)} \to h_2 = 21.0 \text{ m}$$

因此，抽水井的水位降深 = 24.4 m − 21.0 m = 3.4 m。

讨论

1. (h_1-h_2) 可用 (s_2-s_1) 替换，其中 s_1 和 s_2 分别为 r_1 和 r_2 处的水位降深。
2. 相同的式子同样适用于求影响半径，即水位降深等于零的半径。有关这个主题的讨论将在第 6 章中给出。

案例 3.8　从稳态水位降深数据计算承压含水层的渗透系数

用以下信息计算承压含水层的渗透系数：
含水层厚度=9.1 m；
抽水井直径=0.1 m；
井深=9.1 m（完整井）；
地下水抽提流量=109 m³/d；
距离抽水井 1.5 m 的监测井，稳态水位降深=0.6 m；
距离抽水井 6 m 的监测井，稳态水位降深=0.36 m。

解答：将数据代入公式（3.11），得到

$$K = \frac{Q \lg(r_2/r_1)}{2.73 b (h_2 - h_1)} = \frac{(109)\lg(6/1.5)}{2.73 \times 9.1 \times (0.6 - 0.36)} = 11 \text{ m/d}$$

讨论

(h_1-h_2) 可以由 (s_2-s_1) 替换，其中 s_1 和 s_2 分别为 r_1 和 r_2 处的水位降深。

案例 3.9　用单位涌水量计算承压含水层的渗透系数

根据案例 3.7 中抽水井的水位降深数据，求解含水层的渗透系数：
含水层厚度=9.1 m；
抽水流量=218 m³/d；
井内稳态水位降深=3.44 m。

解答：

a．首先确定该井的单位涌水量。由公式（3.12）可得

$$\text{单位涌水量} = \frac{Q}{s_w} = \frac{218 \text{ m}^3/\text{d}}{3.44 \text{ m}} = 63.37 \text{ m}^2/\text{d}$$

b．求含水层的导水系数

$$T = (63.37 \text{ m}^2/\text{d}) \times 1.39 = 88.08 \text{ m}^2/\text{d}$$

c．求含水层的渗透系数。由公式（3.8）可得

$$K = T/b = (88.08 \text{ m}^2/\text{d})/(9.1 \text{ m}) = 9.68 \text{ m/d}$$

 讨论

该案例计算所得渗透系数为 9.68 m/d，这与案例 3.7 中给定的 8.2 m/d 相差不大。

3.3.2 非承压含水层的稳态流

非承压含水层（潜水含水层）中完整井的稳态流公式，可写成如下形式

$$Q = \frac{1.366 K(h_2^2 - h_1^2)}{\lg(r_2/r_1)} \tag{3.13}$$

式中，所有参数定义同公式（3.10）。

在已知两稳态水位降深数据和流量的条件下，变换公式（3.13）得到非承压含水层的渗透系数计算公式为

$$K = \frac{Q \lg(r_2/r_1)}{1.366(h_2^2 - h_1^2)} \tag{3.14}$$

在公式（3.12）中定义的单位涌水量，同样可以用于计算非承压含水层的渗透系数。

案例 3.10　非承压含水层抽水的稳态水位降深

某非承压含水层厚 24.4 m，采用直径 0.1 m 的完整井抽水。抽水流量为 0.15 m³/min，该砂质含水层的渗透系数为 8.15 m/d，从距离抽水

井 3.0 m 的监测井观察得稳态水位降深为 1.5 m。求：

a. 距离抽水井 9.1 m 的稳态水位降深；

b. 抽水井的稳态水位降深。

解答：

a. 先求 h_1（当 $r_1 = 3.0$ m 时）有

$$h_1 = 24.4 \text{ m} - 1.5 \text{ m} = 22.9 \text{ m}$$

运用公式（3.14）可得

$$0.15 \times 1440 = \frac{1.366 \times 8.2 \times (h_2^2 - 22.9^2)}{\lg(9.1/3.0)} \to h_2 = 23.1 \text{ m}$$

所以，距离抽水井 9.1 m 的水位降深 = 24.4 m − 23.1 m = 1.3 m。

b. 为了求抽水井的水位降深，设井半径 $r = (0.1)/2 = 0.05$ m，有

$$0.15 \times 1440 = \frac{1.366 \times 8.2 \times (h_2^2 - 22.9^2)}{\lg(0.05/3.0)} \to h_2 = 22.1 \text{ m}$$

所以，抽水井水位降深 = 24.4 m − 22.1 m = 2.3 m。

 讨论

1. 在承压含水层公式中，$(h_1 - h_2)$ 可以由 $(s_2 - s_1)$ 替换，其中 s_1 和 s_2 分别为 r_1 和 r_2 处的水位降深。但此替换不适用于非承压含水层，即 $(h_1^2 - h_2^2)$ 不可以由 $(s_2^2 - s_1^2)$ 替换。

2. 相同的公式同样可以用于求影响半径，影响半径处水位降深等于零。第 6 章将给出关于这个话题的更多讨论。

案例 3.11　用稳态水位降深数据计算非承压含水层的渗透系数

用以下信息求非承压含水层的渗透系数：
含水层厚度 = 9.1 m；
井直径 = 0.1 m；
井深 = 9.1 m（完整井）；
地下水抽提流量 = 109 m³/d；
稳态水位降深分别为 0.6 m（距离抽水井 1.5 m 的监测井）、0.36 m（距离抽水井 6 m 的监测井）。

解答：

先求 h_1 和 h_2，有

$h_1 = 9.1\ \text{m} - 0.6\ \text{m} = 8.5\ \text{m}$

$h_2 = 9.1\ \text{m} - 0.36\ \text{m} = 8.74\ \text{m}$

代入公式（3.14），得到

$$K = \frac{109 \times \lg(6/1.5)}{1.366 \times (8.74^2 - 8.5^2)} = 11.61\ \text{m/d}$$

 讨论

在案例 3.8 和案例 3.11（分别针对承压含水层和非承压含水层）中的水位降深和流量是相同的；但是计算得到的渗透系数却不相等。在这两个例子中，非承压含水层的渗透系数比较低，但却在相同的水位降深条件下迁移相同的流量，这是因为非承压含水层贮水系数（也可称释水系数）较大。参看 3.2.4 节关于释水系数的讨论。

案例 3.12　用给水度计算非承压含水层的渗透系数

用案例 3.10 中的抽水和水位降深数据计算含水层的渗透系数：
含水层厚度=24 m；
抽水流量=218 m³/d；
井稳态水位降深=2.3 m。

解答：

a. 先求该井的单井涌水量。由公式（3.12）可得

$$\text{单井涌水量} = \frac{Q}{s_w} = \frac{218\ \text{m}^3/\text{d}}{2.3\ \text{m}} = 94.78\ \text{m}^2/\text{d}$$

b. 含水层的导水系数计算如下

$$T = (94.78\ \text{m}^2/\text{d}) \times 1.08 = 102.36\ \text{m}^2/\text{d}$$

c. 含水层渗透系数计算如下

$$K = T/b = (102.36\ \text{m}^2/\text{d})/(24\ \text{m}) = 4.27\ \text{m/d}$$

 讨论

该案例得到的渗透系数为 4.27 m/d，与案例 3.10 中定义的 8.15 m/d 的数量级相同。

3.4 含水层试验

在 3.3 节中介绍了利用稳态水位降深数据（见公式（3.11）和公式（3.14））计算含水层的渗透系数的方法。对于地下水修复工程，在实施大规模地下水抽取前，通常需要对含水层的渗透系数进行很好的预判。含水层土壤的粒径分析和土芯样品的实验室测试可以提供一些有限的信息。对于更精确的计算，通常需要现场进行含水层试验。

抽水试验和微水试验是含水层试验的两种常规试验。在典型的抽水试验中，以恒定速度从抽水井中抽提地下水（其他形式的抽水计划也是可行的，但使用不是那么普遍），记录抽水井和（或）一些监测井内随时间变化的水位降深（或水位恢复），然后分析这些数据以确定渗透系数和释水系数。推荐抽水试验是因为它提供了一大片区域（抽水影响区域）的水文地质信息，并为工程规模的地下水抽取提供了现实可行的抽水流量计算信息。由于缺乏准确的含水层信息，许多修复系统设计和安装出现失误，其设计水量大大高于抽提井的产水量。另外，相较于监测井取样，分析抽水试验中抽出的地下水将为工程师们设计处理系统提供更真实的污染物浓度估计值，使计算更切合实际。抽水试验的缺点主要在于用于运行测试、数据分析及处理和处置所抽出的污染地下水的费用较高。

比抽水试验更经济的方法是微水试验，将已知体积的柱塞投入井中，收集水位下降的速率并进行分析。微水试验的缺点是：①它仅提供了试验井附近的水文信息；②它不能提供地下水修复工程应用启动时所需的污染物浓度计算估值等额外信息。这里不再对微水试验进行进一步的讨论。

抽水试验中含水层的径流被认为是在非稳态条件下进行的。有三种常见的方法用于分析该非稳态数据：①泰斯（Theis）曲线拟合法；②Cooper-Jacob 直线法；③距离-降深法。

3.4.1 泰斯（Theis）方程

水文地质学家 C. V. Theis 最早得出了非稳态条件下的承压含水层抽水的水位降深公式

$$s = \frac{Q}{4\pi T}\left[-0.5772 - \ln(u) + u - \frac{u^2}{2\cdot 2!} + \frac{u^3}{3\cdot 3!} - \frac{u^4}{4\cdot 4!} + \cdots\right] \quad (3.15)$$

式中，变量 u 无量纲，有

$$u = \frac{r^2 S}{4Tt} \qquad (3.16)$$

式中，s 为 t 时刻的瞬时水位降深（m），Q 为恒定抽提速率（m³/d），r 为抽水井到观测井的径向距离（m），S 为含水层释水系数（无量纲），T 为含水层导水系数（m²/d），t 为抽提时间（d）。

公式（3.15）中的无穷级数（方括号中的项）通常称为井函数，且记为 $W(u)$。作为 u 的函数，$W(u)$ 的列表值在很多地下水文地质学书籍中可以找到（因为计算器和个人计算机的便利，井函数表已经被淘汰）。标准曲线方法通常将时间和水位降深数据的关系描绘成 $W(u) \sim 1/u$ 曲线，从图上的拟合点可以求出导水系数和释水系数。市场上有一些可用于 Theis 曲线拟合的计算机软件，该部分仅给出了 Theis 方程使用的例子，但并未给出如何进行 Theis 曲线拟合的例子。

案例3.13　用泰斯（Theis）方程计算承压含水层的非稳态水位降深

在承压含水层安装抽水井，根据以下信息计算抽提一天后在距离抽水井 6 m 的地方的水位降深。

含水层厚度=9 m；
地下水抽提流量=109 m³/d；
含水层渗透系数=16 m/d；
含水层释水系数=0.005。

解答：

a. $T = Kb = 16 \, \text{m/d} \times 9 \, \text{m} = 144 \, \text{m}^2/\text{d}$

b. 在公式（3.16）中代入数据，得到

$$u = \frac{r^2 S}{4Tt} = \frac{(6 \, \text{m})^2 \times (0.005)}{4 \times (144 \, \text{m}^2/\text{d}) \times (1 \, \text{d})} = 3.12 \times 10^{-4}$$

c. 替换井函数中 u 的值，可得井函数的值为

$$W(u) = [-0.5772 - \ln(3.12 \times 10^{-4}) + 3.12 \times 10^{-4} - \frac{(3.12 \times 10^{-4})^2}{2 \cdot 2!} + \frac{(3.12 \times 10^{-4})^3}{3 \cdot 3!} - \frac{(3.12 \times 10^{-4})^4}{4 \cdot 4!} + \cdots] = 7.5$$

d. 可由公式（3.15）求得水位降深

$$s = \frac{Q}{4\pi T}W(u) = \frac{109 \text{ m}^3/\text{d}}{4 \times 3.14 \times 144 \text{ m}^2/\text{d}} \times 7.5 = 0.45 \text{ m}$$

讨论

当 u 值很小时，井函数中第三项及其以后的项可以截去，以免带来大的误差。

3.4.2 Cooper-Jacob 直线法

如上例所示，当 u 值很小时，井函数中的较高幂项可以忽略。Cooper 和 Jacob 在 1946 年指出，当 u 值很小时，泰斯方程可以修正如下，而不会带来大的误差，即

$$s = \frac{0.183Q}{T}\lg\left[\frac{2.25Tt}{r^2S}\right] \tag{3.17}$$

式中所有的符号与公式（3.15）中代表的相同。

如公式（3.16）所示，随着 t 的增大和 r 的减小，u 值变小。所以在抽提足够的时间，并且监测点距离抽水井较近时，即 $u<0.05$ 时公式（3.17）才是适用的。从公式（3.17）中可以看到，对位置一定的情况下（$r=$常数），s 随 $\lg[(常数)t]$ 线性变化。Jacob 的直线方法是在半对数坐标纸上描出抽水试验中水位降深-抽水时间的数据点，大部分点应该在一条直线上。从图上可以得到斜率 Δs（单位对数时间周期内对应水位降深变化）和当水位降深为零时的直线截距 t_0。从而，可以用以下关系式确定含水层导水系数和释水系数，有

$$T = \frac{0.183Q}{\Delta s} \tag{3.18}$$

$$S = \frac{2.25Tt_0}{r^2} \tag{3.19}$$

式中，Δs 单位为 m，t_0 单位为 d，其他符号与公式（3.15）中代表的相同。

➙ **案例 3.14 用 Cooper-Jacob 直线法分析抽水试验数据**

在某承压含水层（含水层厚度=9 m）进行抽水试验（$Q=273$ m³/d）。距离井 45 m 的地方收集了时间-水位降深数据，且列于下表。

用 Cooper-Jacob 直线法求含水层的渗透系数和释水系数。

抽提时间（min）	水位降深 s（m）
7	0.045
20	0.135
80	0.27
200	0.35

解答：

a. 首先将数据绘制在半对数坐标纸上，如图 3.2 所示。

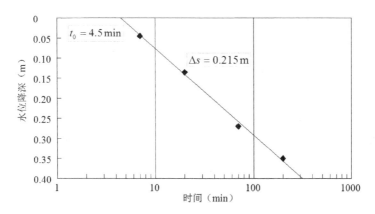

图 3.2 Cooper-Jacob 直线法分析抽提数据

从图 3.2 可得，$\Delta s = 0.215$ m。

b. 由公式（3.18）可得

$$T = \frac{0.183Q}{\Delta s} = \frac{(0.183) \times (273 \text{ m}^3/\text{d})}{0.215 \text{ m}} = 232 \text{ m}^2/\text{d}$$

c. 计算渗透系数

$$K = T/b = (232 \text{ m}^2/\text{d})/(9 \text{ m}) = 25.78 \text{ m/d}$$

d. 从图 3.2 中可知，截距 $t_0 = 4.5$ min $= 3.1 \times 10^{-3}$ d。

用公式（3.19）可得，释水系数为

$$S = \frac{2.25Tt_0}{r^2} = \frac{(2.25) \times (232 \text{ m}^2/\text{d}) \times (0.0031 \text{ d})}{(45 \text{ m})^2} = 0.00080$$

讨论

1. 当 t=7 min（0.00486 d），r=45 m 时，u 计算如下：

$$u = \frac{r^2 S}{4Tt} = \frac{(45 \text{ m})^2 \times (0.00080)}{4 \times (232 \text{ m}^2/\text{d}) \times (0.00486 \text{ d})} = 0.36$$

2. 当 t=50 min 时，u 将比 0.05 更小。

3.4.3 距离-降深方法

从公式（3.17）中可以看到，对任何给定时间（t = 常数），s 随 lg(常数/r^2) 线性变化。基于该公式及至少在三个不同距离的观测井中获得的实时水位降深测量数据，可以作出半对数距离-水位降深曲线。从该图可导出斜率、Δs（单位距离对数周期对应水位降深变化）、当水位降深为零时的直线截距 r_0。然后，可以用下述关系式求含水层导水系数和释水系数，有

$$T = \frac{0.366Q}{\Delta s} \tag{3.20}$$

$$S = \frac{2.25Tt}{r_0^2} \tag{3.21}$$

式中，Δs 单位为 m，r_0 单位为 m，其他符号与公式（3.15）中代表的相同。

以上所述的三种抽水试验数据分析方法主要适用于承压含水层。非承压含水层的抽水试验更为复杂。被抽取的水来自两方面：①压力降低而产生的弹性释水，这同承压含水层释水原理相同；②地下水位降低而排出的水。非承压含水层释水过程包括三个不同等时间-降深阶段。随着时间延长，水位下降的速率和流量变得趋于稳定（重力对地下水的影响变弱），从而可以用上述三种方法来分析时间-水位降深数据。另一种更为实用的方法是确保抽水试验的持续时间大于表 3.5[5]中的建议标准值。该表建议的抽水持续时间随着含水层的密实度而增加。例如，对于土质为粉砂或粘土的含水层，建议最短抽水时间为 7 天。

表 3.5 非承压含水层抽水试验的建议

含水层主要质地	最小抽水时间（h）
中砂或粗粒砂	4
细砂	30
粉砂和粘土	170

引自文献[5]。

案例 3.15 用距离-降深方法分析抽水试验数据

在一承压含水层（含水层厚度=9 m）进行抽水试验（$Q = 273$ m³/d）。从三个监测井收集了距离-降深数据（在 $t = 90$ min），且列于下表。

用距离-降深方法来求含水层的渗透系数和释水系数。

距离抽水井的距离（m）	水位降深 s（m）
15	0.465
45	0.27
90	0.15

解答：

a. 首先将数据绘制在半对数坐标纸上，如图 3.3 所示。

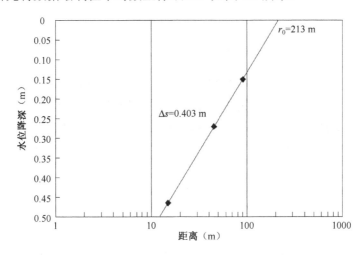

图 3.3 距离-降深法分析抽水试验数据

从图 3.3 可得，$\Delta s = 0.403$ m。

b. 根据公式（3.20）可得

$$T = \frac{0.366Q}{\Delta s} = \frac{0.366 \times 273}{0.403 \text{m}} = 248 \text{ m}^2/\text{d}$$

c. 渗透系数为

$$K = T/b = (248 \text{ m}^2/\text{d})/(9 \text{ m}) = 27.56 \text{ m/d}$$

d. 从图中可得，截距 $r_0 = 213$ m。

将 $t = 90$ min $= 0.0625$ d 代入公式（3.21）可得，释水系数为

$$S = \frac{2.25Tt}{r_0^2} = \frac{2.25 \times (248 \text{ m}^2/\text{d}) \times (0.0625 \text{ d})}{(213 \text{ m})^2} = 0.00077$$

 讨论

1. 如预期，距离-降深直线的斜率是 Cooper-Jacob 直线的两倍（对相同的渗透系数和抽水速率）。

2. 当 $t=90$ min（0.0625 d）和 $r=90$ m 时，有

$$u = \frac{r^2 S}{4Tt} = \frac{(90 \text{ m})^2 \times (0.00077)}{4 \times (248 \text{ m}^2/\text{d}) \times (0.0625 \text{ d})} = 0.10$$

当 $r < 63$ m 时，u 将比 0.05 更小。

3.5 溶解羽的迁移速度

当 VOCs 泄漏进入地下，该物质会以自由相形式向下运动或溶解在渗透水中，在重力作用下向下运动。该液相会向下迁移至足够深度，接触到饱和含水层形成溶解羽。本节将要讨论溶解羽的迁移，这与污染物在包气带中的迁移相比相对更简单。本节所讨论情况不仅适用于 VOCs，也适用于其他污染物，如重金属。包气带中污染物的迁移将会在 3.6 节中讨论。

3.5.1 对流-弥散方程

最优修复方案的设计和选择，如抽水井的数目和位置，通常需要预测在一段时间内污染物在地下的分布情况。这些预测将用于不同修复案例的评估。为了作出这些预测，需要将描述地下水流动的公式和质量平衡概念结合起来。更多关于质量平衡概念详见本书第 4 章。

为了全面描述污染物的归趋和迁移，对流-弥散方程的一维形式如下

$$\frac{\partial C}{\partial t} = D\frac{\partial^2 C}{\partial x^2} - \upsilon \frac{\partial C}{\partial x} \pm \text{RXNs} \qquad (3.22)$$

式中，C 是污染物的浓度，D 是弥散系数，υ 是流动速率，t 是时间，RXNs 代表反应项。公式（3.22）为普适公式，适用于描述包气带或含水层中污染物的归

趋和运移。公式（3.22）中的左边项代表一定体积的含水层或包气带中液相污染物的浓度随时间的变化项，公式右边第一项代表相同体积的含水层或包气带的净弥散通量（弥散项），右边第二项代表污染物的对流通量（对流项），而右边第三项代表通过一些物理、化学或生物反应可能加入或流失到含水层或包气带的污染物的量（反应项）。对于地下水中污染羽的迁移，v 表示地下水的流速，可由公式（3.3）达西定律和含水层孔隙度求得。

3.5.2 扩散系数和弥散系数

公式（3.22）中的弥散项涵盖了分子扩散和水力弥散。分子扩散，严格来说，是由于浓度梯度引起的（如浓度的差异）。即使在没有液体运动的情况下，污染物也会从高浓度区向低浓度区扩散。水力弥散主要由多孔介质里水体的流动引起，包括：①孔隙内的流速差异；②孔隙间的形状差异；③在多孔介质内，介质骨架周围的流线差异；④含水层的不均匀性[7]。

弥散系数的单位是(长度)^2/(时间)。弥散系数的现场试验表明弥散系数随地下水流速变化而变化。在低流速（主要为分子扩散）下弥散系数相对恒定，但是随着地下水流速的增大（水力弥散作用为主），弥散系数呈线性增长。弥散系数可以写为两项的加和：①有效分子扩散系数，D_d；②水力弥散系数，D_h。

$$D = D_d + D_h \tag{3.23}$$

有效分子扩散系数可以由分子扩散系数（D_0）求得

$$D_d = (\xi)(D_0) \tag{3.24}$$

式中，ξ 是水力弯曲系数，该因子用于考虑污染物需要绕土壤颗粒运动而产生的距离增大的因素。典型 ξ 值范围为 0.6～0.7[7]。

水力弥散系数与地下水流速成正比，有

$$D_h = (\alpha)(v) \tag{3.25}$$

式中，α 是弥散度。水力弥散系数随研究尺度变化，它的观测值随着迁移距离的增加而增大。研究发现，从现场跟踪测试和污染羽模拟校准得到的纵向弥散度为 10～100 m，远高于从实验室土柱研究得到的数值。

污染物在稀溶液中的分子扩散系数远小于在标准气压下的气体中的分子扩散系数，在 25 ℃时通常为 $0.5 \times 10^{-5} \sim 2 \times 10^{-5}$ cm^2/s（对应于气相扩散的典型范围 0.05～0.5 cm^2/s，如表 2.5 所示）。表 3.6 中列出了部分化合物的分子扩散系数取值。

污染物在水中的扩散系数可以通过 Wilke-Chang 法求得[8]，有

$$D_0 = \frac{5.06 \times 10^{-7} T}{\mu_w V^{0.6}} \qquad (3.26)$$

式中，D_0 为扩散系数，单位为 cm^2/s；T 为温度，单位为 K；μ_w 为水的黏度，单位为厘泊（见表3.2）；V 为在正常沸点下溶质的摩尔体积，单位为 cm^3/mol。

表 3.6　部分水中化合物的扩散系数值

化合物	温度（℃）	扩散系数（cm^2/s）
丙酮	25	1.28×10^{-5}
乙腈	15	1.26×10^{-5}
苯	20	1.02×10^{-5}
苯甲酸	25	1.00×10^{-5}
丁醇	15	0.77×10^{-5}
乙二醇	25	1.16×10^{-5}
丙醇	15	0.87×10^{-5}

引自文献[8]。

采用 LeBas 法可计算物质的摩尔体积，一些数据如表 3.7 所示。

表 3.7　单位摩尔分子/原子的体积增量计算

	增量（cm^3/mol）
碳	14.8
氢	3.7
氧（下列所注以外的）	7.4
在甲酯和甲醚中	9.1
在乙酯和乙醚中	9.9
在更高的酯和醚中	11.0
在酸中	12.0
连接有 S、P、N	8.3
氮	
双键	15.6
伯胺	10.5
仲胺	12.0
溴	27
氯	24.6

（续表）

	增量（cm³/mol）
环	
三环	−6.0
四环	−8.5
五环	−11.5
六环	−15.0
萘	−30.0
无烟煤	−47.5

引自文献[8]。

扩散系数同样可以从其他相似类化合物的扩散系数和分子量按以下关系式求得

$$\frac{D_1}{D_2} = \sqrt{\frac{MW_2}{MW_1}} \quad (3.27)$$

如公式（3.27）所示，扩散系数与其分子量的平方根成反比。污染物分子量越大，在水中的扩散越困难。温度同样影响扩散系数。由公式（3.26）可知，污染物在水中的扩散系数与温度成正比，而与水的黏度成反比。水的黏度（μ_w）随着温度的上升而减小，因此扩散系数随温度的上升而增大，如下式所示

$$\frac{D_0 @ T_1}{D_0 @ T_2} = \left(\frac{T_1}{T_2}\right)\left(\frac{\mu_w @ T_2}{\mu_w @ T_1}\right) \quad (3.28)$$

案例 3.16　用 LeBas 法计算扩散系数

用 LeBas 法求甲苯在 20 ℃ 稀溶液里的扩散系数。

解答：

a. 甲苯的分子式为 $C_6H_5CH_3$。它包括一个苯环（六个 C 原子）和一个甲基。水的黏度在 20 ℃ 下为 1.002 厘泊（从表 3.2 得到）。

$$T = 273 + 20 = 293 \text{ K}$$

分子体积可由分子体积增量的附加量（见表 3.7）加和求得

$$V_C = (14.8 \text{ cm}^2/\text{mol}) \times 7 = 103.6 \text{ cm}^3/\text{mol}$$

$$V_H = (3.7 \text{ cm}^2/\text{mol}) \times 8 = 29.6 \text{ cm}^3/\text{mol}$$

$$V_{六环} = -15.0 \text{ cm}^3/\text{mol}$$

因此

$$V = 103.6 \text{ cm}^2/\text{mol} + 29.6 \text{ cm}^2/\text{mol} - 15.0 \text{ cm}^2/\text{mol} = 118.2 \text{ cm}^2/\text{mol}$$

b. 用公式（3.26）求得扩散系数

$$D_0 = \frac{(5.06 \times 10^{-7} \text{ cm}^2/\text{s}) \times 293 \text{ cm}^3/\text{mol}}{1.002 \times (118.2 \text{ cm}^3/\text{mol})^{0.6}} = 0.84 \times 10^{-5} \text{ cm}^2/\text{s}$$

案例 3.17　求不同温度下的扩散系数

20 ℃时，苯在稀溶液里的扩散系数为 $1.02 \times 10^{-5} \text{ cm}^2/\text{s}$（见表 3.6）。求：

a. 20 ℃时，甲苯在稀溶液里的扩散系数；

b. 25 ℃时，苯在稀溶液里的扩散系数。

解答：

a. 甲苯（$C_6H_5CH_3$）的分子量为 92，苯（C_6H_6）的分子量为 78。用公式（3.27）求扩散系数有

$$\frac{D_1}{D_2} = \sqrt{\frac{MW_2}{MW_1}} = \sqrt{\frac{92}{78}} = \frac{1.02 \times 10^{-5} \text{ cm}^2/\text{s}}{D_2}$$

$$D_2 = 0.94 \times 10^{-5} \text{ cm}^2/\text{s}$$

因此，甲苯在 20 ℃的扩散系数为 $0.94 \times 10^{-5} \text{ cm}^2/\text{s}$。

b. 水在 20 ℃下的黏度为 1.002 厘泊，在 25 ℃下的黏度为 0.89 厘泊（见表 3.2）。用公式（3.28）求扩散系数为

$$D_0 @ 298 \text{ K} = 1.17 \times 10^{-5} \text{ cm}^2/\text{s}$$

因此，苯在 25 ℃的扩散系数为 $1.17 \times 10^{-5} \text{ cm}^2/\text{s}$。

讨论

1. 由苯的扩散系数求得甲苯的扩散系数为 $0.94 \times 10^{-5} \text{ cm}^2/\text{s}$，与用 LeBas 法求得的值 $0.84 \times 10^{-5} \text{ cm}^2/\text{s}$ 基本相当（见案例 3.16）。

2. 苯在 25 ℃的扩散系数约高于 20 ℃下的 15%。

案例 3.18　分子扩散和水力弥散的相对重要性

某场地地下储罐泄漏导致苯渗入含水层，含水层的渗透系数为 0.024 cm/s，有效孔隙度为 0.4。地下水温度为 20 ℃，弥散度为 2 m。求水力弥散和分子扩散

对苯污染羽在以下情况下扩散的相对重要性：
a. 水力梯度=0.01；
b. 水力梯度=0.0005。

解答：

a. 含水层的渗透系数=0.024 cm/s。用公式（3.1）和公式（3.2）求出地下水的流速（水力梯度=0.01）为
$$v_s = \frac{(0.024 \text{ cm/s}) \times 0.01}{0.4} = 6 \times 10^{-4} \text{ cm/s}$$
苯（20 ℃）的分子扩散系数=1.02×10⁻⁵ cm²/s（见表3.6）。由公式（3.23）得
$$D = D_d + D_h$$
设 $\xi = 0.65$，通过公式（3.24）求得有效分子扩散系数为
$$D_d = \xi(D_0) = 0.65 \times (1.02 \times 10^{-5}) = 0.66 \times 10^{-5} \text{ cm}^2/\text{s}$$
再设 $\alpha = 2 \text{ m}$，通过公式（3.25）可求得水力弥散系数为
$$D_h = \alpha(v) = (200 \text{ cm}) \times (6 \times 10^{-4} \text{ cm/s}) = 12000 \times 10^{-5} \text{ cm}^2/\text{s}$$
可见，水力弥散系数远高于分子扩散系数。因此，水力弥散将是污染物弥散的主要机理。

b. 对更小的水力梯度，地下水将移动得更慢，且弥散系数将按比例减小。有效分子扩散系数仍等于 0.66×10^{-5} cm²/s。用公式（3.1）和公式（3.2）求地下水流速（水力梯度=0.0005）有
$$v_s = \frac{(0.024 \text{ cm/s}) \times 0.0005}{0.4} = 3.0 \times 10^{-5} \text{ cm/s}$$
再由公式（3.25），求得水力弥散系数为
$$D_h = \alpha(v) = (200 \text{ cm}) \times (3.0 \times 10^{-5} \text{ cm/s}) = 600 \times 10^{-5} \text{ cm}^2/\text{s}$$
在平缓水力梯度（水力梯度=0.0005）下，水力弥散系数仍旧远高于分子扩散系数。

 讨论

在第二个例子里，地下水运动非常慢，地下水流为 3.0×10^{-5} cm/s，而水力弥散仍然是主要机理（弥散度为 2 m）。只有当流速和/或弥散率更小时，分子扩散系数才更重要。不过，分子扩散系数解释了污染羽通常会稍微延伸至排出点的上游这一常见现象。

3.5.3 地下水迁移的阻滞因子

在地下影响污染物归趋和运移的物理的、化学的、生物的过程主要包括生物降解、非生物降解、溶解、电离、挥发及吸附。对于溶解羽在地下水中的迁移，吸附作用应该是从地下水中去除污染物的最重要并且研究最多的机理。当吸附是首要去除机理时，则公式（3.22）中的反应项可以改写为 $(\rho_b/\phi)\dfrac{\partial S}{\partial t}$，其中，$\rho_b$ 是土壤的干堆积密度，ϕ 是孔隙度，t 是时间，S 是吸附在含水层土壤上污染物的浓度。

当污染物浓度较低时，线性吸附等温线通常是有效的（见 2.4.3 节有关于吸附等温线的更多讨论）。假设一条线性吸附等温线（如 $S=K_p C$），则

$$\frac{\partial S}{\partial C} = K_p \tag{3.29}$$

可推导出以下关系式

$$\frac{\partial S}{\partial t} = \left(\frac{\partial S}{\partial C}\right)\left(\frac{\partial C}{\partial t}\right) = K_p \frac{\partial C}{\partial t} \tag{3.30}$$

用公式（3.30）替换公式（3.22），并重新整理得到公式

$$\frac{\partial C}{\partial t} + \left(\frac{\rho_b}{\phi}\right) K_p \frac{\partial C}{\partial t} = \left(1 + \frac{\rho_b K_p}{\phi}\right)\frac{\partial C}{\partial t} = D\frac{\partial^2 C}{\partial x^2} - v\frac{\partial C}{\partial x} \tag{3.31}$$

将公式（3.31）的两边同时除以 $\left(1 + \dfrac{\rho_b K_p}{\phi}\right)$，简化为如下形式

$$\frac{\partial C}{\partial t} = \frac{D}{R}\frac{\partial^2 C}{\partial x^2} - \frac{v}{R}\frac{\partial C}{\partial x} \tag{3.32}$$

其中，

$$R = 1 + \frac{\rho_b K_p}{\phi} \tag{3.33}$$

参数 R 通常被称为阻滞因子（无量纲），且 $R \geqslant 1$。公式（3.32）实际上与公式（3.22）本质上相同，只是公式（3.32）中用 R 代替了公式（3.22）中的反应项。阻滞因子 R 的大小表示对地下水中污染物的弥散和迁移速度的影响大小（若采用地下水流速和弥散系数除以阻滞因子，所得数值解可用于解决采用惰性示踪剂追踪地下水中污染物运移的问题）。从 R 的定义可知，R 是 ρ_b、ϕ 和 K_p 的函数。对已知含水层，ρ_b 和 ϕ 对不同的污染物相同。因此，分配系数越大，阻滞因子 R 越大。

案例 3.19　确定阻滞因子

某场地下部的含水层受到了一些有机物的污染，其中包括苯、1,2-二氯乙烷（1,2-DCA）和芘。

根据以下的场地评价数据求阻滞因子：

含水层有效孔隙度=0.40；
含水层土壤干堆积密度=1.6 g/cm³；
含水层土壤的有机质含量= 0.015；
$K_{oc}=0.63K_{ow}$。

解答：

a. 从表 2.5 可知：

苯：　　　　　　　$\lg K_{ow} = 2.13 \to K_{ow} =135$

1,2-二氯乙烷：　$\lg K_{ow} = 1.53 \to K_{ow} =34$

芘：　　　　　　　$\lg K_{ow} = 4.88 \to K_{ow} =75900$

b. 用关系式 $K_{oc} = 0.63K_{ow}$，可得

苯：　　　　　　　$K_{oc}=0.63 \times 135=85$

1,2-二氯乙烷：　$K_{oc}=0.63 \times 34=22$

芘：　　　　　　　$K_{oc}=0.63 \times 75900=47800$

c. 用公式（2.26）$K_p=f_{oc}K_{oc}$，且 $f_{oc}=0.015$，可得

苯：　　　　　　　$K_p=0.015 \times 85=1.275$

1,2-二氯乙烷：　$K_p=0.015 \times 21=0.32$

芘：　　　　　　　$K_p=0.015 \times 47817=717$

d. 用公式（3.33）求阻滞因子，有

苯：　　　$$R = 1 + \frac{\rho_b K_p}{\phi} = 1 + \frac{1.6 \times 1.275}{0.4} = 6.10$$

1,2-二氯乙烷: $R = 1 + \dfrac{\rho_b K_p}{\phi} = 1 + \dfrac{1.6 \times 0.32}{0.4} = 2.28$

芘: $R = 1 + \dfrac{\rho_b K_p}{\phi} = 1 + \dfrac{1.6 \times 717}{0.4} = 2869$

 讨论

芘的 K_p 值很大,疏水性很强,因此其阻滞因子远高于苯和1,2-二氯乙烷。

3.5.4 溶解羽的迁移

阻滞因子与污染羽迁移速度、地下水渗流速度的联系如下式所示

$$R = \dfrac{V_s}{V_p} \text{ 或 } V_p = \dfrac{V_s}{R} \tag{3.34}$$

式中,V_s 是地下水渗流速度,V_p 是溶解羽的速度。当 $R=1$(对惰性化学物)时,化合物将和地下水有相同的流速而没有"阻滞";当 $R=2$ 时,污染物将会以地下水流速的一半迁移。

▷ **案例 3.20 地下水中溶解羽的迁移速度**

某场地下部的含水层受到了一些有机物的污染,其中包括苯、1,2-二氯乙烷(1,2-DCA)和芘等。2013年9月的地下水监测数据显示1,2-DCA和苯分别已经迁移到下游250 m和50 m,然而在下游监测井中未检出芘。

计算浸出液最初进入含水层的时间。以下为通过场地评价阶段获得的数据:

含水层有效孔隙度=0.40;

含水层渗透系数=30 m/d;

地下水流动的水力梯度=0.005;

含水层土壤干堆积密度=1.6 g/cm³;

含水层有机质含量=0.015;

$K_{oc}=0.63 K_{ow}$。

简单讨论计算结果并列出可能的影响求得真实值的因素。

解答：

a. 用公式（3.1）求达西速率，有
$$v = Ki = (30 \text{ m/d}) \times 0.005 = 0.15 \text{ m/d}$$

b. 用公式（3.3）求地下水流速（渗流速度或孔隙速度），有
$$v_s = v/\phi = (0.15 \text{ m/d})/0.4 = 0.375 \text{ m/d}$$

c. 用公式（3.34）和案例 3.19 中求得的 R 值，求污染羽的迁移速度，有

苯：$v_p = (0.375 \text{ m/d})/6.10 = 0.061 \text{ m/d} = 22.4 \text{ m/yr}$

1,2-二氯乙烷：$v_p = (0.375 \text{ m/d})/2.28 = 0.164 \text{ m/d} = 60.0 \text{ m/yr}$

芘：$v_p = (0.375 \text{ m/d})/2864 = 0.000131 \text{ m/d} = 0.048 \text{ m/yr}$

d. 可得，1,2-二氯乙烷迁移 250 m 的时间为
$$t = (距离)/(迁移速度) = (250 \text{ m})/(60 \text{ m/yr}) = 4.17 \text{ yr} = 4年2个月$$

因此，1,2-二氯乙烷在 2009 年 7 月进入含水层。

e. 苯移动 50 m 的时间为
$$t = (50 \text{ m})/(22.4 \text{ m/yr}) = 2.23 \text{ yr} = 2年3个月$$

所以苯预计是在 2011 年 6 月进入的含水层。

讨论

1. 计算结果是苯和1,2-二氯乙烷开始进入含水层的估算时间。由于给出的信息不够充分，无法估计渗滤液穿过包气带的时间，同时也无法计算从污染源（如地下储罐）泄漏的时间。

2. 1,2-二氯乙烷的阻滞因子非常小，因此它在包气带的迁移速度会很快，这也解释了 1,2-二氯乙烷比苯更早进入含水层的事实。

3. 芘的迁移速度极其低，约 0.042 m/yr。因此，在下游监测井里未检出。大部分的芘将被包气带的土壤吸附。芘可以通过吸附于胶体粒子在含水层中迁移。

4. 这些计算是粗略的，有许多因素可能影响求解的精确性。这些因素包括渗透系数、释水系数、地下水水力梯度、K_{ow} 和 f_{ow} 等参数的不确定性。邻近的抽水活动也会影响地下水的水力梯度，进而影响到污染羽的迁移。其他地下的反应，如氧化和生物降解等反应过程同样在很大程度上影响污染物的归趋和运移。

案例 3.21 溶解羽在地下水中的迁移速度

某场地最近一个季度的地下水监测结果（2013 年 7 月）显示，TCE 溶解羽边

界在过去的 5 年里前进了 200 m。在这一轮监测中确定的地下水水力梯度为 0.01。阻滞因子的值取 4.0，含水层有效孔隙度取 0.35，计算含水层的渗透系数。

同时，由于干旱原因，附近某工厂（场地地下水的下游）在 2010 年抽取了大量地下水。这将如何影响计算结果？

解答：

a. 污染羽的迁移速度为
$$v_p = 距离/时间 = (200 \text{ m})/(5 \text{ yr}) = 40 \text{ m/yr}$$

b. 用公式（3.34）和 R 值，求地下水流速 v_s，有
$$v_p = v_s/R = v_s/4 = 40 \rightarrow v_s = 160 \text{ m/yr}$$

c. 用公式（3.3）求达西速率 v_d，有
$$v_s = v_d/\phi = 160 = v_d/0.35 \rightarrow v_d = 56 \text{ m/yr}$$

d. 用公式（3.1）求渗透系数
$$v_d = Ki = K \times 0.01 = 56 \text{ m/yr} \rightarrow K = 5600 \text{ m/yr} = 15.3 \text{ m/d}$$

讨论

在干旱季节，周边的抽水活动将增大地下水的自然水力梯度。在抽水期，地下水流动加快，污染羽迁移速度相应增加。换句话说，如果没有抽水活动，污染羽迁移的距离会较小，含水层的渗透系数也将比计算出的 15.3 m/d 小。

▷ **案例 3.22　溶解羽的迁移速度和污染物的分配比例**

某污染含水层地下水中的甲苯浓度为 500 ppb，假设不存在自由相，求甲苯在两相中的比例，即溶解在液相中和吸附到含水层固相上的比例。

通过场地调查（RI）工作，确定了以下参数：
阻滞因子=4.0；
孔隙度=0.35；
含水层土壤干堆积密度=1.6 g/cm³。

分析：

要计算甲苯在液相和固相中的分配比例，需要知道分配系数。分配系数可从阻滞因子求得。

解答：

a. 用公式（3.33）求分配系数 K_p，有

$$R = 1 + \frac{\rho_b K_p}{\phi} = 1 + \frac{(1.6)K_p}{0.35} = 4$$

因此

$$K_p = 0.656$$

用公式（2.24）求在含水层固体里甲苯浓度 S，有

$$S = K_p C = 0.656 \times (0.5 \,\text{mg/kg}) = 0.328 \,\text{mg/kg}$$

b. 基于：1 L 含水层土壤

溶解在液相中的量 $= (V)(\phi)(C) = (1\,\text{L}) \times 0.35 \times (0.5\,\text{mg/kg}) = 0.175\,\text{mg}$

吸附在含水层土壤里的量 $= (V)(\rho_b)(X) = (1\,\text{L}) \times (1.6\,\text{kg/L}) \times (0.328\,\text{mg/kg})$
$= 0.525\,\text{mg}$

液相量比例 $= (0.175)/[(0.175) + (0.525)] \times 100\% = 25\%$

讨论

该案例解释了为什么大部分甲苯吸附于含水层土壤上，只有 25%存在于溶解相中；也部分解释了为什么采用抽出处理法来进行地下水修复需要很长时间。

3.6 包气带污染物的迁移

污染物在包气带按以下三种方式运动：①挥发进入孔隙空气以气相形式迁移；②溶解于土壤水分或/和渗透水中随液体迁移；③作为不溶相通过重力向下运动。本节描述以上污染物在包气带的迁移途径。

3.6.1 包气带中的液体运动

液体流经包气带可通过微分方程来描述，其一维形式为

$$\frac{\partial}{\partial z}\left[K \frac{\partial \psi}{\partial z}\right] + \frac{\partial K}{\partial z} = \frac{\partial \theta_w}{\partial \psi} \frac{\partial \psi}{\partial t} \qquad (3.35)$$

式中，K 是渗透系数，θ_w 是容积含水率，ψ 是土壤水压头（重力势和水分势之和），

z 为距离，t 为时间。

该式与用于地下水流动的一维公式（达西定律）的主要不同为：①包气带的渗透系数是关于 Ψ 的函数，因此也是关于 θ_w 的函数；②压头是关于时间的函数。以上两点使得公式（3.35）为非线性，依赖于时间，且比简单的达西定律更难求解（如果 K 是常数且压头独立于时间，则公式（3.35）可简化为达西定律）。

包气带的渗透系数在水饱和时达到最大值，且随着水分的降低而降低。随着含水率的降低，空气占据了大部分的孔空隙且留下较小的横截面积给水迁移。因此，渗透系数降低。在含水率非常低时，覆盖于土壤颗粒上的水膜变得非常薄。水分子和土壤颗粒之间的吸引力变大以致水无法流动。此时，渗透系数接近于零。在土壤湿度不变的情况下，渗透系数可以由相对渗透率 k_r（无量纲）和饱和的渗透系数 K_s，按下式求得

$$K = k_r K_s \tag{3.36}$$

相关的渗透系数在 100%饱和度时的 1.0 和 0%饱和度时的 0.0 之间变化。

包气带溶解污染物的迁移可以通过对流-弥散方程求得，其一维形式为

$$\frac{\partial(\theta_w C)}{\partial t} = \frac{\partial^2(\theta_w DC)}{\partial z^2} - \frac{\partial(\theta_w \upsilon C)}{\partial z} \pm RXNs \tag{3.37}$$

该式与饱和带的公式相似（见公式（3.22）），但土壤含水率 θ_w 为变量，且流速和弥散系数取决于含水率。弥散系数类似于饱和带里的弥散项，但 υ 是含水率的函数，如

$$D = D_d + D_h = \xi D_0 + \alpha \upsilon(\theta_w) \tag{3.38}$$

案例 3.23 计算包气带中的渗透系数

某砂质土壤在饱和时的渗透系数为 20 m/d，分别计算以下情况下的计算渗透系数：（a）水饱和度为 40%；（b）水饱和度为 90%。砂的相对渗透率在饱和度为 40%和 90%时分别为 0.02 和 0.44。

解答：

a. 用公式（3.36）求 40%水饱和度时的渗透系数，有
$$K = 0.02 \times (20 \text{ m/d}) = 0.4 \text{ m/d}$$

b. 用公式（3.36）求 90%水饱和度时的渗透系数，有
$$K = 0.44 \times (20 \text{ m/d}) = 8.8 \text{ m/d}$$

讨论

水饱和度是孔隙被水占据的百分数：对饱和土壤为 100%，而干土为 0%。在 40% 水饱和度时，渗透系数接近零；而在 90% 水饱和度时，渗透系数是最大值 44%。

3.6.2 包气带中气体扩散

在不抽水的情形下，分子扩散是气相迁移的主要机理。迁移公式可以用 Fick 定律来表达，其一维形式为

$$\xi_a \phi_a D \frac{\partial^2 G}{\partial x^2} = \frac{\partial (\phi_a G)}{\partial t} \tag{3.39}$$

式中，D 是自由空气扩散系数，G 是气相中污染物浓度，ϕ_a 是充气孔隙度，ξ_a 是气相曲折因子。ξ_a 项说明扩散发生在多孔介质中而不是开放空间，该参数可由经验公式求得，如 Millington-Quirk 公式。

$$\xi_a = \frac{\phi_a^{10/3}}{\phi_t^2} \tag{3.40}$$

式中，ϕ_t 是总孔隙度，即充气孔隙度和体积含水率的和（$\phi_t = \phi_a + \phi_w$）。气相曲折因子可从当整个孔隙空间被水占据（饱和状态）的 0，变到当孔隙度高且介质干燥时的 0.8。

选定化合物的自由空气扩散系数值可以从表 2.5 查得。在自由空气中的扩散系数通常是在稀溶液里的 10000 倍，扩散系数也可以从其他类似化合物的扩散系数和分子量按以下关系式求得［同用于液体的公式（3.27）］，即

$$\frac{D_1}{D_2} = \sqrt{\frac{MW_2}{MW_1}} \tag{3.41}$$

扩散系数与其分子量的平方根成反比。污染物分子量越大，越难通过空气扩散。温度对扩散系数有影响，扩散系数随着温度而增加，适用以下关系式

$$\frac{D_0 @ T_1}{D_0 @ T_2} = \left(\frac{T_1}{T_2}\right)^m \tag{3.42}$$

式中，T 是以开尔文为单位的温度。理论上，指数 m 应该为 1.5；然而，实验数据显示它的范围为 1.75~2.0。

案例 3.24 求气相的曲折系数

某砂质土壤孔隙度为 0.45，求它的气相曲折因子：
a. 当体积含水率为 0.3 时；
b. 当体积含水率为 0.05 时。

解答：

a. 对 $\phi_w = 0.3$ 和 $\phi_t = 0.45$，有
$$\phi_a = 0.45 - 0.3 = 0.15$$
用公式（3.40）求在 $\phi_w = 0.3$ 时气相的曲折因子，有
$$\xi_a = \frac{(0.15)^{10/3}}{(0.45)^2} = 0.0088$$

b. 对 $\phi_w = 0.05$ 和 $\phi_t = 0.45$，有
$$\phi_a = 0.45 - 0.05 = 0.40$$
用公式（3.40）求在 $\phi_w = 0.05$ 时气相的曲折因子，有
$$\xi_a = \frac{(0.40)^{10/3}}{(0.45)^2} = 0.23$$

 讨论

这里的体积含水率指的是水占据总土壤体积（而不是孔隙体积）的百分数。在该案例中，当含水率从 0.3 降至 0.05 时，气相曲折因子升高约 25 倍。

案例 3.25 计算不同温度下的扩散系数

20 ℃时苯在稀溶液中的扩散系数为 1.02×10^{-5} cm^2/s（见表 3.6），25 ℃时苯的自由空气扩散系数为 0.092 cm^2/s（见表 2.5）。用以上数据计算：
a. 20 ℃时苯在自由空气和稀溶液里扩散系数的比；
b. 20 ℃时甲苯的自由空气扩散系数。

解答：

a. 用公式（3.42），并假设 $m=2$，确定苯在 20 ℃时的自由空气扩散系数，有

$$\frac{D_0 @ T_1}{D_0 @ T_2} = \frac{D_0 @ (273+25)}{D_0 @ (273+20)} = \left(\frac{273+25}{273+20}\right)^2 = \frac{0.092 \text{ cm}^2/\text{s}}{D_0 @ T_2}$$

$$D_0 @ T_2 = 0.089 \text{ cm}^2/\text{s}$$

因此，苯在 20 ℃时的自由空气扩散系数为 0.089 cm²/s。

在自由空气中和在稀溶液中的比为

$$(0.089 \text{ cm}^2/\text{s})/(1.02 \times 10^{-5} \text{ cm}^2/\text{s}) = 8720$$

b. 甲苯（$C_6H_5CH_3$）的分子量为 92，苯（C_6H_6）的分子量为 78。用公式（3.41）求扩散系数，有

$$\frac{D_1}{D_2} = \sqrt{\frac{MW_2}{MW_1}} = \sqrt{\frac{92}{78}} = \frac{0.089 \text{ cm}^2/\text{s}}{D_2}$$

$$D_2 = 0.082 \text{ cm}^2/\text{s}$$

因此，20 ℃时甲苯的自由空气扩散系数为 0.082 cm²/s。

讨论

1. 苯在自由空气中的扩散系数为 0.089 cm²/s，是其在稀溶液里扩散系数的 8720 倍。
2. 由苯的分子量关系计算得到甲苯的扩散系数为 0.082 cm²/s，基本上与表 2.5 中的 0.083 cm²/s 数值相当。

3.6.3 包气带中气相迁移的阻滞因子

污染物质气相流经多孔介质，气相阻滞因子可按下式求得[9]

$$R_a = 1 + \frac{\rho_b K_p}{\phi_a H} + \frac{\phi_w}{\phi_a H} \tag{3.43}$$

式中，ρ_b 为土壤干堆积密度，K_p 为土壤-水分配系数，H 为亨利常数，ϕ_a 是充气孔隙度，ϕ_w 为体积含水率。

如果体积含水率 ϕ_w 不变，该阻滞因子将会是一个常数，其类似于污染物在含水层中迁移时的阻滞因子 R。污染物在包气带孔隙里的迁移因气相阻滞因子 R_a 而延缓。公式（3.43）右边第二项代表了关注污染物在气相、土壤液相和固相中的分配，第三项代表气相和固相之间的分配。气相中的污染物在充气孔隙迁移的过程中，由于发生土壤水分和土壤有机质的质量损失，污染物在孔隙空气中的迁移速率小于单纯在空气中的迁移速率。

在非平流条件下,气相阻滞因子可以定义为惰性化合物(如氮气)的扩散速率与污染物扩散速率的比。在平流条件下,不同化合物的阻滞因子可作为衡量化合物迁移速度的相对当量。在土壤通风的应用中,气相阻滞因子是必须通过污染物清除区域的最小孔隙体积量。采用最小值是因为该方法忽略了相间物质的迁移限制、地下的非均一性,以及从污染羽外缘到气相抽提井迁移时间不等等因素[9]。

如公式(3.43)所示,气相阻滞因子随着土壤含水率 ϕ_w 和土壤-水分配系数 K_p 的增大而增大,而随亨利常数的增大而减小。ϕ_w 越高意味着留住污染物的储水量越大,K_p 越大表示土壤有机质含量越高或污染物疏水性越强。另外,亨利常数高的化合物更易挥发进入土壤孔隙里。亨利常数随着温度的升高而增大,相应地,气相阻滞因子随温度升高而减小。因此,对于土壤通风应用而言,温度越高,所需要流经污染区域来去除污染物的空气孔隙体积量越小。

案例 3.26 求气相的阻滞因子

某场地下部的包气带受到了一些有机物的污染,其中包括苯、1,2-二氯乙烷(1,2-DCA)和芘。

用以下场地评估得到的数据,求气相的阻滞因子:
包气带土壤的孔隙度=0.40;
体积含水率=0.15;
土壤干堆积密度=1.6 g/cm^3;
土壤中有机质含量=0.015;
温度=25 ℃;
$K_{oc}=0.63K_{ow}$。

解答:

a. 由表 2.5 可知:

苯在 25 ℃时,H=5.55 atm/M。

用表 2.4 将其转换为无量纲值,有
$$H^* = H/RT = (5.55)/[0.082 \times 298] = 0.227$$

同理,对于 1,2-二氯乙烷和芘(表中的亨利常数值是适用于 20 ℃的,在此作为近似值用于 25 ℃)

1,2-二氯乙烷:$H^* = H/RT = (0.98)/[0.082 \times 298] = 0.04$

芘:$H^* = H/RT = (0.005)/[0.082 \times 298] = 0.0002$

b. 由案例 3.19 可知

　　　　苯：$K_p=0.015\times85=1.275$

　　　　1,2-二氯乙烷：$K_p=0.015\times22=0.32$

　　　　芘：$K_p=0.015\times47800=717$

c. 由公式（3.43），求得气相阻滞因子，有

　　　　苯：$R_a = 1 + \dfrac{\rho_b K_p}{\phi_a H} + \dfrac{\phi_w}{\phi_a H}$

$$= 1 + \dfrac{1.6\times1.275}{0.25\times0.227} + \dfrac{0.15}{0.25\times0.227} = 39.6$$

　　　　1,2-二氯乙烷：$R_a = 1 + \dfrac{\rho_b K_p}{\phi_a H} + \dfrac{\phi_w}{\phi_a H}$

$$= 1 + \dfrac{1.6\times0.32}{0.25\times0.04} + \dfrac{0.15}{0.25\times0.04} = 67.2$$

　　　　芘：$R_a = 1 + \dfrac{\rho_b K_p}{\phi_a H} + \dfrac{\phi_w}{\phi_a H}$

$$= 1 + \dfrac{1.6\times717}{0.25\times0.0002} + \dfrac{0.15}{0.25\times0.0002} = 2.3\times10^7$$

 讨论

芘的疏水性强且亨利常数很低，它的气相阻滞因子远高于苯和 1,2-二氯乙烷。

参考文献

[1] Fetter Jr., C. W. Applied hydrogeology. Columbus, OH: Charles E. Merrill, 1980.

[2] U.S. EPA. 1990. Ground water, Vol. I: Ground water and contamination. EPA/625/6-90/016a. Washington, DC: US Environmental Protection Agency.

[3] Driscoll, F. G. Groundwater and wells. 2nd. ed. St. Paul, MN: Johnson Division, 1986.

[4] Freeze, R. A., and R. A. Cherry. Groundwater. Englewood Cliffs, NJ: Prentice Hall, 1979.

[5] Todd, D. K. Groundwater hydrology. 2nd. ed. New York: John Wiley & Sons, 1980.

[6] Cooper, H.H., and C.E. Jacob. 1946. A generalized graphical method for evaluating formation constants and summarizing well-field history. Am Geophys. Union Trans. 27 (4), 526–534.

[7] U.S. EPA. 1989. Transport and face of contaminants in the subsurface. EPA/625/4-89/019. Washington, DC: US Environmental Protection Agency.

[8] Sherwood, T.K., R.L. Pigford, and C.R. Wilke. Mass transfer under reduced gravity. New York: McGraw-Hill, 1975.

[9] U.S. EPA. 1991. Site characterization for subsurface remediation. EPA/625/4-91/026. Washington, DC: US Environmental Protection Agency.

第 4 章

物质平衡概念和反应器设计

4.1 概述

在土壤和地下水修复过程中采用了不同的修复技术和工艺,这些技术方法通常可以划分为物理类、化学类、生物类和热处理类。处理系统通常包括一系列单元操作和过程。每一个处理系统和过程都包括一个或多个反应器。反应器在反应过程中可以视为一个容器。环境工程师通常负责或者至少参与这些处理系统的初期设计。通常情况下,初期设计包括:处理过程的选择,反应器大小和类型的选择等。

在进行处理系统设计时,处理工艺应该是优先被筛选考虑的问题。很多因素会影响处理工艺的选择。常见的选择标准包括可实施性、处理效果、造价和法规的考虑。换句话说,一个最佳的处理工艺应该是,最具可实施性,处理污染物最有效、最经济,并且最能满足法律法规的技术。

当一个修复工程的处理工艺选定后,工程师就可以开始设计反应器。反应器的初步设计通常包括选择合适的反应器类型、反应器大小,并且确定最佳的反应器数量和它们的最佳组合。为了确定反应器的规格,工程师首先需要知道预期的反应是否会发生,并且最佳的操作条件是什么,比如温度、压力等。化学热力学的小试或中试研究都可以为上述问题提供答案。如果预期的反应是可行的,工程师下一步需要根据化学动力学确定反应的速率,然后根据反应器的质量负荷、反应速率、反应器类型和目标出水量来确定反应器的规格。

本章将介绍物质平衡的概念,该概念是过程设计的基础。本章还将介绍反应动力学、反应器类型、结构、规格等。从本章，可以学到如何确定反应的速率常数、处理效率、最佳反应器组合、需要的停留时间及特定应用条件下的反应器规格等。

4.2 物质平衡概念

物质平衡（物料平衡）是环境工程系统（反应器）设计的基础。物质平衡的概念就是质量守恒。物质是不能被创造或者消灭的，但是可以在各种形态间转变（核反应例外）。展示反应器中发生变化的基本方法就是通过物质平衡分析。以下是质量平衡方程的一般形式：

物质积累速率＝物质进入速率－物质流出速率±物质产生或破坏的速率　（4.1）

在环境工程系统领域进行物质平衡计算就像平衡账户一样。反应器内物质积累（或者损失）的速率可以看成是账户中钱积累（或者损失）的速率。账户余额变化的快慢取决于存取款的频繁程度和存取数量（物质输入与输出）、获得利息的多少（物质产生的速率）、银行每个月扣除的服务费和ATM费用（物质损失速率）。

利用物质平衡概念分析环境工程系统，我们通常由描绘一个过程流程图开始，并按照下述步骤进行：

步骤1：围绕单元过程/操作或流路口来绘制系统边界，以方便计算；

步骤2：将已知的所有分支的流量和浓度、反应器的规格和类型、操作条件，比如温度和压力等在图表中表示出来；

步骤3：用统一单位计算转换所有已知质量的输入、输出、积累/损失，并在图上标出；

步骤4：标出未知的输入、输出和积累/损失；

步骤5：利用本章阐述的过程，进行必要的分析/计算。

一些特殊的情况或者合理的假设可以简化物质平衡方程［见公式（4.1）］，并可以使分析更容易。这些情况主要包括：

（1）没有反应发生：如果系统中没有化学反应发生，则物质不会增加或减少。物质平衡方程可以变为

物质积累速率＝物质进入速率－物质流出速率　　　　（4.2）

（2）序批式反应器：对于序批式反应器来说，没有物质的输入和输出，因此

物质平衡方程可以简化为

$$物质积累速率 = \pm 物质产生或破坏的速率 \tag{4.3}$$

（3）稳定状态：为了维持处理过程的稳定性，处理系统在开始运行一段时间后通常都保持在稳定状态。稳定状态通常是指流速和浓度在处理过程系统中的任何一个位置都不随时间而改变。虽然进入土壤/地下水系统的废液浓度和流量通常都会波动，但工程师会使用流量调节池保持稳定，这对于对流量变化非常敏感的处理系统来说尤为重要（如生物处理过程）。

对于在稳定条件下的反应器，尽管反应器内有反应发生，但是物质积累的速率为零。因此，公式（4.1）的左边部分就变为了零。物质平衡方程可以简化为

$$0 = 物质进入速率 - 物质流出速率 \pm 物质产生或破坏的速率 \tag{4.4}$$

稳定条件这一假设在流动反应器分析时经常使用。应当指出的是，间歇式反应器是在不稳定状态下运转的，因为反应器中的浓度不断变化。同时，由于在运转时没有物质流入和流出，因此间歇式反应器也不是一个流动反应器。

常规的物质平衡方程公式（4.1）也可以被改写为

$$V \frac{dC}{dt} = \sum Q_{in} C_{in} - \sum Q_{out} C_{out} \pm (V \times \gamma) \tag{4.5}$$

式中，V 是系统（反应器）的体积，C 是浓度，Q 是流量，γ 是反应速率。下面几个部分将会展示反应在物质平衡方程中的作用，以及它是如何影响反应器设计的。

案例4.1 物质平衡方程——空气稀释（没有化学反应发生）

玻璃瓶中有 900 mL 的二氯甲烷（CH_2Cl_2 比重 1.335），不慎未盖瓶盖，在一个通风很差的屋子内（5 m×6 m×3.6 m）放了一个周末。周一的时候发现有 2/3 的二氯甲烷已经挥发。开启通风扇（通风速率 Q=5.66 m³/min）抽出实验室内的空气，多长时间室内的浓度会降低到美国职业安全与健康管理局（OSHA）的短期暴露限值（STEL）125 ppmV 之下？

分析：

这是物质平衡的一个特殊情况（没有反应的发生）。此种情况下，公式（4.1）就被简化为

$$V \frac{dC}{dt} = \sum Q_{in} C_{in} - \sum Q_{out} C_{out} \tag{4.6}$$

这个公式可以基于下述假设而被进一步简化：

（1）实验室的空气只能通过排风扇排出，并假设进入实验室的空气流量等于流出实验室的空气流量（$Q_{in} = Q_{out} = Q$）。

（2）进入实验室的空气中不含有二氯甲烷（$C_{in} = 0$）。

（3）实验室中的空气是完全混合均匀的，因此实验室中二氯甲烷的浓度是均一的，并且等同于通过排风扇排出的空气中二氯甲烷的浓度（$C = C_{out}$）。

$$V \frac{dC}{dt} = -QC \tag{4.7}$$

这个是一阶微分方程。可以通过初始条件进行积分（假设初始条件 $t = 0$ 时，$C = C_0$）。

$$\frac{C}{C_0} = e^{-(Q/V)t} \text{ 或 } C = C_0 e^{-(Q/V)t} \tag{4.8}$$

解答：

a. 通风前，实验室空气中二氯甲烷的浓度为 2100 ppmV（参考案例 2.4 更详尽的计算）。

b. 反应器的规格为

$V =$ 实验室的规格 $= 5\text{ m} \times 6\text{ m} \times 3.6\text{ m} = 108\text{ m}^3$

该系统的流量为

$Q =$ 通风速率 $= 5.66\text{ m}^3/\text{min}$

初始浓度 $C_0 = 2100$ ppmV，最终浓度 $C = 125$ ppmV，根据公式（4.8）有

$125 = (2100)e^{-(5.66/108)t} \rightarrow t = 53.8\text{ min}$

因此，53.8 min 后室内二氯甲烷浓度会降到 125 ppmV 之下。

 讨论

实际需要的时间会比 53.8 min 长，因为本案例假设室内气体完全混合均匀，而实际情况可能并非如此。此外，如果周围环境的空气中也含有二氯甲烷的话，清理将需要更长的时间。

4.3 化学动力学

化学动力学可以提供化学反应的反应速率这一信息。本节将讨论速率方程、

反应速率常数和反应级数，还会介绍半衰期这一常在涉及环境污染物归趋时用到的术语。

4.3.1 速率方程

除了物质平衡方程外，在设计均质反应器时需要的另外一个重要公式是反应速率方程。下面所列的数学表达式描述了物质 A 的浓度 C_A 随时间变化的速率。

$$\gamma_A = \frac{dC_A}{dt} = -kC_A^n \tag{4.9}$$

式中，n 是反应级数，k 是反应速率常数，γ_A 是物质 A 的转化速率。如果反应级数 $n=1$，则该反应是一级反应，意味着反应速率和物质浓度成正比。换句话说，物质浓度越高，反应速率越快。一级反应动力学适用于很多环境工程的应用，因此本书主要谈论一级反应及它们的应用。一级反应可以写成

$$\gamma_A = \frac{dC_A}{dt} = -kC_A \tag{4.10}$$

速率常数本身提供了很多关于反应有价值的信息。k 值越大，反应速率越快，也意味着需要更小的反应体积，以达到特定的转化量。k 值随温度的变化而变化。通常，温度越高，k 值越大。

一级反应速率常数的单位是什么？仔细看一下公式（4.10），式中 dC_A/dt 的单位是浓度/时间，C 是浓度，因此 k 的单位是（1/时间）。所以，如果一个反应的反应速率是 0.25 d^{-1}，该反应是一级反应。零级反应和二级反应对应 k 值的单位分别为(浓度/时间)和(浓度×时间)$^{-1}$。

根据公式（4.10），物质 A 的浓度随时间而变化。这个公式可以在时间 0～t 积分，即

$$\ln\frac{C_A}{C_{A0}} = -kt \quad 或 \quad \frac{C_A}{C_{A0}} = e^{-kt} \tag{4.11}$$

式中，C_{A0} 是物质 A 在 $t=0$ 时的浓度，C_A 是物质 A 在时间 t 时的浓度。

案例 4.2 已知两个浓度值，计算速率常数

某场地 20 天前发生意外的汽油泄漏，某点的总石油烃浓度从最初始的 3000 mg/kg 降低到了目前的 2750 mg/kg。浓度降低的主要原因是自然生物降解和挥发。假设这两个去除过程均为一级反应，并且反应速率常数与污染物浓度无关，为常数恒定值。计算在这些自然降解过程中浓度降低到 100 mg/kg 需要多长时间。

分析：

已知初始浓度和第 20 天的浓度，需要用两个步骤来解决这个问题：首先确定速率常数，再利用速率常数确定达到最终浓度 100 mg/kg 所需要的时间。

两个去除机理（生物降解和挥发）同时发生，并且都是一级反应。两个机理是可以加和的，即它们可以用一个方程和一个总速率常数来表示

$$\frac{dC}{dt} = -k_1 C - k_2 C = -(k_1+k_2)C = -kC \tag{4.12}$$

解答：

a. 将初始浓度和第 20 天的浓度代入公式（4.11），得到 k 的值，有

$$\ln\frac{2750}{3000} = -20k$$

$$k = 0.00435 \text{ d}^{-1}$$

b. 因此，浓度降低到 100 mg/kg 需要的天数为

$$\ln\frac{100}{3000} = -0.00435(t)$$

$$t = 782 \text{ d}$$

案例 4.3　已知两个浓度值，计算速率常数

某场地的土壤被泄漏的汽油污染。污染源去除 10 天之后采集的土壤样品显示污染物浓度为 1200 mg/kg。25 天之后采集第二个样品，浓度下降到 1100 mg/kg。假设所有的去除机理，包括挥发、生物降解和氧化都是一级反应。计算在不采取任何修复措施的前提下，污染物浓度降低到 100 mg/kg 需要多长时间。

分析：

案例只给出了两个时间节点的两个浓度值。需要用两个步骤来解决这个问题：首先确定速率常数，然后求出初始浓度。

解答：

a. 确定反应速率常数 k。在 $t=10$ d 时，将浓度值代入公式（4.11），有

$$\frac{1200}{C_i} = e^{-k(10)}$$

在 $t=25$ d 时，将浓度值代入公式（4.11），有

$$\frac{1100}{C_i} = e^{-k(25)}$$

将第一个公式的左右两边分别除以第二个公式的左右两边，可以得到

$$\frac{1200}{1100} = 1.5 = (e^{-10k})/(e^{-25k}) = e^{-10k-(-25k)} = e^{15k}$$

因此，$k = 0.0058 \text{ d}^{-1}$。

b. 计算初始浓度（刚泄漏时）。那么，可以通过将 k 值代入上述两个公式中的任何一个，而得到 C_i 的值，有

$$\frac{1200}{C_i} = e^{-0.0058 \times 10} = 0.944$$

$$C_i = 1272 \text{ mg/kg}$$

因此，初始浓度为 1272 mg/kg。

c. 当浓度降低到 100 mg/kg 时，需要天数为

$$\frac{100}{1272} = 0.0786 = e^{-0.0058t} \rightarrow t = 438 \text{ d}$$

4.3.2 半衰期

半衰期可以定义为污染物降解一半所用的时间。换句话说，半衰期是浓度降低到初始浓度一半时需要的时间。对于一级反应来说，半衰期（通常表示为 $t_{1/2}$）可以通过用 C_0 代替 C_A（$C_A = 0.5 C_0$），代入到公式（4.11）中而得到

$$t_{1/2} = \frac{\ln 2}{k} = \frac{0.693}{k} \qquad (4.13)$$

如公式（4.13）所示，半衰期和速率常数与一级反应成反比。如果半衰期的值已知，可以很容易从公式（4.13）求出速率常数，反之亦然。

案例 4.4　半衰期计算（1）

1,1,1-三氯乙烷在地下环境中的半衰期为 180 天。假设所有的去除机理都是一级反应。求：①速率常数；②浓度降低到初始浓度 10%需要的时间。

解答：

a. 速率常数可以很容易地从公式（4.13）得到

$$t_{1/2} = 180 = \frac{0.693}{k} \rightarrow k = 3.85 \times 10^{-3} \text{ d}^{-1}$$

b. 使用公式（4.11）确定浓度降低到初始浓度10%时所需的时间，有

$$\frac{C}{C_i} = \frac{1}{10} = e^{-3.85 \times 10^{-3} t} \rightarrow t = 598 \text{ d}$$

案例4.5　半衰期计算（2）

在某些情况下，衰减率表示为 T_{90}，而不是 $t_{1/2}$。T_{90} 是90%的物质转化所需要的时间（或者浓度降低到初始浓度的10%所需要的时间）。推导一个公式，将 T_{90} 和一级反应速率常数联系起来。

解答：

T_{90} 和 k 之间的关系可以从公式（4.11）中得到

$$\frac{C}{C_i} = \frac{1}{10} = e^{-kT_{90}}$$

那么

$$T_{90} = \frac{-\ln(0.1)}{k} = \frac{2.30}{k} \tag{4.14}$$

案例4.6　半衰期计算（3）

甲基汞（CH_3Hg^+）是汞的一种有机形态，会富集于生物体内。假设将甲基汞从人体排出的过程为一级反应，平均每天排出速率为身体总摄入量的2%。求甲基汞在人体内的半衰期及浓度降低90%所需要的时间。

解答：

a. 反应速率常数已给出，为 0.02 d^{-1}。根据公式（4.13）可求半衰期为

$$t_{1/2} = \frac{0.693}{k} = \frac{0.693}{0.02} = 34.65 \text{ d}$$

b. 由公式（4.14）可求初始浓度降低90%需要的时间，有

$$T_{90} = \frac{2.30}{k} = \frac{2.30}{0.02} = 115 \text{ d}$$

讨论

1. 90%的浓度降低通常称为单位对数降低。
2. 案例4.4中（b）的计算也可以用公式（4.14），即 $T_{90}=(2.3)/(0.002)=150 \text{ d}$。

4.4 反应器类型

反应器通常按照它们的流动特点和混合条件进行分类，反应器可以是序批式或连续式的。对于序批式反应器来说，反应物进入反应器后，物质充分混合，经过指定的反应时间后结束，并将混合好的物质排出反应器。序批式反应器被看作是非稳定态的反应器，因为反应器内的物质浓度随时间而变化。序批式反应器的建造成本通常比连续式反应器要低，但是需要非常高的人工维护和操作成本，所以通常序批式反应器被限制在小规模装置，或者在原材料比较贵的情况下使用。

在连续式反应器中，进料和出料都是连续的。大多数情况下，反应器都是在稳态条件下运行，这意味着反应器内的进料流量、组分、反应条件、出料流量都不随时间而变化。大多数情况下在实验室里利用序批式反应器来研究反应动力学，以确定反应速率常数。由于使用连续式反应器来确定速率常数的方法涉及的动力学原理不会改变，因此该方法是合理有效的。通常反应器有两种理想类型：连续流搅拌式反应器（CFSTR）和活塞流反应器（PFR），它们主要通过反应器内的混合条件来划分。

连续流搅拌式反应器（CFSTR）包括一个有入流和出流的搅拌罐。CFSTR 的截面通常是圆形的、方形的或者稍微长方形的，以保证物质可以充分混合。CFSTR 的搅拌非常重要，并假设液体在反应器中是充分混合的（物质在反应器中完全均匀混合），混合的结果就是流出反应器的物质浓度与反应器内的物质浓度相同。因此，该反应器又被称为完全搅拌式反应器（CSTR）或完全混合流反应器（CMF）。在稳态条件下，流出反应器的物质浓度和反应器中任何一个位置的物质浓度都不随时间变化而变化。

活塞流反应器（PFR）理想的几何形状是长的管道或水槽，反应器内的流体为连续流，流体质点依次通过反应器。反应物从反应器的上游端口进入，从下游端口流出。在理想状态下，在流动方向上的流体成分之间不发生诱导混合，先进入的流体质点将先流出反应器，反应流体的组分随着流动的方向改变。在污染物去除或破坏的情况下，入口处的物质浓度最高，并且逐步降低到出口处的物质浓度。在稳态条件下，出流的浓度和反应器内任何位置的浓度都不随时间而改变。

值得注意的是，CFSTR 和 PFR 都是理想条件反应器，现实生活中的连续流反应器介于两种理想条件之间。由于进水能立即与反应器内的物质混合，理想的

CFSTR 对于冲击载荷的承受能力更强,因此该类反应器在对冲击载荷较敏感的反应过程中是更好的选择。另外,所有类型的进水流在理想的 PFR 中有相同的停留时间,则对于需要将病原体与消毒剂的接触时间最小化的氯接触反应池,PFR 是更优的选择(注:进水在理想 CFSTR 内的停留时间范围可以由极短变化到极长)。

4.4.1 序批式反应器

在此考虑一个序批式反应器的一级反应,合并公式(4.10)和公式(4.11),物质平衡方程可以表达为

$$V\frac{\mathrm{d}C}{\mathrm{d}t}=(V\times\gamma)=V(-kC) \quad \text{或} \quad \frac{\mathrm{d}C}{\mathrm{d}t}=-kC \qquad (4.15)$$

这是一个一级反应微分方程,可以将初始条件($t=0$ 时,$C=C_i$)及最终条件($t=$停留时间 τ 时,$C=C_f$)进行积分。停留时间 τ 可以定义为流体在反应器中停留和反应的时间。对公式(4.11)进行积分,得到

$$\frac{C_f}{C_i}=e^{-k\tau} \quad \text{或} \quad C_f=(C_i)e^{-k\tau} \qquad (4.16)$$

表 4.1 概括了序批式反应器的设计方程,按照零级反应、一级反应、二级反应发生。

表 4.1 序批式反应器的设计方程

反应级数,n	方程	
0	$C_f=C_i-k\tau$	公式(4.17)
1	$C_f=C_i\left(e^{-k\tau}\right)$	等同于公式(4.16)
2	$C_f=\dfrac{C_i}{1+(k\tau)C_i}$	公式(4.18)

▶ **案例 4.7 序批式反应器(在已知反应速率的情况下确定所需停留时间)**

设计一个序批式反应器来处理被多氯联苯(PCB)污染的浓度为 200 mg/kg 的土壤,需要去除、转化或降解 90%的 PCB,反应速率常数是 0.5 h^{-1}。求该反应器的停留时间。如果最终的浓度是 10 mg/kg,所需停留时间是多久?

分析:

尽管题目中并没有说明是几级反应,可由反应常数 k 的单位为(1/时间)判

断该反应是一级反应。

解答：

a. 对于90%的降解率，$\eta = 90\%$，有
$$C_f = C_i(1-\eta) = 200 \times (1-90\%) = 20 \text{ mg/kg}$$
将已知参数值代入公式（4.16）中，有
$$\frac{20}{200} = 0.1 = e^{-0.5t}$$
$$t = \tau = 4.6 \text{ h}$$

b. 为达到最终浓度 10 mg/kg，有
$$\frac{10}{200} = 0.05 = e^{-0.5t}$$
$$t = \tau = 6.0 \text{ h}$$

案例4.8 序批式反应器（在未知反应速率的情况下确定所需停留时间）

安装一个序批式反应器来修复 PCB 污染土壤，测试开始时 PCB 浓度为 250 mg/kg。运行 10 小时后，浓度降低到 50 mg/kg。然而，要求浓度必须降低到 10 mg/kg。确定达到最终浓度为 10 mg/kg 所需的停留时间。

分析：

需要两个步骤来解决这个问题。首先根据已有的信息确定速率常数 k，然后根据这个得到的 k 值确定停留时间。这些已知信息并没有反应级数，假设这是一级反应，然而这需要通过额外的测试数据来确定。

解答：

a. 代入已知值到公式（4.16）中，得到 k 值，有
$$\frac{50}{250} = 0.20 = e^{-10k}$$
$$k = 0.161 \text{ h}^{-1}$$

b. 计算达到 10 mg/kg 时所需要的时间，有
$$\frac{10}{250} = 0.04 = e^{-0.161t}$$

$$t = \tau = 20.0 \text{ h}$$

 讨论

这里假设是一级反应，需要检验这种假设的正确性，例如，长时间运行中试规模或者序批式反应试验。如果运行系统 20 h，最终的浓度接近 10 mg/kg，则假设应该是有效的。

案例 4.9 确定序批式反应试验的速率常数

设计一个用来处理甲酚污染的土壤的生物反应器。为确定反应级数和速率，做了一个实验室规模的序批式反应器，观察反应器中甲酚的浓度随时间的变化，并记录如下：

时间（h）	甲酚浓度（mg/kg）
0	350
0.5	260
1	200
2	100
5	17

使用这些数据来确定反应级数和速率常数值。

分析：

常采用试错法来确定反应级数。从表 4.1 中可以看到，如果是零级反应，浓度和时间的关系是一条直线。如果是一级反应，$\ln C$ 和时间的关系应该是一条直线。如果是二级反应，（$1/C$）和时间的关系应该是一条直线。k 值从直线的斜率中得到。

解答：

由于很多环境类反应都是一级反应，首先假设这是个一级反应，然后在半对数坐标中描绘浓度-时间数据（见图 4.1）。

这些数据很符合直线，所以假设的一级反应是成立的。直线的斜率可以确定为 0.263 h^{-1}，需要指出的是公式（4.11）是基于对数 e 的指数，而这个曲线是基于 $\log_{10}$ 的。因此，公式（4.11）中 k 的值应该是从半对数坐标上的斜率和 2.303

（为 10 的自然对数）中得到的。

$$k = (0.263 \text{ h}^{-1}) \times 2.303 = 0.606 \text{ h}^{-1}$$

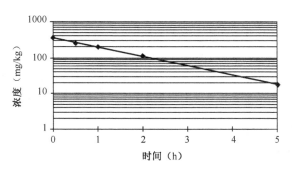

图 4.1　浓度和时间的关系

讨论

通过得到的速率常数和初始浓度，计算任意时间 t 时的浓度可以用作检验假设的反应级数是否正确的工具。例如，在 $t=2$ h 时，浓度可以通过公式（4.16）计算，有

$$C_f = 350\left(e^{-0.606 \times 2}\right) = 104 \text{ mg/kg}$$

计算得到的值为 104 mg/kg，非常接近试验值 100 mg/kg。因此，假设该反应是一级反应是正确的。

案例 4.10　二级反应序批式反应器

设计一个序批式反应器处理浓度为 200 mg/kg 的 PCB 污染土壤，需要 PCB 的降解率为 90%。如果反应速率常数是 0.5（单位为 $[(\text{mg/kg})(\text{h})]^{-1}$），求反应器所需停留时间是多少？

分析：

尽管问题中并没有提及反应的级数，但是根据 k 的单位 $[(\text{mg/kg})(\text{h})]^{-1}$ 可以看出该反应是二级反应。

解答：

a. 对于 90% 的降解率，$\eta = 90\%$，有

$$C_f = 200(1-90\%) = 20 \text{ mg/kg}$$

b. 将已知值代入到公式（4.18）中，有

$$20 = \frac{200}{1+(0.5\tau)200} \rightarrow \tau = 0.09 \text{ h}$$

 讨论

案例 4.7 和案例 4.10 的唯一区别就在于反应动力学的不同。在反应速率常数值相同的情况下，二级反应达到相同的去除效率所需要的时间要短得多。

4.4.2 连续流搅拌式反应器（CFSTR）

假设一个稳态的连续流搅拌式反应器，反应级数为一级。根据之前定义所述，流出反应器的浓度和在反应器中的浓度相同。在稳态情况下，流速是常数并且 $Q_{in} = Q_{out}$。将公式（4.10）代入公式（4.5），物质平衡方程可以改写为

$$\begin{aligned}0 &= QC_{in} - QC_{out} + (V)(-kC_{reactor}) \\ &= QC_{in} - QC_{out} + (V)(-kC_{out})\end{aligned} \quad (4.19)$$

经过简单的数学转化，公式（4.19）可以改写为

$$\frac{C_{out}}{C_{in}} = \frac{1}{1+k(V/Q)} = \frac{1}{1+k\tau} \quad (4.20)$$

表 4.2 总结了连续流搅拌式反应器（CFSTR）在不同情况下的设计方程，包括零级反应、一级反应、二级反应。

表 4.2 连续流搅拌式反应器（CFSTR）设计方程

反应级数，n	方　　程	
0	$C_{out} = C_{in} - k\tau$	公式（4.21）
1	$\dfrac{C_{out}}{C_{in}} = \dfrac{1}{1+k\tau}$	等同于公式（4.20）
2	$\dfrac{C_{out}}{C_{in}} = \dfrac{1}{1+(k\tau)C_{out}}$	公式（4.22）

➲ **案例 4.11** 一级动力学泥浆反应器（CFSTR）

用土壤泥浆反应器处理总石油烃（TPH）浓度为 1200 mg/kg 的污染土壤，最

终要求达到的总石油烃浓度为 50 mg/kg。根据实验室小试研究，速率方程为
$$\gamma = -0.25C$$
该反应器内的物质是完全混合的，假设该反应器是连续流搅拌式反应器（CFSTR），求将污染物浓度降低到 50 mg/kg 所需要的停留时间。

分析：

速率方程是一级反应，反应速率常数 $k = 0.25 \text{ min}^{-1}$。

解答：

将已知参数代入公式（4.20），得到 τ 的值，有
$$\frac{C_{\text{out}}}{C_{\text{in}}} = \frac{50}{1200} = \frac{1}{1+0.25\tau}$$
$$\tau = 92 \text{ min}$$

案例4.12　二级动力学低温热脱附土壤反应器（CFSTR）

用低温热脱附土壤反应器处理被 TPH 污染的土壤，浓度为 2500 mg/kg，最终需要处理到的浓度为 100 mg/kg。根据实验室研究的结果，速率方程可写为
$$\gamma = -0.12C^2$$
该反应器是旋转的，以达到充分混合。假设该反应器是按照 CFSTR 的形式进行。确定当浓度降低到 100 mg/kg 时所需要的停留时间。

分析：

该反应是二级反应，反应速率常数 $k=0.12 \text{ [(mg/kg)(h)]}^{-1}$。

解答：

将已知值代入公式（4.22），得到 τ 的值，有
$$\frac{C_{\text{out}}}{C_{\text{in}}} = \frac{100}{1200} = \frac{1}{1+0.12\tau(100)}$$
$$\tau = 0.92 \text{ h} = 55 \text{ min}$$

4.4.3 活塞流反应器（PFR）

假设一个稳态的活塞流反应器，反应级数为一级。如前所述，根据定义，活塞流反应器中无纵向混合流。反应器内的浓度（$C_{reactor}$）从入口处的浓度C_{in}，降低到出口处的浓度C_{out}。在稳态条件下，流量是一个常数，$Q_{in} = Q_{out}$。将公式(4.10)代入公式(4.5)，物质平衡方程可以表示为

$$0 = QC_{in} - QC_{out} + (V)(-kC_{reactor}) \tag{4.23}$$

式中，$C_{reactor}$是一个变量，该方程可以通过将反应器无限细分后再进行积分来求解。该方程可以表示为

$$\frac{C_{out}}{C_{in}} = e^{-k(V/Q)} = e^{-k\tau} \tag{4.24}$$

表4.3总结了活塞流反应器PFR不同情况下的设计方程，包括零级反应、一级反应和二级反应。

表 4.3　活塞流反应器（PFR）设计方程

反应级数, n	方　　程	
0	$C_{out} = C_{in} - k\tau$	公式(4.25)
1	$C_{out} = C_{in}(e^{-k\tau})$	等同于公式(4.24)
2	$C_{out} = \dfrac{C_{in}}{1+(k\tau)C_{in}}$	公式(4.26)

比较表4.3的PFR设计方程和表4.2的CFSTR设计方程，可以得到以下信息。

（1）零级反应：两个反应器的设计方程是相同的。这意味着转化速率与反应器类型无关，假设所有其他条件都是相同的。

（2）一级反应：对于CFSTR来说，与停留时间的倒数成正比。而对于PFR来说，出口浓度和入口浓度的比例则和停留时间的倒数成指数正比。换句话说，假设其他所有条件都相同，PFR反应器出口浓度随停留时间增加而减少的速度远远快于CFSTR反应器，也即在给定的停留时间（或反应器尺寸）下，从PFR反应器流出的物质浓度比从CFSTR反应器流出的物质浓度要低得多（更多的讨论和例子会在本章节的后续部分提到）。

（3）二级反应：两种反应器的二级反应设计方程在形式上是相似的。唯一的区别就在于公式(4.22)中等号右边分母中的C_{out}，被公式(4.26)中的C_{in}取代。由于$C_{out} < C_{in}$，PFR反应器的C_{out}/C_{in}要比CFSTR反应器低。更低的C_{out}/C_{in}意味着在相同流入浓度、停留时间和反应速率的情况下，流出反应器的浓度会更低。

案例 4.13 一级动力学土壤泥浆反应器（PFR）

用土壤泥浆反应器处理浓度为 1200 mg/kg 被 TPH 污染的土壤，最终所需要达到浓度是 50 mg/kg。根据实验室研究结果，速率方程是

$$\gamma = -0.25C$$

假设反应器是 PFR 反应器。确定将污染物 TPH 浓度降低到 50 mg/kg 时所需要的停留时间。

分析：

速率方程的形式是一级反应，反应速率常数 $k=0.25\ \text{min}^{-1}$。

解答：

将已知值代入公式（4.24）得到 τ 值，有

$$\frac{C_{\text{out}}}{C_{\text{in}}} = \frac{50}{1200} = e^{-(0.25)\tau} \rightarrow \tau = 12.7\ \text{min}$$

讨论

1. 对于相同的进料浓度和反应速率常数，PFR 达到某一特定的最终浓度所需的停留时间为 12.7 min，远小于 CFSTR 所需的时间 92 min（见案例 4.11）。

2. 对于一级动力学反应，反应速率与反应器内浓度成正比（例如，$\gamma=KC_{\text{reactor}}$）。反应器浓度越高，反应速率越快。对于 CFSTR，根据定义，反应器中的浓度等于流出浓度（例如，案例 4.11 中的 50 mg/kg）。对于 PFR，根据定义，反应器中的浓度从入口 C_{in}（1200 mg/kg）开始降低，直到出口的 C_{out}（50 mg/kg）。PFR 中的平均浓度（算数平均数 625 mg/kg 或者几何平均数 245 mg/kg）远高于 50 mg/kg，这使得反应速率因此高得多，所需要的停留时间就会更短。

案例 4.14 二级动力学土壤低温热脱附反应器（PFR）

土壤低温热脱附反应器用来处理 TPH 污染浓度为 2500 mg/kg 的土壤，所要求的土壤 TPH 最终浓度为 100 mg/kg。根据实验室研究，速率方程为

$$\gamma = -0.12C^2$$

土壤在传送带上通过反应器。假设反应器为活塞流反应器。求将 TPH 浓度降低到 100 mg/kg 所需停留时间。

分析：

速率公式的形式是二级反应，反应速率常数 $k = 0.12\ [(\mathrm{mg/kg})(\mathrm{h})]^{-1}$。

解答：

将已知值代入公式（4.26）得到 τ 值，有

$$\frac{C_{\text{out}}}{C_{\text{in}}} = \frac{100}{1200} = \frac{1}{1 + 0.12\tau(1200)}$$

$$\tau = 0.08\ \mathrm{h} = 4.8\ \mathrm{min}$$

 讨论

同样，对于相同的进料浓度和反应速率常数，活塞流反应器（PFR）达到某一特定的最终浓度所需的停留时间为 4.8 min，远小于连续流搅拌式反应器（CFSTR）所需的时间 55 min（见案例 4.12）。

4.5 确定反应器尺寸

一旦选定反应器的类型并确定了达到特定浓度所需要的停留时间，那么反应器的尺寸就很容易确定。为了达到期望去除率，在给定流量条件下，化合物在反应器中停留时间越长，所需要的反应器越大。

对于连续流反应器，如连续流搅拌式反应器（CFSTR）和活塞流反应器（PFR），停留时间或水力停留时间 τ 可以定义为

$$\tau = \frac{V}{Q} \tag{4.27}$$

式中，V 是反应器的体积，Q 是流量。根据定义，在 PFR 中每一个流体质点流过反应器所需的时间完全相同。从另一方面来看，对于 CFSTR 反应器，大多数流体质点流经反应器所需要的时间比平均停留时间更长或更短。因此，公式（4.27）中的 τ 是平均水力停留时间，可用来确定反应器的尺寸。

对于序批式反应器，通过公式（4.17）、公式（4.18）和公式（4.19）计算得到的停留时间是完全反应所需要的实际时间。在系统运行和设计时，为了确定反应器尺寸，工程师还需要考虑装载、冷却和卸载物料所需要的时间。

案例 4.15　确定序批式反应器尺寸

用序批式土壤泥浆反应器处理浓度为 1200 mg/kg 的 TPH 污染土壤，需要的泥浆处理速率为 164 m³/d。最终土壤 TPH 浓度修复目标为 50 mg/kg，根据实验室研究，速率方程为

$$\gamma = -0.05C$$

每个批次装载和卸载泥浆所需要的时间为 2 h，求该项目的序批式反应器尺寸。

分析：

速率方程的形式是一级反应，反应速率常数 $k = 0.05 \text{ min}^{-1}$。

解答：

a. 将已知值代入公式（4.16）可得

$$\frac{C_{\text{out}}}{C_{\text{in}}} = \frac{50}{1200} = e^{-(0.05)\tau} \rightarrow \tau = 64 \text{ min}（反应所需时间）$$

b. 每批次所需要的总时间=反应时间+装载和卸载时间=64+120=184 min。

c. 反应器所需容积由公式（4.27）可得

$$V = (\tau)(Q) = (64 \text{ min}) \times (164 \text{ m}^3/\text{d}) = (64 \text{ min}) \times (114 \text{ L/min}) = 7.3 \text{ m}^3$$

讨论

该案例中最少需要三个反应器（每个 7.3 m³）。反应器需要在不同的阶段运行，即两个处于装载或卸载阶段，另一个则处于反应阶段。这样，进料才不会中断。

案例 4.16　确定连续流搅拌式反应器（CFSTR）尺寸

用土壤泥浆反应器处理浓度为 1200 mg/kg 的 TPH 污染土壤，需要的泥浆处理速率为 164 m³/d。最终土壤 TPH 浓度修复目标为 50 mg/kg，根据实验室研究，速率方程为

$$\gamma = -0.05C$$

反应器中物质完全混合，假设反应器按照连续流搅拌式运行。求该项目的反应器尺寸。

解答：

a. 将已知的值代入公式（4.20）得到 τ 值

$$\frac{C_{\text{out}}}{C_{\text{in}}} = \frac{50}{1200} = \frac{1}{1+(0.05)\tau} \to \tau = 460 \text{ min}$$

b. 反应器所需容积由公式（4.27）可得

$$V = (\tau)Q = (460 \text{ min}) \times (164 \text{ m}^3/\text{d}) = (460 \text{ min}) \times (114 \text{ L/min}) = 52.44 \text{ m}^3$$

案例 4.17　确定活塞流反应器（PFR）尺寸

用土壤泥浆反应器处理浓度为 1200 mg/kg 的 TPH 污染土壤，需要的泥浆处理速率为 164 m³/d。最终土壤 TPH 浓度修复目标为 50 mg/kg，根据实验室研究，速率方程为

$$\gamma = -0.05C$$

假设反应器按照活塞流运行。求该项目的反应器尺寸。

解答：

a. 将已知值代入公式（4.24）得到 τ 值

$$\frac{C_{\text{out}}}{C_{\text{in}}} = \frac{50}{1200} = e^{-(0.05)\tau} \to \tau = 64 \text{ min}$$

b. 反应器所需容积由公式（4.24）可得

$$V = (\tau)Q = (64 \text{ min}) \times (164 \text{ m}^3/\text{d}) = (64 \text{ min}) \times (114 \text{ L/min}) = 7.3 \text{ m}^3$$

讨论

1. 在达到相同处理效果时，此例中活塞流反应器（PFR）的规格为 7.3 m³，比连续流搅拌式反应器（CFSTR）(案例 4.16) 的规格 52.44 m³ 小很多。

2. 序批式反应器和活塞流反应器（PFR）的设计方程在本质上是相同的，这两个反应器所需的反应时间相同，均为 64 min。活塞流反应器（PFR）实际需要的储罐容量更小，因为在反应器的操作中，不需要考虑装载和卸载的时间。

4.6　反应器组合

在实际工程应用时，几个小型反应器组合比单独的大反应器更常见，原因

如下：
- 灵活性（适应流量波动）；
- 维护考量；
- 更高的去除效率。

普通的反应器组合包括串联、并联或者两者的组合。

4.6.1 串联反应器

对于串联的反应器，所有反应器的流量都是相同的，也都等于第一个反应器的进料流量 Q（见图 4.2）。第一个反应器容积为 V_1，能将进料污染浓度 C_0 降低到出料浓度 C_1。然后第一个反应器的出料浓度将成为第二个反应器的进料浓度。以此类推，第二个反应器的出料浓度 C_2 成为第三个反应器的进料浓度。可以在串联中加入更多的反应器直到最后一个反应器的出料浓度满足要求。对于连续流搅拌式反应器（CFSTR），在总容积相同的情况下，串联几个小的反应器比一个大反应器能产生更低的最终出料浓度。这部分将通过本节中的案例来说明。

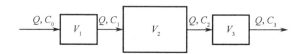

图 4.2 三个反应器串联

当三个连续流搅拌式反应器（CFSTR）串联时，第三个反应器的出料浓度可以通过初始进料的污染物浓度确定

$$\frac{C_3}{C_0} = \left(\frac{C_3}{C_2}\right)\left(\frac{C_2}{C_1}\right)\left(\frac{C_1}{C_0}\right) = \left(\frac{1}{1+k_3\tau_3}\right)\left(\frac{1}{1+k_2\tau_2}\right)\left(\frac{1}{1+k_1\tau_1}\right) \quad (4.28)$$

当三个活塞流反应器（PFR）反应器串联时，第三个反应器出料浓度可以通过初始进料的污染物浓度确定

$$\frac{C_3}{C_0} = \left(\frac{C_3}{C_2}\right)\left(\frac{C_2}{C_1}\right)\left(\frac{C_1}{C_0}\right) = \left(e^{-k_3\tau_3}\right)\left(e^{-k_2\tau_2}\right)\left(e^{-k_1\tau_1}\right) = e^{-(k_1\tau_1+k_2\tau_2+k_3\tau_3)} \quad (4.29)$$

案例 4.18　连续流搅拌式反应器（CFSTR）串联

某场地土壤受柴油污染，浓度为 1800 mg/kg。建议使用泥浆生物反应器进行修复，处理系统需要控制泥浆流速为 0.04 m³/min。土壤中柴油的修复目标浓度为

100 mg/kg。通过实验室研究确定此反应是速率为 0.1 min^{-1} 的一级反应。

考虑连续流搅拌式反应器（CFSTR）模式下四种不同的泥浆生物反应器组合，确定每种组合的最终流出浓度，并判断是否满足处理要求。

  a. 1 个 4 m³ 反应器；

  b. 2 个 2 m³ 反应器串联；

  c. 1 个 1 m³ 反应器串联 1 个 3 m³ 反应器；

  d. 1 个 3 m³ 反应器串联 1 个 1 m³ 反应器。

解答：

  a. 对于 4 m³ 的反应器，停留时间 = V/Q = 4 m³/(0.04 m³/min) = 100 min。

利用公式（4.20）计算得到最后的流出浓度，有

$$\frac{C_{out}}{C_{in}} = \frac{C_{out}}{1800} = \frac{1}{1+0.1 \times 100}$$

$$C_{out} = 164 \text{ mg/kg} \quad \text{（超出修复目标值）}$$

  b. 对于 2 m³ 的反应器，停留时间 = V/Q = 2 m³/(0.04 m³/min) = 50 min。

使用公式（4.28）计算得到最后的流出浓度，有

$$\frac{C_2}{C_0} = \left(\frac{C_2}{1800}\right) = \left(\frac{C_2}{C_1}\right)\left(\frac{C_1}{C_0}\right) = \left(\frac{1}{1+0.1 \times 50}\right)\left(\frac{1}{1+0.1 \times 50}\right)$$

$$C_2 = 50 \text{ mg/kg} \quad \text{（低于修复目标值）}$$

  c. 第一个反应器的停留时间为 (1 m³)/(0.04 m³/min) = 25 min，第二个反应器的停留时间为 (3 m³)/(0.04 m³/min) = 75 min。

使用公式（4.28）计算最后的流出浓度，有

$$\frac{C_{\text{out}}}{C_0} = \left(\frac{C_2}{1800}\right) = \left(\frac{C_2}{C_1}\right)\left(\frac{C_1}{C_0}\right) = \left(\frac{1}{1+0.1\times 25}\right)\left(\frac{1}{1+0.1\times 75}\right)$$

$$C_{\text{out}} = 60.5 \text{ mg/kg} \quad （低于修复目标值）$$

d. 第一个反应器的停留时间为 $(3\text{ m}^3)/(0.04\text{ m}^3/\text{min}) = 75$ min，第二个反应器的停留时间为 $(1\text{ m}^3)/(0.04\text{ m}^3/\text{min}) = 25$ min。

```
    Q, C₀        Q, C₁        Q, C₂
─────────▶ [ 3 m³ ] ─────▶ [ 1 m³ ] ─────▶
```

使用公式（4.28）计算最后的流出浓度，有

$$\frac{C_2}{C_0} = \left(\frac{C_2}{1800}\right) = \left(\frac{C_2}{C_1}\right)\left(\frac{C_1}{C_0}\right) = \left(\frac{1}{1+0.1\times 75}\right)\left(\frac{1}{1+0.1\times 25}\right)$$

$$C_2 = 60.5 \text{ mg/kg} \quad （低于修复目标值）$$

讨论

1. 每一种反应器组合的的总体积均为 4 m³。

2. 第一种组合（单一大反应器）的流出浓度最高。实际上，一系列小型 CFSTR 反应器串联总是比一个单独的大型 CFSTR 反应器处理效率更高。活塞流反应器（PFR）可以看成是无限个小的 CFSTR 串联，因此在同样大小的情况下，PFR 总是比 CFSTR 效率更高。

3. 对于两个小的反应器串联组合，设置两个同样大小的反应器能产生最低流出浓度。

4. 对于两个大小不同的反应器，当各个反应器中的速率常数相同时，反应器顺序不影响最终流出浓度。

案例 4.19　活塞流反应器（PFR）串联

某场地土壤受柴油污染，浓度为 1800 mg/kg。建议使用泥浆生物反应器进行修复，处理系统需要控制泥浆流速为 0.04 m³/min。土壤中柴油的修复目标浓度为 100 mg/kg，通过实验室研究确定此反应是速率为 0.1 min⁻¹ 的一级反应。

考虑活塞流反应器（PFR）模式下四种不同的泥浆生物反应器组合，确定每种组合的最终流出浓度，并判断是否满足处理要求。

a. 1 个 4 m³ 反应器；

b. 2 个 2 m³ 反应器串联；

c. 1 个 1 m³ 反应器串联 1 个 3 m³ 反应器；

d. 1 个 3 m³ 反应器串联 1 个 1 m³ 反应器。

解答：

a. 对于 4 m³ 的反应器，停留时间 $=V/Q=$ 4 m³/(0.04 m³/min)=100 min

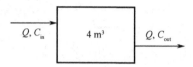

使用公式（4.24）计算得到最后的流出浓度，有

$$\frac{C_{out}}{C_{in}} = \frac{C_{out}}{1800} = e^{-0.1 \times 100}$$

$C_{out} = 8.2 \times 10^{-2}$ mg/kg （低于修复目标值）

b. 对于 2 m³ 的反应器，停留时间 $=V/Q=$(2 m³)/(0.04 m³/min)=50 min

使用公式（4.29）计算得到最后的流出浓度，有

$$\frac{C_2}{C_0} = \left(\frac{C_2}{1800}\right) = \left(\frac{C_2}{C_1}\right)\left(\frac{C_1}{C_0}\right) = \left(e^{-0.1 \times 50}\right)\left(e^{-0.1 \times 50}\right) = \left(e^{-0.1 \times (50+50)}\right)$$

$C_2 = 8.2 \times 10^{-2}$ mg/kg （低于修复目标值）

c. 第一个反应器的停留时间 =(1 m³)/(0.04 m³/min)=25 min 。第二个反应器的停留时间 =(3 m³)/(0.04 m³/min)=75 min 。

使用公式（4.29）计算得到最后的流出浓度，有

$$\frac{C_2}{C_0} = \left(\frac{C_2}{1800}\right) = \left(\frac{C_2}{C_1}\right)\left(\frac{C_1}{C_0}\right) = \left(e^{-0.1 \times 25}\right)\left(e^{-0.1 \times 75}\right) = \left(e^{-0.1 \times (25+75)}\right)$$

$C_2 = 8.2 \times 10^{-2}$ mg/kg （低于修复目标值）

d. 第一个反应器的停留时间=(3 m³)/(0.04 m³/min)=75 min。第二个反应器的停留时间=(1 m³)/(0.04 m³/min)=25 min。

第4章 物质平衡概念和反应器设计

```
Q, C₀ ──→ [ 3 m³ ] ──Q, C₁──→ [ 1 m³ ] ──Q, C₂──→
```

使用公式（4.29）计算得到最后的流出浓度，有

$$\frac{C_2}{C_0} = \left(\frac{C_2}{1800}\right) = \left(\frac{C_2}{C_1}\right)\left(\frac{C_1}{C_0}\right) = \left(e^{-0.1 \times 75}\right)\left(e^{-0.1 \times 25}\right) = \left(e^{-0.1 \times (75+25)}\right)$$

$C_2 = 8.2 \times 10^{-2}$ mg/kg（低于修复目标值）

 讨论

1. 每一种组合的反应器的总体积均为 $4\ m^3$。
2. 四种不同组合的流出浓度是相同的。
3. PFR 的流出浓度比案例 4.18 中 CFSTR 的流出浓度要低很多。

▶ 案例 4.20 连续流搅拌式反应器（CFSTR）串联

使用低温热脱附土壤反应器（假设为理想CFSTR）来处理TPH浓度为1050 mg/kg 的污染土壤，土壤中 TPH 修复目标浓度为 10 mg/kg。一个停留时间为 20 min 的反应器只能将污染物浓度降低到 50 mg/kg。假设反应为一级反应，将两个较小的反应器串联（停留时间均为 10 min）能将 TPH 浓度降低到 10 mg/kg 以下吗？

分析：

反应速率常数没有给出，所以必须先确定它的值。

解答：

a. 采用公式（4.20）计算速率常数，有

$$\frac{C_{out}}{C_{in}} = \frac{50}{1050} = \frac{1}{1 + (k)(20)}$$

$$k = 1\ min^{-1}$$

b. 对于两个小反应器串联，采用公式（4.28）计算最后的流出浓度，有

$$\frac{C_2}{C_0} = \frac{C_2}{1050} = \left(\frac{C_2}{C_1}\right)\left(\frac{C_1}{C_0}\right) = \left(\frac{1}{1 + 1 \times 10}\right)\left(\frac{1}{1 + 1 \times 10}\right)$$

$C_2 = 8.7$ mg/kg（低于修复目标值）

讨论

这一案例又一次证明了在总体积相当的情况下，两个小型 CFSTR 优于一个大型 CFSTR。但是，两个反应器需要更大的基建投资（如两套过程控制设备）和更高的运行维护费用。

▶ **案例 4.21　活塞流反应器（PFR）串联**

选用紫外线/臭氧修复方法去除地下水流中的三氯乙烯（TCE，浓度 200 ppb）。当设计流量为 50 L/min 时，某成品反应器能提供 5 min 水力停留时间，并能将 TCE 浓度从 200 ppb 降低到 16 ppb。但是，TCE 的排放限值为 3.2 ppb。假设该反应器是理想的活塞流反应器，反应为一级反应，求需要反应器的个数及最终出水中的 TCE 浓度。

解答：

a. 采用公式（4.24）计算速率常数，有

$$\frac{C_{out}}{C_{in}} = \frac{16}{200} = e^{-(k)(5)}$$

$$k = 0.505 \text{ min}^{-1}$$

b. 采用公式（4.29）计算两个串联活塞流反应器（PFR）的最终流出浓度，有

$$\frac{C_2}{C_0} = \left(\frac{C_2}{200}\right) = \left(\frac{C_2}{C_1}\right)\left(\frac{C_1}{C_0}\right) = \left(e^{-0.505 \times 5}\right)\left(e^{-0.505 \times 5}\right)$$

$$C_2 = 1.28 \text{ ppb}（低于 3.2 ppb）$$

通过计算，需要 2 个反应器，每个需要 5 min 的停留时间。

 讨论

该案例也可先确定将污染物浓度降低到 3.2 ppb 所需的总停留时间，再计算所需要的活塞流反应器（PFR）数量。利用公式（4.24）可以计算出所需时间。

$$\frac{C_{out}}{C_{in}} = \frac{3.2}{200} = e^{-(0.505)(\tau)}$$

$$\tau = 8.2 \text{ min}$$

而单个反应器的停留时间为 5 min，故需要 2 个 PFR。

4.6.2 并联反应器

对于并联反应器，相同的进水同时流进各反应器中（进水分流进入各反应器中）。每个并联反应器的流量可以不同，但所有并联反应器的进水浓度是相同的。反应器的尺寸可以不同，则不同反应器的流出浓度也不同（见图4.3）。在此图中，下面的物质平衡方程是有效的

$$Q = Q_1 + Q_2 \tag{4.30}$$

$$C_f = \frac{Q_1 C_1 + Q_2 C_2}{Q_1 + Q_2} \tag{4.31}$$

并联反应器组合常在以下情况下使用：①单一反应器不能满足流量；②总的进水流量波动明显；③反应器需要频繁维护。

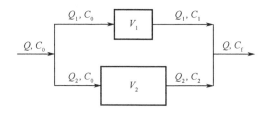

图4.3 两个反应器并联

案例4.22 连续流搅拌式反应器（CFSTR）并联

某场地土壤受柴油污染，浓度为1800 mg/kg，建议使用泥浆生物反应器进行修复。处理系统需要控制泥浆流量为0.04 m³/min，土壤中柴油的修复目标浓度为100 mg/kg。通过实验室研究确定此反应是速率为0.1 min⁻¹的一级反应。

考虑CFSTR模式下四种不同的泥浆生物反应器组合，确定每种组合的最终流出浓度，并判断是否满足处理要求。

a. 1个4 m³反应器；
b. 2个2 m³反应器并联（每个反应器接收0.02 m³/min流量）；
c. 1个1 m³反应器并联1个3 m³反应器（每个反应器接收0.02 m³/min流量）；
d. 1个1 m³反应器并联1个3 m³反应器（较小的反应器接收0.01 m³/min流量，另一个反应器接收0.03 m³/min流量）。

解答：

a. 对于4 m³的反应器，停留时间=V/Q=(4 m³)/(0.04 m³/min)=100 min

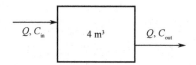

使用公式（4.20）计算得到最后的流出浓度，有

$$\frac{C_\text{out}}{C_\text{in}} = \frac{C_\text{out}}{1800} = \frac{1}{1+0.1\times 100}$$

C_out=164 mg/kg（超过修复目标值）

b. 对于 2 m³ 的反应器，每个停留时间=V/Q=(2 m³)/(0.02 m³/min)=100 min

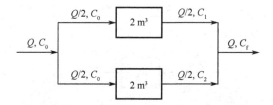

使用公式（4.20）计算得到最后的流出浓度，有

$$\frac{C_\text{out}}{C_\text{in}} = \frac{C_\text{out}}{1800} = \frac{1}{1+0.1\times 100}$$

C_out=164 mg/kg

C_out 为两个反应器及合并的最终流出浓度，超出修复目标值。

c. 第一个反应器的停留时间=(1 m³)/(0.02 m³/min)=50 min。第二个反应器的停留时间=(3 m³)/(0.02 m³/min)=150 min。

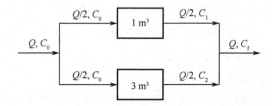

使用公式（4.20）计算得到各反应器中的流出浓度分别为

反应器 1

$$\frac{C_1}{1800} = \frac{1}{1+0.1\times 50}$$

$C_1 = 300$ mg/kg

反应器 2

$$\frac{C_2}{1800} = \frac{1}{1+0.1 \times 150}$$

$C_2 = 112.5$ mg/kg

使用公式（4.31）计算合并后的浓度，有

$$C_f = \frac{2 \times 300 + 2 \times 112.5}{2+2} = 206 \text{ mg/kg}（超出修复目标值）$$

d. 第一个反应器的停留时间=(1 m³)/(0.01 m³/min)=100 min。第二个反应器的停留时间=(3 m³)/(0.03 m³/min)=100 min。

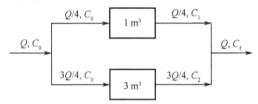

使用公式（4.20）计算得到每个反应器最后的流出浓度，有

$$\frac{C_{out}}{C_{in}} = \frac{C_1}{1800} = \frac{1}{1+0.1 \times 100} = \frac{C_2}{1800}$$

C_{out} 为两个反应器及合并的最终流出浓度，超出修复目标值。

 讨论

1. 每种组合的反应器总体积均为 4 m³。

2. 四种不同组合的流出浓度均超标。由于反应器的停留时间相同，组合（a）、（b）和（d）具有相同的流出浓度，组合（c）的流出浓度是四个组合里最差的。

3. 并联反应器与单个反应器的停留时间相同时，最后的流出浓度无变化，例如，案例中组合（a）、（b）和（d）。

案例 4.23　活塞式反应器（PFR）并联

某场地土壤受柴油污染，浓度为 1800 mg/kg，建议采用泥浆生物反应器进行修复。处理系统需要控制泥浆流量为 0.04 m³/min，土壤中柴油的修复目标浓度为 100 mg/kg。通过实验室研究确定此反应是速率为 0.1 min⁻¹ 的一级反应。

考虑 PFR 模式下四种不同泥浆生物反应器组合，确定每种组合的最终流出浓度，并判断是否满足处理要求。

a. 1 个 4 m³ 反应器；

b. 2 个 2 m³ 反应器并联（每个反应器接收 0.02 m³/min 流量）；

c. 1 个 1 m³ 反应器并联 1 个 3 m³ 反应器（每个反应器接收 0.02 m³/min 流量）；

d. 1 个 1 m³ 反应器并联 1 个 3 m³ 反应器（较小的反应器接收 0.01 m³/min 流量，另一个反应器接收 0.03 m³/min 流量）。

解答：

a. 对于 4 m³ 的反应器，停留时间=V/Q=(4 m³)/(0.04 m³/min)=100 min

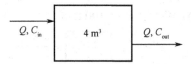

使用公式（4.24）计算得到最后的流出浓度，有

$$\frac{C_{\text{out}}}{C_{\text{in}}} = \frac{C_{\text{out}}}{1800} = e^{-0.1 \times 100}$$

C_{out}=8.2×10⁻² mg/kg（低于修复目标值）

b. 对于 2 m³ 的反应器，每个停留时间=V/Q=(2 m³)/(0.02 m³/min)=100 min

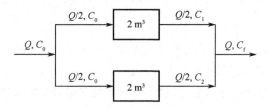

使用公式（4.24）计算得到最后的流出浓度，有

$$\frac{C_{\text{out}}}{C_{\text{in}}} = \frac{C_{\text{out}}}{1800} = e^{-0.1 \times 100}$$

C_{out}=8.2×10⁻² mg/kg

C_{out} 为两个反应器及合并的最后流出浓度，低于修复目标值。

c. 第一个反应器的停留时间=(1 m³)/(0.02 m³/min)=50 min。第二个反应器的停留时间=(3 m³)/(0.02 m³/min)=150 min。

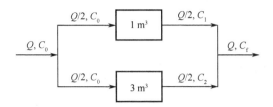

使用公式（4.24）计算得到各反应器中的流出浓度分别为

反应器 1

$$\frac{C_1}{1800} = e^{-0.1 \times 50}$$

C_1=12.2 mg/kg

反应器 2

$$\frac{C_2}{1800} = e^{-0.1 \times 150}$$

C_2=5.5×10^{-4} mg/kg

使用公式（4.31）计算合并后的流出浓度，有

$$C_f = \frac{2 \times 12.2 + 2 \times 5.5 \times 10^{-4}}{2+2} = 6.1 \text{ mg/kg} \quad （低于修复目标值）$$

d. 第一个反应器的停留时间=(1 m^3)/(0.01 m^3/min)=100 min。第二个反应器的停留时间=(3 m^3)/(0.03 m^3/min)=100 min。

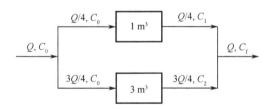

使用公式（4.24）计算得到每个反应器最后的流出浓度，有

$$\frac{C_{out}}{C_{in}} = \frac{C_{out}}{1800} = e^{-0.1 \times 100}$$

C_{out}=8.2×10^{-2} mg/kg

C_{out} 为两个反应器及合并后的流出浓度，低于修复目标值。

讨论

1. 每种组合的反应器总体积均为 4 m³。

2. 四种不同组合的流出浓度均低于修复目标值。由于反应器的停留时间相同，组合（a）、（b）和（d）具有相同的流出浓度，组合（c）的流出浓度是四个组合里最差的。

3. 并联反应器与单个反应器的停留时间相同时，最后的流出浓度无变化，例如，案例中组合（a）、（b）和（d）。

4. 案例 4.22 中所有 CFSTR 的流出浓度均超过了修复目标值。案例 4.22 与案例 4.23 再次证明，当进水浓度、反应速率常数和停留时间相同时，PFR 比 CFSTR 效率更高。

第 5 章

包气带土壤修复

5.1 概述

场地调查与评估完成后,当地下的污染物仍超过允许的范围时,则需要对污染土壤进行修复或移除处理。目前有许多技术被应用于污染土壤修复,这些技术可以分为物理方法(如加热法)、化学方法、生物方法等,可以原位或者异位使用。土壤修复的目标是将污染物的浓度降至可接受的水平以下。

本章涵盖了一些常用原位和异位土壤修复技术的修复计算,介绍了土壤气相抽提、土壤洗脱、生物修复、原位氧化、低温热脱附和热裂解等处理技术。

5.2 土壤气相抽提

5.2.1 土壤通风技术介绍

土壤气相抽提(SVE),又称为土壤通风、原位真空抽提、原位挥发、土壤吹脱,已经成为一种非常普遍采用的挥发性有机物(VOCs)污染土壤修复技术。通过气体在污染区域内的流动,该技术能够将挥发性有机组分从污染土壤中去除。真空泵(常被叫作抽风机)通过对一个或一组井的抽提形成气流。

包气带孔隙内的土壤气体抽出后,新鲜空气会自然地(通过被动通风井或空气渗透)或机械地(通过空气注射井)进入并重新填满这些孔隙。新鲜空气的流动会产生如下作用:①破坏污染物在孔隙、土壤水分和土壤颗粒表面的已有平衡，促进吸附相和溶解相中污染物的挥发；②为土著微生物降解污染物提供氧气；③带走生物降解过程中产生的有毒代谢副产物。携带 VOCs 的抽出气体由真空泵带到地面，通常需要在抽出气体排放至大气之前对其进行处理。第 7 章将会介绍含 VOCs 的空气处理的设计计算。

典型的 SVE 系统主要由气体抽提井、真空泵、除湿设备（气液分离罐）、尾气收集管道及辅助设备，以及尾气处理系统等组成。在土壤通风系统的初步设计中，最重要的参数是待抽提 VOCs 的浓度、空气流量、通风井影响半径、井的数量和位置，以及真空泵的规格。

5.2.2 抽提气体浓度

在 2.4 节提到，挥发性有机污染物在包气带中以 4 种相态存在：①溶解在土壤水相中；②吸附在土壤颗粒表面；③挥发到孔隙空间；④自由相。如果有自由相存在，孔隙空间的气体浓度可由拉乌尔定律计算，即

$$P_A = (P^{vap})(x_A) \tag{5.1}$$

式中，P_A 为组分 A 在气相中的分压，P^{vap} 为组分 A 的纯液相蒸气压，x_A 为组分 A 在液相中的摩尔分数。

在 2.4 节给出了应用拉乌尔定律的例子。由公式（5.1）计算出的分压表示了 SVE 所能达到的抽提气体污染物的浓度上限。实际抽提气体污染物浓度会低于其计算的上限浓度，因为：①不是所有的空气都经过了污染区域；②存在传质限制。尽管如此，该上限浓度还是可用于在项目开始前计算初始气体浓度。在自由相存在时，最初的抽提气体浓度会相对稳定。随着持续的土壤抽提，自由相消失，然后抽提气体浓度会开始下降。抽提气体浓度取决于污染物在其他三种相态中的分配：随着气体流过孔隙并带走污染物；溶解在土壤水分中的污染物会有很强的从液相挥发到孔隙中的趋势；同时，污染物还会从土壤颗粒表面解吸进入土壤水分中（假设土壤颗粒被湿润层覆盖）。因此，随着抽提过程的继续，三种相态的污染物浓度均会下降。

这些现象说明了单一组分污染场地的普遍特点。SVE 还广泛应用于汽油等混合物污染场地。在这些情况下，气体浓度从抽提开始后就会连续下降，一般不存在项目开始时气体浓度恒定的阶段。这是因为混合物中各种物质的蒸气压不同，更易挥发的物质倾向于更早离开自由相、土壤水分和土壤表面，从而更早地被抽出。表 5.1 给出了汽油和风蚀汽油的分子量和 20 ℃ 的蒸气压，以及平

衡状态下的饱和蒸气压。

表 5.1 汽油及风蚀汽油的物理参数

混合物	分子量	20 ℃的 P^{vap}（atm）	饱和蒸气浓度 G_{rest}	
			ppmV	mg/L
汽油	95	0.34	340000	1343
风蚀汽油	111	0.049	49000	220

引自文献[3]。

计算抽提气体与自由相平衡时初始浓度的步骤如下。

步骤 1：获得污染物的蒸气压数据（如从表 2.5 中获得）。

步骤 2：计算自由相中各物质的摩尔分数。对于纯物质，设 x_A=1；对于混合物，按照 2.2.4 节所述步骤。

步骤 3：应用公式（5.1）来计算蒸气压。

步骤 4：如有需要，应用公式（2.1）将体积浓度换算为质量浓度。

计算过程所需的信息包括：

- 污染物的蒸气压；
- 污染物的分子量。

案例 5.1 计算汽油的饱和蒸气浓度

应用表 5.1 的信息来计算两个 SVE 项目的最大汽油气体浓度，两块场地均受到汽油泄漏事故的污染，第一块场地是刚刚发生的泄漏，第二块场地是 3 年前发生的泄漏。

解答：

第一块汽油污染场地（新鲜汽油）：

a. 由表 5.1 可知，汽油在 20 ℃的蒸气压为 0.34 atm。应用公式（5.1）计算孔隙空间的汽油分压为

$$P_A = \left(P^{vap}\right)(x_A) = (0.34 \text{ atm}) \times 1.0 = 0.34 \text{ atm}$$

因此，空气中的汽油分压为 0.34 atm（=340000×10^{-6} atm），也就是相当于 340000 ppmV。应用公式（2.1）将 ppmV 浓度换算为 20 ℃时的质量浓度，有

$$1\text{ ppmV 汽油} = (\text{汽油的分子量}/24.05)\text{ mg/m}^3$$
$$= (95/24.05)\text{mg/m}^3 = 3.95\text{ mg/m}^3$$

所以
$$340000\text{ ppmV} = 340000 \times (3.95\text{ mg/m}^3) = 1343000\text{ mg/m}^3 = 1343\text{ mg/L}$$

第二块汽油污染场地（风蚀汽油）：

b. 风蚀汽油的蒸气压为 0.049 atm，相当于 49000 ppmV。应用公式（2.1）将 ppmV 浓度换算为 20 ℃时的质量浓度，有

$$1\text{ ppmV 风蚀汽油} = (\text{风蚀汽油的分子量}/24.05)\text{ mg/m}^3$$
$$= (111/24.05)\text{mg/m}^3 = 4.62\text{ mg/m}^3$$

所以
$$49000\text{ ppmV} = 49000 \times (4.62\text{ mg/m}^3) = 226000\text{ mg/m}^3 = 226\text{ mg/L}$$

讨论

1. 风蚀汽油的饱和蒸气压是新鲜汽油的几分之一？在该案例中约为 1/7。
2. 计算出的蒸气浓度与表 5.1 所列出的数据本质上是相同的。

案例 5.2　计算二元混合物的饱和蒸气浓度

某场地受到工业溶剂的污染，溶剂中含有质量浓度 50%的甲苯和 50%的二甲苯。考虑采用 SVE 技术来修复该场地，设该场地的地层温度为 20 ℃，计算抽提气体的最大气体浓度。

解答：

a. 从表 2.5 可查得以下物理化学参数：甲苯的分子量为 92.1，二甲苯的分子量为 106.2，甲苯的 P^{vap} 为 22 mmHg，二甲苯的 P^{vap} 为 10 mmHg。

b. 甲苯在溶剂中的摩尔分数为（基准 = 1000 g 溶剂）：
　　甲苯的摩尔数=质量/分子量= (50%×1000) / 92.1 = 5.43 mol
　　二甲苯的摩尔数=质量/分子量= (50%×1000) / 106.2 = 4.71 mol
　　甲苯的摩尔分数=5.43/(5.43 + 4.71) = 0.536
　　二甲苯的摩尔分数= 1−0.536 = 0.464

c. 应用公式（5.1）计算饱和蒸气压，有
$$P_{\text{甲苯}} = (P^{vap})(x_A) = (22\text{ mmHg}) \times 0.536 = 11.79\text{ mmHg} = 0.0155\text{ atm}$$

因此，甲苯的分压为 0.0155 atm，则其浓度为 15500 ppmV。
$$P_{二甲苯} = \left(P^{vap}\right)(x_A) = (10 \text{ mmHg}) \times 0.464 = 4.64 \text{ mmHg} = 0.0061 \text{ atm}$$
因此，二甲苯的分压为 0.0061 atm，则其浓度为 6100 ppmV。
抽提气体中甲苯的体积分数（或摩尔分数）=15500/(15500 + 6100) = 71.8%

d. 应用公式（2.1）将体积浓度换算为质量浓度，有

$$1 \text{ ppmV 甲苯} = 92.1/24.05 = 3.83 \text{ mg/m}^3$$

所以

$$15500 \text{ ppmV} = 15500 \times (3.83 \text{ mg/m}^3) = 59400 \text{ mg/m}^3 = 59.4 \text{ mg/L}$$
$$1 \text{ ppmV 二甲苯} = 106.2/24.05 = 4.42 \text{ mg/m}^3$$

所以

$$6100 \text{ ppmV} = 6100 \times (4.42 \text{ mg/m}^3) = 27000 \text{ mg/m}^3 = 27.0 \text{ mg/L}$$

抽提气体中甲苯的质量分数= 59.4/(59.4+27.0) =68.8%

讨论

1. 抽提气体中甲苯的质量浓度为 68.8%，体积浓度为 71.8%。两者均高于其在溶液中 50%的质量浓度。甲苯在气体中占比例更高主要是由于其蒸气压较高。

2. 抽提气体的实际浓度会低于其饱和蒸气压，因为：①不是所有的空气都经过了污染区域；②存在传质限制。

前面提到是否存在自由相会大大影响抽提气体的浓度。第 2 章中的公式（2.40）可以作为讨论的起点。公式（2.40）如下：

$$X = \left\{\frac{\left[(\phi_w) + (\rho_b)K_p + (\phi_a)H\right]}{\rho_t}\right\}C$$

$$= \left\{\frac{\left[\dfrac{(\phi_w)}{H} + \dfrac{(\rho_b)K_p}{H} + (\phi_a)\right]}{\rho_t}\right\}C$$

假设土壤里污染物对应的饱和浓度（X_{sat}）达到了土壤颗粒吸附、土壤水分溶解度，以及土壤孔隙气体饱和度的限值。在此饱和浓度之上，自由相就会形成。可以将公式（2.40）中的 C 替换为污染物在水中的溶解度（S_w），将 G 替换为自由相在平衡状态下的蒸气浓度（G_{sat}），有

$$X = \frac{\left\{\left[(\phi_w)+(\rho_b)K_p+(\phi_a)H\right]\right\}S_w}{\rho_t}$$

$$= \frac{\left\{\left[\dfrac{(\phi_w)}{H}+\dfrac{(\rho_b)K_p}{H}+(\phi_a)\right]\right\}G_{sat}}{\rho_t} \quad (5.2)$$

可采用如下步骤来确定是否存在自由相。

步骤1：获得污染物的物理化学数据（如从表2.5）。

步骤2：假设存在自由相，应用公式（5.1）计算饱和蒸气压。

步骤3：应用公式（2.1）将饱和气体浓度换算为质量浓度。

步骤4：应用公式（2.28）计算 K_{oc}，应用公式（2.26）计算 K_p。

步骤5：应用公式（5.2）和步骤3算出的气体浓度（或通过公式（5.2）和污染物在水中的溶解度）进而计算土壤中的污染物浓度。

步骤6：如果步骤5得出的土壤中污染物饱和浓度小于土壤样品中污染物的浓度，说明存在自由相。

计算过程所需的信息包括：

- 污染物的蒸气压（或其水中的溶解度）；
- 污染物的分子量；
- 污染物的亨利常数；
- 有机物的辛醇-水分配系数 K_{ow}；
- 有机质含量 f_{oc}；
- 孔隙度 ϕ；
- 水饱和度；
- 土壤干堆积密度 ρ_b；
- 土壤总堆积密度 ρ_t。

> **案例5.3　用饱和蒸气浓度判断地下是否存在自由相**

某场地受到 1,1-二氯乙烷（1,1-DCA）泄漏的污染，污染区域内土壤样品的1,1-DCA 浓度为 6000~9000 mg/kg。地层特性如下：

孔隙度=0.4；

土壤中有机质含量=0.02；

水饱和度=30%；

地层温度=20 ℃；

土壤干堆积密度=1.6 g/cm^3；

土壤总堆积密度=1.8 g/cm^3。

判断地下是否存在自由相 1,1-DCA，如果不存在自由相 1,1-DCA，土壤中的最大污染物浓度会是多少？

解答：

a. 从表 2.5 可查得 1,1-DCA 的物理化学参数：分子量为 99.0，亨利常数 H 为 4.26 atm/M，P^{vap} 为 180 mmHg，$\lg K_{ow}$ 为 1.80。

b. 应用公式（5.1）计算 1,1-DCA 的饱和蒸气压，有

$$P^{vap}=180 \text{ mmHg}=0.237 \text{ atm}$$，则其浓度为 237000 ppmV。

c. 应用公式（2.1）将 1,1-DCA 饱和气体浓度换算为质量浓度，有

$$1 \text{ ppmV} = 99.0/24.05 = 4.12 \text{ mg/m}^3$$

所以

$$G = 237000 \text{ ppmV} = 237000 \times (4.12 \text{ mg/m}^3) = 976000 \text{ mg/m}^3 = 976 \text{ mg/L}$$

d. 应用表 2.4 将亨利常数换算成无量纲值，有

$$H^* = H/RT = 4.26/[0.082 \times (273+20)] = 0.177 \text{（无量纲）}$$

应用公式（2.28）计算 K_{oc}，有

$$K_{oc} = 0.63 K_{ow} = 0.63 \times 10^{1.80} = 0.63 \times 63.1 = 39.8$$

应用公式（2.26）计算 K_p，有

$$K_p = f_{oc} K_{oc} = 0.02 \times 39.8 = 0.795 \text{ L/kg}$$

e. 应用公式（5.2）计算土壤中 1,1-DCA 的浓度，有

$$X_{sat} = \left[\frac{\dfrac{(\phi_w)}{H} + \dfrac{(\rho_b) K_p}{H} + (\phi_a)}{\rho_t} \right] G_{sat}$$

$$X_{sat} = \left[\frac{0.4 \times 30\%}{0.177} + \frac{1.6 \times 0.795}{0.177} + 0.4 \times (1-30\%) \right]/(1.8) \times (976)$$

$$= 4416 \text{ mg/kg}$$

该结果代表了在 1,1-DCA 自由相不存在的情况下，土壤中 1,1-DCA 的最大浓度。

f. 由于计算出的 1,1-DCA 浓度 4416 mg/kg 小于土壤样品中 1,1-DCA 的浓度，该场地应该存在自由相 1,1-DCA。

案例 5.4 用水中的溶解度判断地下是否存在自由相

根据案例 5.3 中讨论的场地，利用 1,1-DCA 在水中的溶解度判断地下是否存在 1,1-DCA 的自由相。如果不存在自由相 1,1-DCA，土壤中的最大污染物浓度会是多少？

解答：

a. 从表 2.5 可查得，1,1-DCA 在水中的溶解度为 5500 mg/L。
b. 应用公式（2.37）可计算土壤中 1,1-DCA 的浓度，有

$$X_{sat} = \left[\frac{(\phi_w) + (\rho_b)K_p + (\phi_a)H}{\rho_t}\right]S_w$$

$$= [0.4 \times 30\% + 1.6 \times 0.795 + 0.4 \times (1-30\%) \times 0.177]/1.8 \times (5500)$$

$$= 4405 \text{ mg/kg}$$

该结果代表了在 1,1-DCA 自由相不存在的情况下，土壤中 1,1-DCA 的最大浓度。

c. 由于计算的 1,1-DCA 的浓度为 4405 mg/kg，这小于土壤样品中 1,1-DCA 的浓度，该场地应该存在自由相 1,1-DCA。

讨论

案例 5.3 和案例 5.4 中对土壤饱和浓度的估算值基本相同。

如果场地内不存在自由相，则可采用如下步骤来计算抽提气体浓度。

步骤 1：获得污染物的物理化学数据（如从表 2.5 获得）；

步骤 2：应用公式（2.28）计算 K_{oc}，应用公式（2.26）计算 K_p；

步骤 3：应用公式（2.40）及土壤中污染物浓度计算气体浓度。

计算过程所需的信息包括：

- 土壤样品的污染物浓度；
- 污染物的亨利常数；

- 有机物的辛醇 水分配系数 K_{ow}；
- 有机质含量 f_{oc}；
- 孔隙度 ϕ；
- 水饱和度；
- 土壤干堆积密度 ρ_b；
- 土壤总堆积密度 ρ_t。

案例 5.5 计算抽提气体浓度（不存在自由相）

某场地受到苯泄漏的污染，污染区域内采集的土壤样品的平均苯浓度为 500 mg/kg。地层特性如下：

孔隙度= 0.35；
土壤中有机质含量= 0.03；
水饱和度= 45%；
地层温度= 25 ℃；
土壤干堆积密度= 1.6 g/cm³；
土壤总堆积密度= 1.8 g/cm³。

计算 SVE 项目开始时的抽提气体浓度。

解答：

a. 从表 2.5 可查得苯的物理化学参数：分子量为 78.1，亨利常数 H 为 5.55 atm/M，P^{vap} 为 95.2 mmHg，$\lg K_{ow}$ 为 2.13。

b. 应用表 2.4 将亨利常数换算成无量纲值，有

$$H^* = H/RT = 5.55/[0.082 \times (273+25)] = 0.23 \,(无量纲)$$

应用公式（2.28）计算 K_{oc}，有

$$K_{oc} = 0.63 K_{ow} = 0.63 \times 10^{2.13} = 0.63 \times 135 = 85$$

应用公式（2.26）计算 K_p，有

$$K_p = f_{oc} K_{oc} = 0.03 \times 85 = 2.6 \text{ L/kg}$$

c. 应用公式（2.40）计算与土壤中苯浓度相平衡的气体浓度，有

$$X = \left[\frac{\dfrac{(\phi_w)}{H} + \dfrac{(\rho_b)K_p}{H} + (\phi_a)}{\rho_t}\right] G$$

$$500 = \left[\frac{\dfrac{0.35 \times 45\%}{0.23} + \dfrac{1.6 \times 2.6}{0.23} + 0.35 \times (1-45\%)}{1.8}\right] G$$

从而

$$G = 47.5 \text{ mg/L} = 47500 \text{ mg/m}^3$$

d. 应用公式（2.1）将气体浓度换算为体积浓度，有

25 ℃时：1 ppmV 苯 = 78.1/24.5 = 3.2 mg/m^3

47500 mg/m^3 = 47500/3.2 = 14800 ppmV

讨论

抽提气体的实际浓度会低于 14800 ppmV，因为不是所有的空气都经过了污染区域，且上述计算中没有考虑传质限制。

案例 5.6 计算抽提气体浓度（不存在自由相）

根据案例 5.5 中讨论的场地，假设在三个月的土壤通风后，污染区域取的土壤样品的平均苯浓度降至 250 mg/kg。计算土壤抽提气体的浓度。

解答：

由于平衡常数（如 K_p 和 H）保持不变，同时假设体积含水率也保持恒定，当土壤样品中的苯浓度下降至其初始浓度的一半时（由 500 mg/kg 下降到 250 mg/kg），抽提气体浓度（G）也会下降至初始浓度的一半。可从以下计算中证实。

应用公式（2.40）计算与土壤中苯浓度为 250 mg/kg 时的气相浓度，有

$$250 = \left[\frac{\dfrac{0.35 \times 45\%}{0.23} + \dfrac{1.6 \times 2.6}{0.23} + 0.35 \times (1-45\%)}{1.8}\right] G$$

从而

$$G = 47.5 \times (250/500) = 23.75 \text{ mg/L} = 23750 \text{ mg/m}^3 = 7400 \text{ ppmV}$$

讨论

1. 由于本书中的平衡关系均为线性关系（$G=HC$，$S=K_pC$），因此 X 与 G 也为线性关系。

2. 传质限制在土壤浓度较低时会起到更关键的作用，并会使抽提气体浓度小于计算值。

5.2.3 影响半径和压强分布

原位土壤气相抽提系统设计的主要任务之一是基于影响半径（R_I）来确定气体抽提井的数量和位置。R_I 可定义为抽提井至压降极小处的距离（$P@R_I \approx 1\ atm$）。针对特定场地最精确的 R_I 值应通过稳态中试试验来确定，将抽提井和观测井的压降对其距离作半对数图，从而确定抽提井的 R_I。该方法与 2.4.3 节中抽水试验所采用的距离-水位降深法相类似。R_I 通常选择压降小于抽提井真空度 1%处的距离。也可以应用描述地下气流的流动方程来分析现场试验数据。地层通常是不均质的，其中的气体流动非常复杂。作为简化近似，在均质且参数恒定的可渗透地层中，可以推导出完全封闭的气体径向流系统的流动方程[1~4]。文献[1]~[4]是 SVE 章节中各环节的基础。

对于存在边界条件的稳态径向流（$P=P_w@r=R_w$，$P=P_{atm}@r=R_I$），地层中的压强分布可由下式导出：

$$P_r^2 - P_w^2 = \left(P_{RI}^2 - P_w^2\right) \frac{\ln(r/R_w)}{\ln(R_I/R_w)} \qquad (5.3)$$

式中，P_r 为距离气相抽提井 r 处的压强；P_w 为气相抽提井的压强；P_{RI} 为影响半径处的压强（大气压或某预设值）；r 为与气相抽提井的距离；R_I 为影响半径，此处压强等于大气压或某预设值；R_w 为气相抽提井的半径。

如果已知抽提井和监测井（或两口监测井）的压降，则可用公式（5.3）计算气相抽提井的 R_I，公式中并不涉及气体流量和地层渗透性。在 5.2.4 节还将介绍通过气相抽提速率和抽提井压降来计算 R_I 的方法。

如果没有进行中试试验，则通常基于以往经验来进行估计。文献中报告的 R_I 值范围为 9~30 m，抽提井的压强范围为 0.90~0.95 atm[3]。浅井、低渗透性的地层、低的抽提井真空度，通常对应更小的 R_I 值。

案例 5.7　根据压降数据（单位为 atm）来计算土壤抽提井的影响半径

根据以下信息来计算土壤抽提井的影响半径：

抽提井的压强= 0.9 atm；

距离抽提井 9 m 处监测井的压强= 0.98 atm；

抽提井的直径= 10.16 cm（4 英寸）。

解答：

a. 定义 R_I 为压强等于大气压的位置。应用公式（5.3）计算 R_I，有

$$P_r^2 - P_w^2 = \left(P_{RI}^2 - P_w^2\right) \frac{\ln(r/R_w)}{\ln(R_I/R_w)}$$

$$(0.98)^2 - (0.9)^2 = \left(1.0^2 - 0.9^2\right) \frac{\ln\left[9/(0.1016/2)\right]}{\ln\left[R_I/(0.1016/2)\right]}$$

$$R_I = 35.18 \text{ m}$$

b. 作为对比，定义 R_I 为压降等于 1%抽提井真空度的位置。抽提井的真空度为 1-0.9=0.1 atm，因此，P_{RI}= 1− 0.1×1% =0.999 atm。则

$$(0.98)^2 - (0.9)^2 = \left(0.999^2 - 0.9^2\right) \frac{\ln\left[9/(0.1016/2)\right]}{\ln\left[R_I/(0.1016/2)\right]}$$

$$R_I = 32.84 \text{ m}$$

讨论

案例 5.7（b）中的 R_I 为 32.84 m，比案例 5.7（a）中的 R_I 约小 7%。

案例 5.8　根据压降数据（单位为厘米水柱）来计算土壤抽提井的影响半径

根据以下信息来计算土壤抽提井的影响半径：

抽提井的真空度= 122 厘米水柱；

距离抽提井 12 m 处监测井的真空度= 20 厘米水柱；

气相抽提井的直径=10.16 cm（4 英寸）。

分析：

压强数据以厘米水柱表示，需要转换为大气压单位，1 atm 相当于 10.33 米水柱。

解答：

a. 抽提井的压强 = 122 厘米水柱（真空度）

$= 10.33-(122/100) = 9.11$ 米水柱 $= (9.11/10.33) = 0.88$ atm

监测井的压强 = 20 厘米水柱（真空度）

$= 10.33-(20/100) = 10.13$ 米水柱 $= (10.13/10.33) = 0.98$ atm

b. 定义 R_I 为 P 等于大气压的位置。应用公式（5.3）计算 R_I，有

$$(0.98)^2 - (0.88)^2 = (1.0^2 - 0.88^2)\frac{\ln[12/(0.1016/2)]}{\ln[R_I/(0.1016/2)]}$$

$$R_I = 38.41 \text{ m}$$

c. 作为对比，定义 R_I 为压降等于 1% 抽提井真空度的位置，则

$$P_{RI} = 1-(1-0.88)\times 1\% = 0.9988 \text{ atm}$$

$$(0.98)^2 - (0.88)^2 = (0.9988^2 - 0.88^2)\frac{\ln[12/(0.1016/2)]}{\ln[R_I/(0.1016/2)]}$$

$$R_I = 35.80 \text{ m}$$

讨论

案例 5.8（c）中的 R_I 为 35.80 m，比案例 5.8（b）中的 R_I 约小 7%。

案例 5.9 计算 SVE 监测井内的压降

根据案例 5.8 给出的压降数据来计算距离抽提井 6 m 处一口监测井的压降（真空度）。

分析：

案例 5.8 给出的压强数据为：①抽提井的 $P = 0.88$ atm；②12 m 处监测井的 $P = 0.98$ atm；③R_I 处的 $P = 1$ atm。可以使用以上三个数据中的任意两个来计算距离抽提井 6 m 处监测井的压降。

解答：

a. 首先，使用抽提井和 $r = 12$ m 处监测井的数据。应用公式（5.3）计算 $r = 6$ m 处监测井的压强，有

$$P_r^2 - (0.88)^2 = (0.98^2 - 0.88^2) \frac{\ln[6/(0.1016/2)]}{\ln[12/(0.1016/2)]}$$

P_r = 0.968 atm = 10.00 米水柱（真空度）

b. 也可以使用抽提井的数据及 R_I，应用公式（5.3）计算 r = 6 m 处监测井的压强，有

$$P_r^2 - (0.88)^2 = (1.0^2 - 0.88^2) \frac{\ln[6/(0.1016/2)]}{\ln[38.41/(0.1016/2)]}$$

P_r = 0.968 atm = 10.00 米水柱（真空度）

c. 也可以使用 r = 12 m 处监测井的数据及 R_I，应用公式（5.3）计算 r = 6 m 处监测井的压强，有

$$P_r^2 - (0.98)^2 = (1.0^2 - 0.98^2) \frac{\ln(6/12)}{\ln(38.41/12)}$$

P_r = 0.968 atm = 10.00 米水柱（真空度）

讨论

以上三种方法计算出相同的结果。

5.2.4 气体流量

在均质土壤系统中的径向达西流速 u_r 可表示为[2]

$$u_r = \left(\frac{k}{2\mu}\right) \frac{\left[\dfrac{P_w}{r \ln(R_w/R_I)}\right]\left[1 - \left(\dfrac{P_{RI}}{P_w}\right)^2\right]}{\left\{1 + \left[1 - \left(\dfrac{P_{RI}}{P_w}\right)^2\right] \dfrac{\ln(r/R_w)}{\ln(R_w/R_I)}\right\}^{0.5}} \quad (5.4)$$

其中，u_r 为距离抽提井 r 处的气体流速。当上式中 r 取 R_w 时，即得到井壁处流速 u_w 为

$$u_w = \left(\frac{k}{2\mu}\right)\left[\frac{P_w}{R_w \ln(R_w/R_I)}\right]\left[1 - \left(\frac{P_{RI}}{P_w}\right)^2\right] \quad (5.5)$$

进入抽提井的气体流量 Q_w 为

$$Q_w = 2\pi R_w u_w H = H\left(\frac{\pi k}{\mu}\right)\left[\frac{P_w}{\ln(R_w/R_I)}\right]\left[1-\left(\frac{P_{RI}}{P_w}\right)^2\right] \quad (5.6)$$

式中，H 为抽提井的开孔区间。

应用下式可将进入抽提井的气体流量换算为排放至大气中的流量流量 Q_{atm}（当 $P = P_{atm} = 1$ atm 时），有

$$Q_{atm} = \left(\frac{P_{井}}{P_{atm}}\right)Q_{井} \quad (5.7)$$

案例 5.10 计算 SVE 井的抽提气体流量

在场地内有一口抽提井（直径 10.16 cm，即 4 英寸），抽提井的压强为 0.9 atm，影响半径为 15 m。

根据以下信息，计算单位井筛长度内进入抽提井的稳态流量、井内气体流量及抽提泵的排气量：

地层渗透率= 1 Darcy；

井筛长度= 6 m；

空气粘度= 0.018 厘泊；

地层温度= 20 ℃。

分析：

首先需要进行一些单位换算，有

1 atm = 1.013×10^5 N/m^2；

1 Darcy = 10^{-8} cm^2 = 10^{-12} m^2；

1 泊= 100 厘泊= 0.1 N/s/m^2；

因此，0.018 厘泊= 1.8×10^{-4} 泊 = 1.8×10^{-5} N/s/m^2。

解答：

a. 应用公式（5.5）计算井壁处的气体流速为

$$u_w = \left(\frac{k}{2\mu}\right)\left[\frac{P_w}{R_w \ln(R_w/R_I)}\right]\left[1-\left(\frac{P_{RI}}{P_w}\right)^2\right]$$

$$= \left(\frac{10^{-12}}{2\times 1.8\times 10^{-5}}\right)\left[\frac{0.9\times 1.013\times 10^5}{(0.1016/2)\times \ln[(0.1016/2)/15]}\right]\left[1-\left(\frac{1}{0.9}\right)^2\right]$$

$$= (2.78\times 10^{-8})\times(-3.15\times 10^5)\times(-0.2346)$$

$$= 2.05\times 10^{-3}\,\text{m/s} = 0.123\,\text{m/min} = 177\,\text{m/d}$$

b. 应用公式（5.6）计算单位井筛区间内进入的气体流量，有

$$\frac{Q_w}{H} = 2\pi R_w u_w = 2\pi(0.1016/2\,\text{m})\times(0.123\,\text{m/min})$$

$$= 0.039\,\text{m}^2/\text{min}$$

c. 井内气体流量 $=(Q_w/H)\times H = (0.039\,\text{m}^2/\text{min})\times(6\,\text{m}) = 0.24\,\text{m}^3/\text{min}$

d. 应用公式（5.7）计算抽提泵的排气流量

$$Q_{atm} = \left(\frac{P_井}{P_{atm}}\right)Q_井 = \left(\frac{0.9}{1}\right)\times 0.24$$

$$= 0.216\,\text{m}^3/\text{min}$$

讨论

注意在公式（5.6）中使用统一的单位。在上述计算中，压强单位为 N/m^2，距离单位为 m，渗透率单位为 m^2，黏度单位为 $N\cdot s/m^2$。因此，计算出的速度单位为 m/s。

案例5.11 根据抽提气体流量计算土壤抽提井的影响半径

在场地内有一口抽提井（直径10.16 cm，即4英寸），抽提井的压强为0.9 atm，影响半径为15 m。根据案例5.10，计算出井壁处达西径向流速为 177 m/d。使用公式（5.4）求在离抽提井6 m处的达西径向流速。

解答：

a. 根据公式（5.4）求离抽提井6 m处的达西径向流速，有

$$u_r = \left(\frac{10^{-12}}{2(1.8\times 10^{-5})}\right) \frac{\left[\frac{0.9\times(1.013\times 10^5)}{6\times \ln[(0.1016/2)/15]}\right]\left[1-\left(\frac{1}{0.9}\right)^2\right]}{\left\{1+\left[1-\left(\frac{1}{0.9}\right)^2\right]\frac{\ln[6/(0.1016/2)]}{\ln[(0.1016/2)/15]}\right\}^{0.5}}$$

$= (2.78\times 10^{-8})\times(-2.64\times 10^3)\times(-0.2346)/(1.197)^{0.5}$

$=1.574\times 10^{-5}$ m/s $= 9.44\times 10^{-4}$ m/min $= 1.36$ m/d

b. 作为比较,达西径向流速也可以通过公式 $Q = (2\pi r_1 H)v_1 = (2\pi r_2 H)v_2$ 来计算 (假设气体为不可压缩气体且径向流为一维)。因此有 $r_1 v_1 = r_2 v_2$,即

(0.1016/2 m)×(177 m/d) = (6 m)v_2(v_2 是 6 m 处的达西径向流速)

$v_2 = 1.48$ m/d

讨论

1. 案例 5.11 中(a)和(b)的结果应该一致。实际结果的区别来自截断误差。
2. 在 6 m 处的达西径向流速相对较低,约为 1.4 m/d。

> **案例 5.12　根据抽提气体流量计算土壤抽提井的影响半径**

根据以下信息来计算土壤抽提井的影响半径:

抽提井的压强= 0.85 atm;

测得抽提泵的排气流量= 0.21 m³/min;

井筛长度= 4 m;

抽提井的直径= 0.1 m;

地层渗透率= 1.0 Darcy;

空气粘度= 1.8×10^{-4} 泊;

地层温度= 20 ℃。

分析:

本问题可视为案例 5.10 的逆运算,案例 5.10 是根据影响半径来计算抽提气体流量,而本题则是根据气体流量来计算影响半径。与前面的例子一样,首先需要进行一些单位换算:

1 atm = 1.013×10^5 N/m²;

1 Darcy = 10^{-8} cm² = 10^{-12} m²;

1 泊 = 100 厘泊 = 0.1 N/s/m²；

因此，1.8×10⁻⁴ 泊 = 1.8×10⁻⁵N/s/m²。

解答：

a．应用公式（5.7）计算进入抽提井的气体流量，有

$$Q_{atm} = \left(\frac{P_{井}}{P_{atm}}\right)Q_{井} = 0.21 = \left(\frac{0.85}{1}\right)Q_{井}$$

$$Q_{井} = 0.24 \text{ m}^3/\text{min} = 0.004 \text{ m}^3/\text{s}$$

b．应用公式（5.6）计算影响半径，有

$$\frac{Q_w}{H} = \frac{0.004}{4} = \left(\frac{\pi k}{\mu}\right)\left[\frac{P_w}{\ln(R_w/R_I)}\right]\left[1-\left(\frac{P_{RI}}{P_w}\right)^2\right]$$

$$= \left(\frac{\pi(10^{-12})}{1.8 \times 10^{-5}}\right)\left[\frac{0.85 \times (1.013 \times 10^5)}{\ln(0.05/R_I)}\right]\left[1-\left(\frac{1}{0.85}\right)^2\right]$$

$$R_I = 16.04 \text{ m}$$

 讨论

本例中使用统一的单位是正确计算的关键。特别需要注意的是，给出的流量单位为 m³/min，需要换算成 m³/s 以匹配公式（5.6）中的速度单位。

▶ **案例 5.13　计算冲洗单位孔隙体积需要的时间**

一个 SVE 井安装于污染羽的中心，气体抽提速率为 0.54 m³/min。假设在该井处形成了理想的影响半径为 15 m、厚度为 6 m 的径向流，求捕获区内冲洗一个孔隙体积需要的时间。场地土壤孔隙度为 0.4，体积含水率为 0.15。

解答：

受抽提井影响的捕获区体积为

$$\pi(R_I)^2 H = (\pi)(15)^2 \times 6 = 4241 \text{ m}^3$$

空气孔隙体积=土壤体积×有效孔隙度=土壤体积×(总孔隙度-体积含水率)

$$= 4241 \times (0.4-0.15) = 1060 \text{ m}^3$$

冲洗一个孔隙体积需要的时间=孔隙体积/空气流速= 1060/0.54 = 1963 min

讨论

1. 气体抽提速率 0.54 m³/min 为在体表测得的流速。地下实际流速在负压状态下应该比该值稍高。

2. 本案例中假设的理想径流在实际中不存在,即实际冲洗单位孔隙体积需要的时间要远大于 1963 min。

5.2.5 污染物去除速率

可以通过抽提气体流量(Q)和气体浓度(G)的乘积来计算污染物的去除速率($R_{去除}$)

$$R_{去除} = (G)(Q) \tag{5.8}$$

注意:G 和 Q 的单位应一致,且 G 以质量浓度单位表示。如果存在自由相,则应用公式(5.1)来计算初始气体浓度;如果不存在自由相,则应用案例 5.5 所示的步骤来计算抽提气体浓度。值得再次提醒的是,计算得到的气体浓度是平衡状态的理论值,由于不是所有的空气都经过了污染区域且存在传质限制(在大多数情况下系统不会达到平衡),实际值仅为计算值的几分之一。尽管如此,计算值所提供的信息也很有价值,可以将计算值与取样得到的实际数据相比较,建立它们的对应关系,从而校准、调整计算值,用于以后的预测。

例如,如果已知气流中通过污染物区域的百分比为 η,则公式(5.8)可改写为

$$R_{去除} = [(\eta)(G)](Q) \tag{5.9}$$

公式(5.9)算出的去除速率代表了气体浓度的上限,因为其没有考虑传质限制。如果因子 η 考虑了气流中通过污染区域的百分比及传质限制,则可认为因子 η 为综合效率因子。

可采用如下步骤来计算污染物去除速率。

步骤 1:通过现场测量或者 5.2.4 节所述步骤来计算抽提气体流量。

步骤 2:如果存在自由相,则应用公式(5.1)来计算抽提气体浓度;如果不存在自由相,则应用案例 5.5 所示的步骤来计算抽提气体浓度。

步骤 3:应用公式(2.1)将气体浓度换算为质量浓度。

步骤 4:使用综合效率因子 η 来调整步骤 3 计算出的浓度。

步骤 5:将步骤 1 得出的气体流量与步骤 4 得出的调整后浓度相乘,得到污染物去除速率。

计算过程所需的信息包括：

- 抽提气体流量 Q；
- 抽提气体浓度 G；
- 相对于理论去除速率的综合效率因子 η。

案例 5.14　计算污染物去除速率（存在自由相）

某加油站最近发生了汽油泄漏导致土壤污染，在场地内有一口土壤抽提井（直径 10.16 cm，即 4 英寸）来进行修复。抽提井压强为 0.9 atm，影响半径为 15 m。通过修复调查和中试试验获得以下数据：

地层渗透率= 1 Darcy；

井筛长度= 6 m；

空气粘度= 0.018 厘泊；

地层温度= 20 ℃。

计算在项目启动时的污染物去除速率。

解答：

a. 本案例中的压降数据与案例 5.10 相同，则可算出气体流量为 0.216 m³/min。

b. 若自由相存在，则新鲜汽油对应的饱和蒸气浓度为 1340000 ppmV 或 1343 g/m³（见案例 5.1）；另外，风蚀汽油对应的饱和蒸气浓度为 49000 ppmV 或 226 g/m³。

c. 假设综合效率因子 η 为 1，应用公式（5.9）计算去除速率，有

$$R_{去除} = [(\eta)(G)](Q) = [1.0 \times (1343 \text{ g/m}^3)] \times (0.216 \text{ m}^3/\text{min})$$
$$= 290 \text{ g/min} = 418 \text{ kg/d}　（对于新鲜汽油）$$

$$R_{去除} = [1.0 \times (226 \text{ g/m}^3)] \times (0.216 \text{ m}^3/\text{min}) = 48.8 \text{ g/min}$$
$$= 70 \text{ kg/d}　（对于风蚀汽油）$$

讨论

1. 本案例中的抽提气体流量相对较低，为 0.216 m³/min，然而计算出的理论去除速率是相当高的，新鲜汽油为 418 kg/d，风蚀汽油为 70 kg/d。如果去除速率能维持在这个水平，只需要几天就能将场地清理干净。遗憾的是，这在实际中无法实现。对于典型的 SVE 项目，通常需要几个月或者更长时间才能完成。综合效率因子在本例中

设为 1，在实际应用中真实值要远小于 1。

2. 由于汽油属于混合物，随着更易于挥发的组分首先离开地层，去除速率会下降（风蚀汽油的去除速率是新鲜汽油的 1/5）。然而，风蚀汽油对应的 70 kg/d 仍然比实际值高，因为计算中没有考虑传质限制。当自由相消失后去除速率会继续下降。

案例 5.15 计算污染物去除速率（不存在自由相）

某场地受到苯的污染，污染区域内采集土壤样品的平均苯浓度为 500 mg/kg。在场地内安装直径为 10.16 cm（4 英寸）的 SVE 系统，抽提井压强为 0.9 atm，影响半径为 15 m。通过修复调查和中试试验获得以下数据：

地层渗透率 = 1 Darcy；

井筛长度 = 6 m；

空气粘度 = 0.018 厘泊；

孔隙度 = 0.35；

有机质含量 = 0.03；

水饱和度 = 45%；

地层温度 = 20 ℃；

土壤干堆积密度 = 1.6 g/cm^3；

土壤总堆积密度 = 1.8 g/cm^3。

计算在项目启动时的污染物去除速率。

解答：

a. 本案例中的压降数据与案例 5.10 相同，则已算出气体流量为 0.216 m^3/min。

b. 本案例中的地质数据与案例 5.5 相同，则已算出抽提苯气体浓度为 47.5 mg/L 或 47.5 g/m^3。

c. 假设综合效率因子 η 为 1，应用公式（5.9）计算去除速率，有

$$R_{去除} = [(\eta)(G)](Q) = [1.0 \times (47.5 \text{ g/m}^3)] \times (0.216 \text{ m}^3/\text{min})$$
$$= 10.26 \text{ g/min} = 14.77 \text{ kg/d}$$

讨论

计算值 14.77 kg/d 是上限值，因为综合效率因子被取为 1。此外，随着 SVE 项目的进行，地下的污染物浓度会下降，去除速率也会随之下降。

5.2.6 清理时间

当确定了污染物去除速率,则可计算清理时间($T_{清理}$)为

$$T_{清理} = M_{泄漏}/R_{去除} \tag{5.10}$$

其中 $M_{泄漏}$ 为要去除的泄漏量。$M_{泄漏}$ 可通过下式计算:

$$M_{泄漏} = (X_{初始} - X_{目标})(M_s) = (X_{初始} - X_{目标})[(V_s)(\rho_t)] \tag{5.11}$$

式中,$X_{初始}$ 为土壤中初始的平均污染物浓度,$X_{目标}$ 为土壤修复目标值,M_s 为污染土壤的质量,V_s 为污染土壤的体积,ρ_b 为土壤总堆积密度。如果修复目标值相比初始污染物浓度非常低,则可从公式(5.11)中删掉 $X_{目标}$,作为设计时的安全系数。

以上两个公式看起来简单,然而由于污染物去除速率在变化,计算清理时间比较复杂。随着土壤中残留污染物的量不断减少,去除速率也在降低。一个解决方法是将清理时间分为几个时间段,计算每个时间段的去除速率及清理时间,则总清理时间为各个时间段的加和。该方法的详细步骤如下。

步骤 1:计算不存在自由相时的最大可能土壤污染物浓度 $X_{自由基}$ (见案例 5.3)。当土壤样品中的平均浓度超过 $X_{自由基}$ 时说明存在自由相,进入步骤 2;当样品中的平均浓度小于 $X_{自由基}$ 时说明不存在自由相,进入步骤 5。

步骤 2:应用公式 (5.1) 计算抽提气体浓度,应用公式 (5.9) 计算去除速率。

步骤 3:应用修改后的公式 (5.11) 计算自由相消失前去除的污染物质量,有

$$M_{去除} = (X_{初始} - X_{自由基})(M_s) = (X_{初始} - X_{自由基})[(V_s)(\rho_t)] \tag{5.12}$$

步骤 4:应用步骤 2 和步骤 3 的结果及公式 (5.10) 计算去除自由相所需的时间。

步骤 5:将 ($X_{自由基} - X_{目标}$) 值分为几个区间,使用每个区间的平均 X 值来计算气体浓度(见案例 5.5),再应用公式 (5.9) 计算去除速率。如果初始状态就没有自由相,则在本步骤中用 $X_{初始}$ 代替 $X_{自由基}$。

步骤 6:应用修改后的公式 (5.11) 计算每个区间去除的污染物质量,有

$$M_{去除} = (X_{开始} - X_{结束})(M_s) = (X_{开始} - X_{结束})[(V_s)(\rho_b)] \tag{5.13}$$

式中,$X_{开始}$ 和 $X_{结束}$ 分别为每个区间开始和结束时的浓度。

步骤 7:应用步骤 5 和步骤 6 的结果及修改公式 (5.10) 计算每个区间所需的清理时间。

步骤 8:将每个区间所需的时间累加得到总清理时间。

计算过程所需的信息包括：

- 土壤样品的污染物浓度；
- 污染物的亨利常数；
- 有机物的辛醇-水分配系数 K_{ow}；
- 有机质含量 f_{oc}；
- 孔隙度 ϕ；
- 水饱和度；
- 土壤干堆积密度 ρ_b；
- 土壤总堆积密度 ρ_t。

案例 5.16 计算清理时间（存在自由相）

某加油站最近发生的汽油泄漏导致了土壤污染，在场地内有一口土壤抽提井（直径 10.16 cm，即 4 英寸）来进行土壤修复。抽提井压强为 0.9 atm，影响半径为 15 m。

通过修复调查和中试试验获得以下数据：

  地层渗透率= 1 Darcy；
  井筛长度= 6 m；
  空气黏度= 0.018 厘泊；
  地层温度= 20 ℃；
  孔隙度= 0.35；
  土壤中有机质含量= 0.01；
  水饱和度= 40%；
  土壤干堆积密度= 1.6 g/cm³；
  土壤总堆积密度= 1.8 g/cm³；
  污染羽体积= 184 m³；
  土壤中的初始平均总石油烃浓度= 6000 mg/kg；
  所需的修复目标值= 100 mg/kg；
  相对于理论去除速率的综合效率因子= 0.11。

计算所需的清理时间。

解答：

a. 本案例中的压降数据与案例 5.10 相同，则已算出气体流量为 0.216 m³/min。

第一阶段：当存在自由相时

b. 计算自由相刚好去除时的土壤最大可能总石油烃浓度 $X_{自由基}$（使用案例

5.3 所示步骤）。由于没有汽油的亨利常数和 K_{ow} 数据，使用汽油的常见组分之一甲苯的数据作为近似值。应用表 2.4 将亨利常数换算成无量纲值，有

$$H^* = H/RT = 6.7/[0.082 \times (273+20)] = 0.28 （无量纲）$$

应用公式（2.28）计算 K_{oc}，有

$$K_{oc} = 0.63 K_{ow} = 0.63 \times 10^{2.73} = 0.63 \times 5.37 = 338$$

应用公式（2.26）计算 K_p，有

$$K_p = f_{oc} K_{oc} = 0.01 \times 338 = 3.4 \text{ L/kg}$$

应用风蚀汽油的饱和蒸气浓度 226 mg/L（见案例 5.1）及公式（5.2）计算，有

$$X_{自由基} = \frac{M_t}{V} = \left[\frac{(\varphi_w)}{H} + \frac{(\rho_b)K_p}{H} + (\varphi_a)\right] G$$

$$= \left[\frac{0.35 \times 40\%}{0.28} + \frac{1.6 \times 3.4}{0.28} + 0.35 \times (1-40\%)}{1.8}\right] \times 226$$

$$= 2528 \text{ mg/kg}$$

c. 应用公式（5.12）计算自由相消失前去除的污染物质量，有

$$M_s = (V_s)(\rho_b) = (184 \text{ m}^3) \times (1.8 \times 10^3 \text{ kg/m}^3) = 331200 \text{ kg}$$

$$M_{去除} = (X_{初始} - X_{自由基})(M_s) = (6000 \text{ mg/kg} - 2528 \text{ mg/kg}) \times (331200 \text{ kg})$$

$$= 1.150 \times 10^9 \text{ mg} = 1150 \text{ kg}$$

d. 应用公式（5.1）计算抽提气体浓度。由案例 5.1 可知，新鲜汽油和风蚀汽油的饱和汽油蒸气浓度分别为 1343 mg/L 和 226 mg/L。由于抽提气体中的 VOCs 浓度通常随时间呈指数下降，因此将这两个值的几何平均值作为该阶段的平均浓度，有

$$G = \sqrt{1343 \times 226} = 551 \text{ mg/L}$$

e. 应用公式（5.9）计算去除速率，有

$$R_{去除} = [(\eta)(G)(Q)] = [0.11 \times (551 \text{ g/m}^3)] \times (0.216 \text{ m}^3/\text{min})$$

$$= 13.1 \text{ g/min} = 18.85 \text{ kg/d}$$

f. 应用（c）和（e）的结果及公式（5.10）计算所需的清理时间，有

$$T_1 = M_{去除} / R_{去除} = (1150 \text{ kg})/(18.85 \text{ kg/d}) = 61.0 \text{ d}$$

第二阶段：当不存在自由相时

g. 在自由相去除后，土壤中的总石油烃浓度为 2528 mg/kg，相应的气体浓度理论值为 226 mg/L。本项目的土壤修复目标值为 100 mg/kg。2528 mg/kg

和 100 mg/kg 的平均值为 1314 mg/kg，以此划分为两个区间来计算所需的清理时间。前半区间为浓度从 2528 mg/kg 降低到 1314 mg/kg 所需的时间，后半区间为从 1314 mg/kg 降低到 100 mg/kg 所需的时间。

h. 应用公式（5.13）计算前半区间去除的污染物质量，有

$$M_{去除} = (X_{开始} - X_{结束})(M_s) = (2528 \text{ mg/kg} - 1314 \text{ mg/kg}) \times (331200 \text{ kg})$$
$$= 4.02 \times 10^8 \text{ mg} = 402 \text{ kg}$$

该区间开始时的气体浓度理论值为 226 mg/L（对应 2528 mg/kg），结束时的气体浓度理论值为（对应 1314 mg/kg），有

$$G_{结束} = 226 \times (1314/2528) = 117 \text{ mg/L}$$

将这两个值的几何平均值作为该区间的平均浓度，有

$$G = \sqrt{226 \times 117} = 163 \text{ mg/L}$$

应用公式（5.9）计算去除速率，有

$$R_{去除} = [(\eta)(G)](Q) = [0.11 \times (163 \text{ g/m}^3)] \times (0.216 \text{ m}^3/\text{min})$$
$$= 3.87 \text{ g/min} = 5.58 \text{ kg/d}$$

应用公式（5.10）计算所需的清理时间，有

$$T_2 = M_{去除} / R_{去除} = (402 \text{ kg}) / (5.58 \text{ kg/d}) = 72 \text{ d}$$

i. 后半区间去除的总石油烃质量与前半区间相同，均为 402 kg。该区间开始时的气体浓度理论值为 117 mg/L（对应 1314 mg/kg），结束时的气体浓度理论值为（对应 100 mg/kg），有

$$G_{结束} = 117 \times (100/1314) = 8.9 \text{ mg/L}$$

将这两个值的几何平均值作为该区间的平均浓度，有

$$G = \sqrt{117 \times 8.9} = 32.3 \text{ mg/L}$$

应用公式（5.9）计算去除速率，有

$$R_{去除} = [(\eta)(G)](Q) = [0.11 \times (32.3 \text{ g/m}^3)] \times (0.216 \text{ m}^3/\text{min})$$
$$= 0.77 \text{ g/min} = 1.1 \text{ kg/d}$$

应用公式（5.10）计算所需的清理时间，有

$$T_3 = M_{去除} / R_{去除} = (402 \text{ kg}) / (1.1 \text{ kg/d}) = 365 \text{ d}$$

整个项目所需的总清理时间为

$$T_1 + T_2 + T_3 = 61 \text{ d} + 72 \text{ d} + 365 \text{ d} = 498 \text{ d}$$

 讨论

1. 比较这三个区间，平均去除速率从第一个区间的 18.85 kg/d 显著降低到第二个

区间的 5.6 kg/d，然后到第三个区间的 1.1 kg/d。

2. 比较不存在自由相的两个区间，去除同样质量的总石油烃，后半区间用了 365 d，而前半区间仅用了 72 d。

3. 在绝大多数实际项目中，498 天的清理时间是不可接受的，可以考虑提高抽气速率或增加更多的抽提井。

4. 在自由相消失后至达到修复目标值期间只划分了两个区间。如果划分更多的区间就能得到更精确的结果。

5. 如果最初不存在自由相，则从第二阶段（g）步骤开始解题。

5.2.7 温度对 SVE 的影响

在 SVE 项目中，地层温度会影响空气流量和气体浓度。温度较高时，有机组分的蒸气压也会较高。另外，空气粘度随地层温度的升高而增加，导致空气流量下降，即

$$\frac{\mu@T_1}{\mu@T_2} = \sqrt{\frac{T_1}{T_2}} \tag{5.14}$$

式中，T 为地层温度，以开尔文或兰氏度表示。从公式（5.5）可知，不同温度下的流量之比可用公式（5.15）计算

$$\frac{Q@T_1}{Q@T_2} = \sqrt{\frac{T_2}{T_1}} \tag{5.15}$$

如公式（5.15）所示，温度较高时气体流量会下降。但是，由于温度较高时气体浓度会更高，去除速率仍然会更高。

▶ 案例 5.17 计算土壤抽提井在温度升高时的抽提气体流量

在场地内有一口土壤抽提井（直径 10.16 cm，即 4 英寸）来进行土壤修复。抽提井压强为 0.9 atm，影响半径为 15 m。

通过修复调查获得以下数据：

  地层渗透率 = 1 Darcy；

  井筛长度 = 6 m；

  空气粘度 = 0.018 厘泊；

  地层温度 = 20 ℃。

案例 5.10 已计算出，在上述条件下抽提气体流量为 0.216 m³/min。如果地层

温度升高到 30 ℃，气体流量会是多少（如果其他所有条件不变）？

解答：

应用公式（5.15）计算新的空气流量为

$$\frac{Q@30℃}{Q@20℃} = \sqrt{\frac{273.2+20}{273.2+30}}$$

$$Q@30℃ = 0.216 \times 0.967 = 0.209 \text{ m}^3/\text{min}$$

 讨论

温度会轻微地影响空气流量，温度升高 10 ℃，流量降低约 4%。

5.2.8 气体抽提井的数量

决定一个 SVE 项目所需的气体抽提井数量的主要因素有三个。首先，一个成功的 SVE 项目需要足够数量的抽提井来覆盖整个污染羽，换句话说，整个污染区域都应在井群的影响范围内，因此

$$N_{井} = \frac{1.2(A_{污染})}{\pi R_I^2} \tag{5.16}$$

公式（5.16）中的因子 1.2 是人为选取的，用于表示井群影响范围之间的重合，以及边缘井的影响范围可能会超出污染区域之外。

其次，应有足够的井数量来保证在可接受的时间范围内完成场地修复，即

$$R_{可接受} = \frac{M_{泄漏}}{T_{可接受}} \tag{5.17}$$

$$N_{井} = \frac{R_{可接受}}{R_{去除}} \tag{5.18}$$

公式（5.16）和公式（5.18）计算的井数量的较大值即为最小的气体抽提井数量。

最后，可能也最重要的决定因素是经济因素，需要在井数量和总处理成本之间达到平衡。安装更多的井可以缩短清理时间，但同时也会提高成本。

案例 5.18　计算所需的抽提井数量

对于案例 5.16 中描述的 SVE 项目，要求在 9 个月内完成场地修复，计算所

需的抽提井数量。污染羽最大的横截面积为 810 m²。

解答：

a. 已算出一口抽提井的流量为 0.216 m³/min，在此流量下需要 498 d（见案例 5.16）来完成修复。为了满足 9 个月的修复进度，应将去除速率提高 498/270=1.8 倍。因此，需要将流量提高 1.8 倍或设置两口抽提井。

b. 根据案例 5.16，一口抽提井的影响半径为 15 m。应用公式（5.16）计算出覆盖污染羽所需的井数量为

$$N_{\text{井}} = \frac{1.2(A_{\text{污染}})}{\pi R_1^2} = \frac{1.2 \times 810}{\pi (15)^2} = 1.38$$

因此，两口井就足够覆盖整个污染羽，除非污染羽是极细长条形状。

c. 根据上述结果，需要两口抽提井。

5.2.9 真空泵（风机）的规格

真空泵、风机或压缩机对理想气体的等温压缩（PV =常数）所需的理论功率可表示为[5]

$$\text{HP}_{\text{理论}} = 1.666 \times 10^{-5} P_1 Q_1 \ln \frac{P_2}{P_1} \tag{5.19}$$

式中，P_1 为进气压强，单位为 Pa 或 N/m²；P_2 为输出压强，单位同样为 Pa 或 N/m²；Q_1 为进气条件下的空气流量，单位为 m³/min。

对于理想气体的等熵压缩（PV^k =常数），以下公式适用于单级压缩机[5]

$$\text{HP}_{\text{理论}} = \frac{1.666 \times 10^{-5} k}{k-1} P_1 Q_1 \left[\left(\frac{P_2}{P_1} \right)^{(k-1)/k} - 1 \right] \tag{5.20}$$

式中，k 为等压比热与等容比热的比值。对于典型的 SVE 项目，可选 k=1.4。

对于活塞式压缩机，等熵压缩的效率（E）通常为 70%~90%，等温压缩的效率为 50%~70%。实际需要的功率为

$$\text{HP}_{\text{实际}} = \frac{\text{HP}_{\text{理论}}}{E} \tag{5.21}$$

▶ **案例 5.19 计算 SVE 所需的真空泵功率**

假设有两口气体抽提井，每口井的设计流量为 1.13 m³/min，井口的设计压强为 0.9 atm。两口井共用一个真空泵，计算所需的真空泵功率。

第 5 章 包气带土壤修复

解答：

a. 抽提井内压强 $P_1 = 0.9$ atm $= 0.9 \times (1.013 \times 10^5$ Pa$) = 9.12 \times 10^4$ Pa

b. 假设为等温膨胀，应用公式（5.19）计算所需的理论功率为

$$\text{HP}_{\text{理论}} = 1.666 \times 10^{-5} P_1 Q_1 \ln \frac{P_2}{P_1}$$

$$= 1.666 \times 10^{-5} \times (1.013 \times 10^5 \text{ Pa})^5 \times (2 \times 1.13 \text{ m}^3/\text{min}) \ln \frac{1.013 \times 10^5 \text{ Pa}}{0.9 \times 1.013 \times 10^5 \text{ Pa}}$$

$$= 0.4028 \text{ kW}$$

假设等温压缩的效率为 60%，则应用公式（5.21）计算所需的实际功率为

$$\text{HP}_{\text{实际}} = \frac{\text{HP}_{\text{理论}}}{E} = \frac{0.4028}{60\%} = 0.6713 \text{ kW}$$

c. 假设为等熵膨胀，应用公式（5.20）计算所需的理论功率为

$$\text{HP}_{\text{理论}} = \frac{1.666 \times 10^{-5} k}{k-1} P_1 Q_1 \left[\left(\frac{P_2}{P_1} \right)^{(k-1)/k} - 1 \right]$$

$$= \frac{(1.666 \times 10^{-5}) \times 1.4}{1.4 - 1} (1.013 \times 10^5 \text{ Pa}) \times (2 \times 1.13 \text{ m}^3/\text{min}) \times$$

$$\left[\left(\frac{1.013 \times 10^5 \text{ Pa}}{0.9 \times 1.013 \times 10^5 \text{ Pa}} \right)^{(1.4-1)/1.4} - 1 \right]$$

$$= 0.4080 \text{ kW}$$

假设等熵压缩的效率为 80%，则应用公式（5.21）计算所需的实际功率为

$$\text{HP}_{\text{实际}} = \frac{\text{HP}_{\text{理论}}}{E} = \frac{0.4080}{80\%} = 0.51 \text{ kW}$$

讨论

在 SVE 项目中，进口和最终排气的压强差相对较小，因此，正如案例 5.19 所示，等熵压缩和等温压缩所需的理论功率非常相近。

5.3 土壤洗脱/溶剂浸提/土壤冲洗

5.3.1 土壤洗脱（Soil Washing）技术介绍

土壤中的有机或无机污染物大多数与拥有大比表面积的细微颗粒（如粘土或粉土）有关。同样，这些细微颗粒通过压实或黏连附着于更大粒径的砂砾上。这一节将讨论土壤洗脱、溶剂浸提和土壤冲洗三种技术，它们都是通过溶剂提取的方法将污染物从土壤基质中分离出来的。

土壤洗脱是一种基于水的修复工艺，其主要的去除机理包括将污染物从土壤颗粒中脱附、污染物在冲洗水中的溶解及形成附着于粘土或粉土上的污染物悬浊液。沙土和砾石通常占据土壤基质的很大一部分，污染物很容易从砂砾土壤中冲洗下来，因此将砂砾从污染更严重的粉土粘土颗粒中分离出来可以极大地降低污染土壤体积，同时也能进一步使处理或处置变得更容易。

不同的化合物被制成水溶液来提高污染物的脱附和溶解，例如，酸性溶液通常被用于提取污染土壤中的重金属，加入螯合剂可促进重金属离子在水中的溶解，而加入表面活性剂可提高有机物的溶解。溶剂浸提和土壤洗脱相似，唯一的差异在于溶剂浸提使用溶剂而不是水溶液来提取土壤中的有机污染物。常用的溶剂包括乙醇、液化丙烷、丁烷及超临界液体。

土壤冲洗（Soil Flushing）不同于土壤洗脱和溶剂浸提，属于原位工艺。该工艺通过用水或溶剂来冲洗污染区域使污染物脱附或溶解，冲出液体将通过井或排水沟收集以进行进一步的处理。

5.3.2 土壤洗脱系统设计

物质平衡公式可以用于描述土壤洗脱前后洗脱液体中污染物的浓度（假设初始洗脱液体中污染物浓度为零），有

$$X_{int}M_{s,wet} = S_{int}M_{s,dry} + C_{int}V_m = S_{final}M_{s,dry} + C_{final}V_1 + C_{final}V_m \quad (5.22)$$

式中，X_{int} 为土壤洗脱前土壤样品中污染物浓度（mg/kg），$M_{s,wet}$ 为洗脱前的湿重（kg），$M_{s,dry}$ 为土壤干重（kg），S_{int} 为洗脱前在土壤表面的污染物浓度（mg/kg），S_{final} 为洗脱后土壤表面的污染物浓度（mg/kg），C_{int} 为洗脱前土壤水中的污染物浓度（mg/L），C_{final} 为土壤洗脱液中的污染物浓度（mg/L），V_m 为洗脱前土壤水的体积（L），V_1

为使用的土壤洗脱液的体积（L）。

公式（5.22）左边的项表示土壤洗脱前污染物的总质量，包括吸附于土壤颗粒表面的质量及溶解于土壤水分中的质量（等式中间两项）。公式（5.22）右边的各项表示在洗脱之后残留于土壤颗粒表面的污染物质量及以溶解态存在于液体中的污染物质量（液体总体积＝土壤洗脱液体积 V_1 ＋土壤水分体积 V_m）。假设在洗脱之前，土壤水分中的污染物质量远远小于吸附于土壤表面的污染物质量（$C_{int}V_m \ll C_{int}V_m$），同时假设在洗脱之后，土壤水分中的污染物质量远小于吸附于土壤表面和土壤洗脱液中污染物质量之和（$C_{final}V_m \ll S_{final}M_{s,dry} + C_{final}V_1$）。公式（5.22）可以简化为

$$S_{int}M_{s,dry} \approx S_{final}M_{s,dry} + C_{final}V_1 \tag{5.23}$$

以上两个假设在当土壤洗脱前土壤较干燥和/或污染物相对疏水的情况下成立。

假如在土壤洗脱结束时达到了平衡状态，土壤和液体中的污染物浓可用第 2 章中的分配公式（2.24）描述为

$$S_{final} = K_p C_{final} \tag{5.24}$$

式中，K_p 为分配平衡常数。将公式（5.24）带入公式（5.23）中，则污染物在土壤表面的初始浓度与最终浓度间的关系可用公式（5.25）和公式（5.26）表达为

$$\frac{S_{final}}{S_{int}} = \frac{1}{1 + \left(\dfrac{V_1}{M_{s,dry}K_p}\right)} \tag{5.25}$$

$$S_{final} = \frac{1}{1 + \left(\dfrac{V_1}{M_{s,dry}K_p}\right)} \times S_{int} \tag{5.26}$$

对于一个流程化的洗脱系列，最终的污染物浓度可以通过以下公式计算，即

$$\frac{S_{final}}{S_{int}} = \frac{1}{1 + \left(\dfrac{V_{1,1}}{M_{s,dry}K_p}\right)} \times \frac{1}{1 + \left(\dfrac{V_{1,2}}{M_{s,dry}K_p}\right)} \times \frac{1}{1 + \left(\dfrac{V_{1,3}}{M_{s,dry}K_p}\right)} \times \cdots \tag{5.27}$$

根据案例 2.38 中所示，S（吸附于土壤表面的污染物浓度）与 X（土壤样品中的污染物浓度）的值与苯的值相似。而对于非常疏水的化合物，如芘，X 与 S 的比率主要由土壤干堆积密度与总堆积密度的比值决定。以下关系对于上述两种情况均成立

$$\frac{S_{\text{final}}}{S_{\text{int}}} = \frac{X_{\text{final}}}{X_{\text{int}}} \tag{5.28}$$

将公式（5.28）带入公式（5.25）～（5.27）中可得

$$\frac{X_{\text{final}}}{X_{\text{int}}} \approx \frac{S_{\text{final}}}{S_{\text{int}}} = \frac{1}{1+\left(\dfrac{V_1}{M_{s,\text{dry}}K_p}\right)} \tag{5.29}$$

$$X_{\text{final}} \approx \frac{1}{1+\left(\dfrac{V_1}{M_{s,\text{dry}}K_p}\right)} \times X_{\text{int}} \tag{5.30}$$

$$\frac{X_{\text{final}}}{X_{\text{int}}} \approx \frac{S_{\text{final}}}{S_{\text{int}}} = \frac{1}{1+\left(\dfrac{V_{1,1}}{M_{s,\text{dry}}K_p}\right)} \times \frac{1}{1+\left(\dfrac{V_{1,2}}{M_{s,\text{dry}}K_p}\right)} \times \frac{1}{1+\left(\dfrac{V_{1,3}}{M_{s,\text{dry}}K_p}\right)} \times \cdots \tag{5.31}$$

土壤洗脱前土壤的质量（$M_{s,\text{wet}}$）、土壤干重（$M_{s,\text{dry}}$）、干堆积密度（ρ_b）和总堆积密度（ρ_t）之间的关系则可由下述的线性关系表达为

$$\frac{M_{s,\text{dry}}}{M_{s,\text{wet}}} \approx \frac{\rho_b}{\rho_t} \tag{5.32}$$

案例 5.20　计算土壤洗脱效率

一个沙土场地受到 1,2-二氯乙烷（1,2-DCA）和芘的污染，浓度为 500 mg/L，选择土壤洗脱技术来修复该土壤。设计一个容量为 1000 kg 土壤的反应器，洗脱液为 3.785 m³ 的清水。计算污染物在洗脱后的土壤里的最终浓度。

使用以下场地调查中获得的数据：

土壤干堆积密度 = 1.6 g/cm³；
土壤总堆积密度 = 1.8 g/cm³；
含水层有机碳含量 = 0.005；
$K_{oc} = 0.63 K_{ow}$。

解答：

a. 由表 2.5 可得
   对于 1,2-DCA，$\lg(K_{ow}) = 1.53 \rightarrow K_{ow} = 34$；
   对于芘，$\lg(K_{ow}) = 4.88 \rightarrow K_{ow} = 75900$。

b. 根据给出的关系 $K_{oc} = 0.63 K_{ow}$ 可得：

对于 1,2-DCA，$K_{oc} = 0.63 \times 34 = 22$；

对于芘，$K_{oc} = 0.63 \times 75900 = 47800$。

c. 使用公式（2.26），$K_p = f_{oc} K_{oc}$，$f_{oc} = 0.005$，可得

对于 1,2-DCA，$K_p = 0.005 \times 22 = 0.11 \text{ L/kg}$；

对于芘，$K_p = 0.005 \times 47800 = 239 \text{ L/kg}$。

d. 使用公式（5.32）求土壤干重，有

$$M_{s,dry} = 1000 \times \frac{1.6}{1.8} = 889 \text{ kg}$$

使用公式（5.30）求最终浓度（$3.785 \text{ m}^3 = 3785 \text{ L}$），有

$$X_{final} \approx \frac{1}{1 + \left(\dfrac{V_1}{M_{s,dry} K_p}\right)} \times X_{int}$$

则对于 1,2-DCA，$X_{final} \approx \dfrac{1}{1 + \left(\dfrac{3785}{889 \times 0.11}\right)} \times 500 = 12.6 \text{ mg/L}$；

对于芘，$X_{final} \approx \dfrac{1}{1 + \left(\dfrac{3785}{889 \times 239}\right)} \times 500 = 491 \text{ mg/L}$。

讨论

1. 芘的疏水性很强且 K_p 值非常高。本案例表明水对芘的土壤洗脱去除效率不高。对芘的洗脱过程而言向洗脱液中加入表面活性剂、有机溶剂或提高洗脱液温度可作为考虑选项。

2. 本案例的计算结果是基于液体和土壤达到平衡这一假设。对于实际的反应器设计，平衡状态很少能够达到。因此，实际的最终浓度将会更高。

▶ **案例 5.21** 计算土壤洗脱效率（两个反应器串联）

在案例 5.20 中使用单个反应器污染将 1,2-DCA 的浓度降至 10 mg/L 以下。一位工程师提议使用两个较小的洗脱器串联，洗脱器的总容量依然为 1000 kg 土壤，但每个洗脱器中分别只使用 1.893 m³ 清水进行洗脱。判断该系统能否达到清理要求。

解答：

使用公式（5.31）来计算两个串联反应器的最终浓度（$V_{1,1} = V_{1,2} = 1.893 \text{ m}^3 = 1893 \text{ L}$），有

$$X_{\text{final}} = \frac{1}{1 + \left(\dfrac{V_{1,1}}{M_{s,\text{dry}} K_p}\right)} \times \frac{1}{1 + \left(\dfrac{V_{1,2}}{M_{s,\text{dry}} K_p}\right)} \times X_{\text{ini}}$$

$$= \frac{1}{1 + \left(\dfrac{1893}{889 \times 0.11}\right)} \times \frac{1}{1 + \left(\dfrac{1893}{889 \times 0.11}\right)} \times 500 = 1.2 \text{ mg/L}$$

 讨论

在案例 5.20 和案例 5.21 中，同样使用 3.785 m^3 水来处理 1000 kg 土壤，结果表明使用两个较小的串联反应器可获得更低的最终浓度。

两个案例的计算结果均是基于液体和土壤达到平衡这一假设。对于实际的反应器设计，平衡状态很少能够达到。因此，实际的最终浓度将会更高。

5.4 土壤生物修复

5.4.1 土壤生物修复技术介绍

土壤生物修复即利用微生物或其代谢产物来降解土壤中的有机污染物。土壤生物修复在好氧或厌氧条件下均可进行，但更为常见的是好氧生物修复。完全好氧生物降解碳氢化合物的最终产物是二氧化碳和水。

生物修复可以在原位或异位进行，异位土壤生物修复比原位修复更加成熟、应用更多。异位生物修复系统有三种常见的形式：①静态土堆；②槽罐；③泥浆生物反应器。静态土堆是最常见的形式，即处理过程将土壤开挖后堆存在处理现场，土堆中埋有穿孔管作为空气输送管道；为了加快反应并控制最小化逃逸性排放和渗滤液造成的潜在二次污染，通常将土堆的顶部覆盖起来，并在底部设置衬垫。

原位修复即通过原地强化未扰动土壤里的土著微生物活动来降解有机污染物。通常将营养液经渗滤或注射进入地层以促进微生物的降解活动。在泥浆生物

反应器中，通过控制运行条件（最优化 pH 值、温度、溶解氧及搅拌），对土壤与营养液进行混合。

微生物的生长需要水分、氧气（对于厌氧生物降解需要隔绝氧气）、营养物，以及合适的环境要素，包括 pH、温度及无毒害环境。表 5.2 总结了生物修复所需的环境要素。

表 5.2 生物修复的环境要素

环境因子	最佳条件
可利用的土壤水分	持水度的 25%~85%
氧气	好氧代谢：溶解氧>0.2 mg/L，含气孔隙的体积分数>10% 厌氧代谢：氧气的体积分数<1%
氧化还原电位	好氧和兼性厌氧：>50 mV 厌氧：<50 mV
营养物	足够的 N、P 及其他营养物（建议 C:N:P 的摩尔比为 120:10:1）
pH	5.5~8.5（对于大多数细菌）
温度	15~45 ℃（对于中温菌）

引自文献[6]。

5.4.2 水分需求量

如表 5.2 所示，土壤生物修复的最佳含水率为持水度的 25%~85%。大多数情况下土壤湿度会低于最佳含水率或在该范围的较低端，因此通常需要补充水分。

包气带中存在的水分通常由体积含水量和饱和度这两个术语来量化表示。体积含水量的变化范围为 0~孔隙度；而饱和度的变化范围为 0~1，表示了被水占据的孔隙的百分比。对于完全饱和状态，体积含水量等于孔隙度，饱和度则等于 100%。可以应用下式来计算生物修复所需的水体积 $V_水$，即

所需的水体积($V_水$) = 土壤体积 × (所需土壤含水率 − 初始土壤含水率)

$$= (V_土)(\phi_{w,f} - \phi_{w,i}) = (V_土)[(\phi)(S_{w,f} - S_{w,i})] \quad (5.33)$$

式中，$\phi_{w,i}$ 为初始土壤含水率，$\phi_{w,f}$ 为所需土壤含水率，ϕ 为土壤孔隙度，$S_{w,i}$ 为初始的饱和度，$S_{w,f}$ 为所需的饱和度。

> **案例 5.22　计算土壤生物修复的水分需求量**
>
> 某地下储罐修复项目需要处理 287 m³ 的汽油污染土堆，采用生物修复的静态

土堆法处理，计算第一次喷洒所需的水量。

计算时采用以下简化假设：

土壤孔隙度 = 35%；

初始饱和度 = 20%。

解答：

a. 根据表 5.2，土壤生物修复的最佳含水率为持水度的 25%～85%。在没有进行优化试验时，可以选择该范围的中间值，即 55%。

b. 所需的水体积 = 287×[0.35×(55%-20%)] =35.16 m³。

 讨论

补充水需要定期添加，添加水的频率主要取决于项目当地的气候。

5.4.3 营养物需求量

地下通常含有微生物活动所需的营养物，然而当有高浓度的有机污染物存在时，通常需要更多的营养物以维持生物修复。促进微生物生长所需的营养物主要为 N、P。如表 5.2 所示，C:N:P 的摩尔比建议为 120:10:1（有些文献建议为 100:10:1），即每 120 mol C 需要 10 mol N 和 1 mol P。对于生物修复，往往要进行可行性研究，其中的一个任务即确定最佳的营养物投加比。在缺少其他信息时可以采用上述比值。本节的案例会说明生物修复所需的营养物是相对较少的，因而成本也较低。营养物通常先溶解于水中，然后通过喷洒或灌溉进入土中。

采用以下步骤来计算营养物需求量：

步骤 1：计算污染土壤中含有的有机物质量。

步骤 2：将有机物质量除以其分子量，得到污染物的摩尔数。

步骤 3：将步骤 2 得到的污染物摩尔数乘以污染物分子式中的 C 摩尔数。

步骤 4：应用最佳的 C:N:P 计算氮和磷的摩尔数。例如，如果 C:N:P 为 120:10:1，则所需的氮摩尔数=(碳摩尔数)×(10/120)，所需的磷摩尔数=(碳摩尔数)×(1/120)。

步骤 5：计算营养物需求量。

计算过程所需的信息包括：

- 有机污染物的质量；
- 污染物的化学式；
- 最佳的 C:N:P；
- 营养物的化学式。

案例 5.23　计算土壤生物修复的营养物需求量

可行性研究的结果显示，现场地上生物修复技术适用于案例 5.22 中土堆的修复，最佳的 C:N:P 摩尔比为 100:10:1。计算生物修复汽油污染的营养物需求量（单位为 kg）及费用。

计算时应用以下假设：

土堆的体积 = 287 m^3；
土堆内的初始汽油量 = 158 kg；
土壤孔隙度 = 0.35；
汽油的分子式（假设）为 C_7H_{16}；
天然存在于土壤中的 N 和 P 的量很少；
以磷酸钠（$Na_3PO_4 \cdot 12H_2O$）作为 P 源，价格为 154 元/kg；
以硫酸铵（$(NH_4)_2SO_4$）作为 N 源，价格为 46 元/kg；
营养物只添加一次。

解答：

a. 计算汽油的摩尔数。

汽油的分子量 = 7×12+1×16 = 100
汽油的摩尔数 = 158/100 = 1.58 ×10^3 mol

b. 计算土壤中的 C 摩尔数。汽油分子式 C_7H_{16} 表示每个汽油分子中含有 7 个碳原子，因此

C 摩尔数 = (1.58×10^3)×7 = 11.06 ×10^3 mol

c. 应用 C:N:P 计算所需的 N 摩尔数，有

所需的 N 摩尔数 = (10/100)×(11.06×10^3 mol) = 1.106 ×10^3 mol

因为 1 mol $(NH_4)_2SO_4$ 含 2 mol N，故有

所需的 $(NH_4)_2SO_4$ 摩尔数 = (1.106×10^3 mol)/2 = 0.553×10^3 mol

所需的$(NH_4)_2SO_4$质量$=(0.553\times10^3\ mol)\{[(14+4)(2)+32+(16)(4)]\ g/mol\}$
$=73\times10^3\ g=73\ kg$

购买$(NH_4)_2SO_4$费用$=73\ kg \times 46$ 元$/kg=3358$ 元

d. 应用 C:N:P 计算所需的 P 摩尔数,有

所需的 P 摩尔数$= (1/100) \times (11.06\times10^3\ mol) = 0.111$

因为 $1mol\ Na_3PO_4 \cdot 12H_2O$ 含 $1mol\ P$,故有

所需的 $Na_3PO_4 \cdot 12H_2O$ 摩尔数$= 0.111\times10^3\ mol$

所需的 $Na_3PO_4 \cdot 12H_2O$ 质量$=(0.111\times10^3\ mol)\times\{(23\times3+31+16\times4)+12\times18\ g/mol\}$
$=42\times10^3\ g=42\ kg$

购买 $Na_3PO_4 \cdot 12H_2O$ 的费用$=42\ kg\times154$ 元$/kg=6468$ 元

 讨论

与项目的其他费用相比,营养物费用相对较低。

5.4.4 氧气需求量

对于土壤生物修复,生物活动所需的氧气通常由空气中的氧气提供。大气中氧气的体积分数约为 21%。另外,氧气微溶于水,20 ℃时水中的饱和溶解氧(DO_{sat})仅为 9 mg/L。

可用以下简化方程来说明氧气的需求量:

	C	+	O_2	→	CO_2
摩尔数	1		1		1
质量(g、kg 或 lb)	12		32		44

上式说明:1 mol C 需要 1 mol O_2;或 12 g C 需要 32 g O_2,比值为 2.67。污染物中的其他元素,如 H、N 和 S,在生物修复过程中也消耗氧气。例如,苯在好氧生物降解时的理论需氧量为:

	C_6H_6	+	$7.5O_2$	→	$6CO_2$	+	$3H_2O$
摩尔数	1		7.5		6		3
质量(g、kg 或 lb)	78		240		264		54

这说明：1 mol 苯需要 7.5 mol 氧气；或 78 g 苯需要 240 g 氧气，比值为 3.08，大于纯碳的比值（2.67）。以苯为基准，意味着每克碳水化合物的好氧降解需要大约 3 g 氧气。需要注意的是，该理论比值是基于化学计量关系得到的，实际需氧量要大于该值。根据该比值，即使是在氧气饱和水溶液中，其含氧量仅够支持 3 mg/L 或更低浓度污染物的生物降解，而通常土壤水中的 DO 浓度还会远低于该饱和值。

案例 5.24　计算空气中的氧气浓度

计算 20 ℃时大气中的氧气质量浓度，用以下单位表示：mg/L、g/L。

解答：

大气中氧气的体积分数约为 21%，即 210000 ppmV。应用公式（2.1）或公式（2.2）将其换算为质量浓度，有

$$20\ ℃时：1\ \text{ppmV} = \frac{MW}{24.05}$$

$$= \frac{32}{24.05} = 1.33\ \text{mg/m}^3 = 0.00133\ \text{mg/L}$$

因此

$$210000\ \text{ppmV} = 210000 \times (0.00133\ \text{mg/L}) = 279\ \text{mg/L}$$

 讨论

20 ℃时大气中的氧气浓度为 279 mg/L，这远高于水中的饱和溶解氧浓度（DO=9 mg/L）。

案例 5.25　确定为原位土壤生物修复补充氧气的必要性

某土层受到了 5000 mg/L 的汽油污染，地下空气流通不畅。土壤总堆积密度为 1.8 g/cm³，土壤的水饱和度为 30%，孔隙度为 40%。
证明土壤孔隙中的氧气不足以支持汽油污染物的完全生物降解。

解答：

以 1 m³ 土壤为基准。
a. 计算含有的总石油烃质量。

土壤基质质量 = (1 m³)×(1800 kg/m³) = 1800 kg

总石油烃质量 = (5000 mg/kg)×(1800 kg) = 9000000 mg = 9000 g

b. 使用比值 3.08 来计算完全氧化所需的氧气，有

$$需氧量 = 3.08 \times 9000 = 27720 \text{ g}$$

c. 计算土壤水分中的含氧量（假设水中的氧气饱和，在 20 ℃时水中的饱和溶解氧浓度约为 9 mg/L），有

$$土壤水的体积 = V\phi S_w = (1 \text{ m}^3) \times 40\% \times 30\% = 0.12 \text{ m}^3 = 120 \text{ L}$$

$$土壤水中的含氧量 = (V_1)(DO) = (120 \text{ L}) \times (9 \text{ mg/L}) = 1080 \text{ mg} = 1.08 \text{ g}$$

d. 计算空气中的含氧量（假设土壤孔隙中的氧气浓度与大气中相同，即体积分数 21%，或案例 5.24 计算出的 279 mg/L）。

$$孔隙空气的体积 V_{孔隙空气} = V\phi(1-S_w) = (1 \text{ m}^3) \times 40\% \times (1-30\%)$$

$$= 0.28 \text{ m}^3 = 280 \text{ L}$$

$$孔隙空气中的含氧量 = (V_{孔隙空气})(G_{氧气}) = (280 \text{ L}) \times (279 \text{ mg/L})$$

$$= 78120 \text{ mg} = 78.1 \text{ g}$$

e. 土壤水和孔隙空气中的总含氧量 = 1.08 g + 78.1 g = 79.18 g

因此，土壤中的总含氧量为 79.18 g/m³ ≪ 27720 g/m³。

讨论

1. 土壤水中的含氧量 1.08 g/m³ 远小于孔隙空气中的含氧量 78.1 g/m³。

2. 至少需要 255（=27720/78.1）倍孔隙体积的新鲜空气以提供完全生物降解所需的足量氧气。最低新鲜空气需求量 = (255)($V_{孔隙空气}$) = 255 × (280 L/m³) = 71400 L/m³ = 71.4 m³/m³，即 1 m³ 土壤至少需要补充 71.4 m³ 新鲜空气。

5.5　生物通风

5.5.1　生物通风技术介绍

生物通风是一种利用土著微生物对地下有机污染物进行生物降解的原位修复技术。生物通风使用抽提或注入井将新鲜空气引入污染区域，空气中的氧气会促进有机污染物的好氧降解。生物通风技术可以用来处理所有能够好氧降解的污染物，最常用于受比汽油重（如柴油、航空燃油）的石油产物污染的场地。由于汽油挥发性更强，通常使用 SVE 技术将其快速清除。

5.5.2 生物通风技术设计

生物通风系统与 SVE 系统非常相似，其中包括气相抽提井、真空泵、除湿机（气液分离罐）、尾气收集管道及辅助设备，以及尾气处理系统。生物通风系统与 SVE 系统的主要差异在于生物通风增强了污染物的生物降解，而将污染物的挥发性最小化。与 SVE 相比，通常情况下生物通风使用较低的空气流速，其引入空气的主要目的是促进生物的反应活性，同时可以将代谢产物移除。此外，生物通风的气相抽提系统不需要连续性的运转，只需要间歇性地向地下提供氧气。在必要的时候，也需要向地下加入营养物质。

生物反应活性的程度可以通过抽提气体中二氧化碳的浓度来评估。除了背景环境中存在的二氧化碳，其他的二氧化碳均应该来自有机污染物的生物降解。

案例 5.26 计算生物通风的效率

某柴油污染场地采用生物通风技术修复，最近的抽提气体样品中的总石油烃（TPH）及二氧化碳的平均浓度分别为 500 ppmV 和 5%。求柴油通过挥发和生物通风降解各自的百分比。

分析：

和汽油一样，柴油也是碳氢化合物的混合物。柴油要重于汽油，其组分中的沸点为 200~338 ℃，而汽油组分的沸点为 40~205 ℃[7]。柴油主要由 C_{10}~C_{15} 的石油烃组成。在本案例中，使用十二烷（$C_{12}H_{26}$）来代表柴油，分子量为 170，比本书之前提到的汽油（分子量为 100）要重。

二氧化碳是一种主要的温室气体。尽管大气中二氧化碳的浓度在不断增加，其浓度值依然低于 400 ppmV。因此，环境背景的二氧化碳浓度远远低于抽提气体浓度 5%，在以下的计算中可以忽略大气中二氧化碳的浓度。

解答：

a. 柴油（$C_{12}H_{26}$）的分子量 $= 12 \times 12 + 1 \times 26 = 170$ g/mol
在 $T = 20$ ℃，$P = 1$ atm 时，有
1 ppmV 柴油 = (柴油分子量/ 24.05) mg/m^3
$= 170/24.05$ mg/m^3 = 7.069 mg/m^3
500 ppmV 柴油 = $500 \times (7.069$ mg/m$^3) = 3534$ mg/m^3

b. 二氧化碳（CO_2）的分子量 $= 12 \times 1 + 16 \times 2 = 44$ g/mol

在 $T = 20\ ℃$，$P = 1\ atm$ 时，有

1 ppmV CO_2 = (CO_2 分子量/24.05) mg/m³
         = 44/24.05 mg/m³ = 1.830 mg/m³

5% CO_2 = 50000 ppmV = 50000×(1.830 mg/m³) = 91500 mg/m³

c. 根据以下化学方程式对生物降解柴油产生的 CO_2 进行化学计量计算，有

$$C_{12}H_{26} + 18.5O_2 = 12CO_2 + 13H_2O$$

每单位摩尔 $C_{12}H_{26}$ 的生物降解可以产生 12 mol CO_2，即每产生 1 g CO_2 需要降解 170/(12×44) = 0.332 g 柴油。

因此，91500 mg/m³ CO_2 等同于 (91500mg/m³) ×0.322 = 29460 mg/m³ 柴油。

d. 生物降解柴油的百分比= 29460/(29460 + 3534) ×100% = 89.3%

挥发去除柴油的百分比= 1 − 89.3% = 10.7%

 讨论

1. 抽提气体浓度结果显示生物降解约占柴油移除总量的 90%。
2. 当需要尾气处理系统时，还需要计算尾气排放速率。

案例 5.27　计算通过生物通风进行生物降解的比率

对于案例 5.26 中提到的生物通风项目，气体抽提是间歇运转的，抽提风机每周只连续运转 24 小时。正如上面的案例中提到的，空气抽提样品中 TPH 和 CO_2 的浓度分别为 500 ppmV 和 5%，空气抽提速率为 1.0 m³/min。求地下生物降解的速率及 TPH 排放至空气中的速率。

解答：

a. 根据案例 5.26 的计算结果，抽提气体中 5% 浓度的 CO_2 等于 91500 mg/m³ CO_2，则

CO_2 排放速率 = $(Q)(G)$ = (1.0 m³/min) × (91500 mg/m³)
               = 9150 mg/min = 91.5 g/min

b. 1440 min 的运转时间内 CO_2 的总排放量
   = (91.5g/min)×(1440 min) = 131760 g = 132 kg

c. 7 天内 TPH 的生物降解总量= (132 kg)×(0.322 kg/kg) = 42.5 kg TPH

d. 7 天周期内 TPH 生物降解速率 =(42.5 kg) / (7 d)
                              = 6.1 kg/d

e. TPH 排放速率 = $(Q)(G)$
              = (1.0 m³/min)×(3534 mg/m³)

= 3534 mg/min = 3.534 g/min
= 5090 g/d = 5.09 kg/d

 讨论

1. 在计算生物降解速率时，使用 7 天为一个周期。
2. 在计算 TPH 排放速率时，需要考虑瞬时的排放速率。

5.6 原位化学氧化

5.6.1 原位化学氧化技术介绍

原位化学氧化（In Situ Chemical Oxidation, ISCO）是一种将氧化剂加入地下土壤或地下水中把污染物转化为危害较小的物质的技术。绝大多数 ISCO 应用于处理污染源区域来降低地下水污染羽中的污染物质流量，并以此缩短自然消减或其他修复手段所需要的修复时间[7]。

5.6.2 常用氧化剂

很多不同的氧化剂被应用于 ISCO 中，常见的氧化剂包括：
- 高锰酸盐（MnO_4^-）；
- 过氧化氢（H_2O_2）；
- 芬顿试剂（过氧化氢+亚铁盐）；
- 臭氧（O_3）；
- 过硫酸盐（$S_2O_8^{2-}$）。

氧化剂在地下的持久性非常关键，因为其决定了注入目标区域的氧化剂在地下的分布范围。高锰酸盐能在地下维持几个月，过硫酸盐能持续几小时到几周不等，而过氧化氢、臭氧和芬顿试剂只能维持几分钟至几小时。由过氧化氢、过硫酸盐和臭氧生成的自由基通常被认为是氧化污染物的主要物质。这些中间产物能很快地发生反应，且只持续极短的时间（小于 1 秒）。相比于其他形式的氧化物，基于高锰酸盐的 ISCO 被开发得更为完善（译者注：在我国基于过硫酸盐和双氧水的化学氧化应用较多）。

5.6.3 氧化剂需求量

在化学氧化过程中，污染物会被氧化而氧化剂则会被消耗。反应涉及了电子转移的过程，即氧化剂作为最终电子受体，电子由污染物提供。一些常见的氧化剂半反应如下

$$MnO_4^- + 4H^+ + 3e^- \rightarrow MnO_2 + 2H_2O \tag{5.34}$$

$$H_2O_2 + 2H^+ + 2e^- \rightarrow 2H_2O \tag{5.35}$$

$$2OH + 2H^+ + 2e^- \rightarrow 2H_2O \tag{5.36}$$

$$O_3 + 2H^+ + 2e^- \rightarrow O_2 + H_2O \tag{5.37}$$

$$S_2O_8^{2-} + 2e^- \rightarrow 2SO_4^{2-} \tag{5.38}$$

$$SO_4^- + e^- \rightarrow SO_4^{2-} \tag{5.39}$$

$$O_2 + 4e^- \rightarrow 2O^{2-} \tag{5.40}$$

以上化学式显示 1 mol 羟基自由基（OH）或硫酸基（SO_4^{2-}）可以接受 1 mol 电子，1 mol 过氧化氢、臭氧或过硫酸盐可接受 2 mol 电子，1 mol 高锰酸盐可接受 3 mol 电子，而 1 mol 氧气可以接受 4 mol 电子。表 5.3 列出了转移单位摩尔电子需要的氧化剂的量。对于给定质量的污染物，分子量越小的氧化剂转移单位摩尔电子的需要量也越小，但这一关系并没有体现反应是否能够发生。相较于氧气，表中的其他四种氧化剂拥有更强的氧化能力。

表 5.3 转移单位摩尔电子需要的氧化剂量

	电子接受量	分子量	单位质量氧化剂接受电子的摩尔数
高锰酸钾	3	158	0.0190
过氧化氢	2	34	0.0588
臭氧	2	48	0.0417
过硫酸钠	2	238	0.0084
氧气	4	32	0.1250

为了得出污染物氧化的反应方程式，需要考虑氧化过程的另一个半反应。以四氯乙烯（PCE，C_2Cl_4）为例，有

$$C_2Cl_4 + 4H_2O \rightarrow 2CO_2 + 4Cl^- + 8H^+ + 4e^- \tag{5.41}$$

将反应式（5.34）乘以 4，将反应式（5.41）乘以 3 可得

$$3C_2Cl_4 + 4MnO_4^- + 4H_2O \rightarrow 6CO_2 + 12Cl^- + 4MnO_2 + 8H^+ \tag{5.42}$$

通过反应式（5.42）的化学计量显示，氧化 1 mol PCE 需要 4/3 mol 高锰酸盐。使用相同的方法，氧化三氯乙烯（TCE，C_2HCl_3）、二氯乙烯（DCE，$C_2H_2Cl_2$）及氯乙烯（VC，C_2H_3Cl）可以表达为

$$C_2HCl_3 + 2MnO_4^- \rightarrow 2CO_2 + 3Cl^- + 2MnO_2 + H^+ \tag{5.43}$$

$$3C_2H_2Cl_2 + 8MnO_4^- \rightarrow 6CO_2 + 6Cl^- + 8MnO_2 + 2OH^- + 2H_2O \tag{5.44}$$

$$3C_2H_2Cl_2 + 10MnO_4^- \rightarrow 6CO_2 + 3Cl^- + 10MnO_2 + 7OH^- + H_2O \tag{5.45}$$

如上所示，氧化 1 mol TCE、DCE 和 VC，对高锰酸盐的摩尔需求量分别为 2 mol、8/3 mol 及 10/3 mol。污染物对不同氧化剂的摩尔需求量与表 5.3 中列出的不同氧化剂的电子需求量比值成反比。例如，污染物对过硫酸钠的摩尔需求量为高锰酸钠的 1.5 倍，因为 1 mol 高锰酸盐能接受 3 mol 电子，而 1 mol 的过硫酸盐只能接受 2 mol 电子。

除了污染物有氧化剂需求量外，加入的氧化剂还会因为在地下与污染物无关的物质反应而损失，通常这一部分的氧化剂需求量被称为自然氧化剂需求（NOD）。NOD 源于氧化剂与地下自然存在的有机化学物质和无机化学物质发生的反应。因此，氧化剂需求总量应为 NOD 与污染物氧化剂需求量的总和，即

$$\text{氧化剂需求总量} = \text{NOD} + \text{污染物氧化剂需求量} \tag{5.46}$$

NOD 几乎总是大于污染物的氧化剂需求量。NOD 决定了 ISCO 项目在经济上的可行性及工程上氧化剂的投加量，因此需要做小试和（或）中试来计算一个项目中的 NOD。

案例 5.28 计算氧化剂的化学计量需求量

某场地受四氯乙烯（PCE）的污染，土壤顶端毛细带的 PCE 浓度为 5000 mg/kg。原位氧化被考虑为修复方案之一，计算需要添加至污染区域的高锰酸钾和过硫酸钠的化学需求量。

解答：

a. PCE（C_2Cl_4）的分子量 = 12×2 + 35.5×4 = 166 g/mol
   高锰酸钾（$KMnO_4$）的分子量 = 39×1 + 55×1 + 16×4 = 158 g/mol
   PCE 质量浓度 = 5000 mg/kg = 5.0 g/kg
   PCE 摩尔浓度 = (5.0 g/kg) / (166 g/mol) = 3.01×10^{-2} mol/kg
   如反应式（5.42）所示，氧化 1 mol 的 PCE 的氧化剂需求量为 4/3 mol，因此，1kg 土壤的 $KMnO_4$ 化学需求量为

   $(4/3) \times (3.01 \times 10^{-2}$ mol/kg$)$
   = 4.02×10^{-2} mol/kg

换算为质量单位，1kg 土壤的 $KMnO_4$ 化学需求量为

$(4.02×10^{-2}$ mol$)×(158$ g/mol$)$

$= 6.35$ g/kg

b. 过硫酸钠（$Na_2S_2O_8$）的分子量 $= 23×2 + 32×2 + 16×8 = 238$ g/mol

根据表 5.3 及之前的讨论，过硫酸钠的化学需求量是高锰酸钾的 1.5 倍。

因此，污染土壤的 $Na_2S_2O_8$ 化学需求量为

$(3/2)×(4.02×10^{-2}$ mol/kg$)$

$= 6.02×10^{-2}$ mol/kg

换算为质量单位，污染土壤的 $Na_2S_2O_8$ 化学需求量为

$(6.02×10^{-2}$ mol/kg$) × (238$ g/mol$)$

$= 14.3$ g/kg

案例 5.29　计算氧化剂的化学计量需求量

某场地受二甲苯（$C_6H_4(CH_3)_2$）污染，土壤顶端毛细带二甲苯浓度为 5000 mg/kg。原位氧化被考虑为修复方案之一，计算需要添加至污染区域的氧化剂的化学需求量。

解答：

a. 以氧气作为氧化剂时

$$C_6H_4(CH_3)_2 + 10.5O_2 \rightarrow 8CO_2 + 5H_2O$$

该反应式显示 1 mol 二甲苯的氧气化学需求量为 10.5 mol。将氧气需求量以（$C_6H_4(CH_3)_2$）来表示，有

甲苯分子量 $= 12×8 + 1×10 = 106$ g/mol

甲苯质量浓度 $= 5000$ mg/kg $= 5.0$ g/kg

甲苯摩尔浓度 $= (5.0$ g/kg$) / (106$ g/mol$) = 4.72×10^{-2}$ mol/kg

污染土壤的氧气需求量为（以 mol/kg 为单位）

$(10.5$ mol/mol$)×(4.72×10^{-2}$ mol/kg$)$

$= 0.495$ mol/kg

污染土壤的氧气需求量（以 g/kg 为单位）

$(0.495$ mol/kg$)×(32$ g/mol$) = 15.85$ g/kg

甲苯的氧气需求量（质量比）为

$[10.5$ mol$×(32$ g/mol$)] / [1$ mol$× (106$ g/mol$)]$

$= 3.17$ g/g

污染土壤的氧气需求量（质量比）为

(3.17 g /g)×(5.0 g/kg)= 15.85 g/kg

b. 当过硫酸钠被使用为氧化剂时

过硫酸钠（Na₂S₂O₈）的分子量 = 23×2 + 32×2 + 16×8 = 238 g/mol

由表 5.3 及之前讨论，污染物对过硫酸钠的摩尔需求量是氧气的 2 倍，有污染土壤的 Na₂S₂O₈ 需求量为（以 mol/kg 为单位）

2×(0.495 mol/kg) = 0.99 mol/kg

污染土壤的 Na₂S₂O₈ 需求量为（以 g/kg 为单位）

(0.99 mol/ kg)×(238 g/mol) = 236 g/kg

由于污染物对两种氧化剂的需求量与表 5.3 中列出各自"单位质量氧化剂接受电子的摩尔数"的比值成反比，故 Na₂S₂O₈ 的需求量为（以 g/kg 土壤）

(15.85 g/kg)×(0.125/0.0084) = 236 g/kg

 讨论

1. 一般的 1 g 的石油烃污染物的氧气需求量为 3.0～3.5 g。
2. 对其他氧化剂的需求量可以直接通过它们与氧气的摩尔比或质量比求得。

5.7 热裂解

5.7.1 热裂解技术介绍

热裂解是一种异位处理有机污染物的修复技术。异位热修复技术通常在处理单元、燃烧室或其他形式的容器中，通过高温接触的方式来裂解或移除污染土壤中的有机污染物。热处理有多种替代技术，包括热裂解/氧化、热解、玻璃化、热脱附、等离子体高温恢复、红外和湿空气氧化。本节重点介绍热裂解/氧化（焚烧）技术。

通常用于处理危险废物的焚烧单元包括焚烧炉、锅炉和工业焚化炉。有机废物在焚烧过程中被转化为气体，主要生成的稳定气体包括二氧化碳和水蒸气，同时也会生成少量的一氧化碳、氯化氢及其他一些气体。这些生成的气体对人体健康和环境有潜在的不利影响。

5.7.2 焚烧单元设计

焚烧单元的关键设计参数主要包括焚烧温度、停留时间（也称驻留时间）和混合强度，这些参数影响了反应器的规格和裂解的效率。其他需要考虑的重要参数包括进料的热值及辅助燃料和补充空气的要求。

有机物通常含有一定的热值，这些有机物也可以为焚烧提供能量。在废物进料中有机物的浓度越高，则其热含量也越高，同时辅助燃料的要求也越低。当进料中的的热含量大于 9295 kJ/kg 时，该废物可以在不需要辅助燃料的情况下自持燃烧。在某化合物的热值不能确定时，可以使用杜隆公式来计算，即

$$\text{热值}(kJ/kg) = 338C + 1441\left(H - \frac{O}{8}\right) + 95S \tag{5.47}$$

式中 C、H、O、S 分别为碳、氢、氧、硫元素在该化合物中的质量百分比。

在污染物燃烧需要的氧化剂化学计数需求量外，还需要加入额外的空气以保证更完全的燃烧。同时，也需要保证足够高的燃烧温度来达到一定的裂解效率，燃烧温度越高，则达到特定裂解效率需要的停留时间越短。燃烧温度可以根据以下公式计算（温度单位为℃），有

$$T = 15.56 + \frac{NHV}{(1.359) \times [1 + (1 + EA)(3.23 \times 10^{-4})(NHV)]} \tag{5.48}$$

式中，NHV 是以 kJ/kg 为单位的净热值，EA 是多余空气的百分比。

▶ 案例 5.30 计算废物样品的能量值

一些被移除的地下储罐曾储存二甲苯（$C_6H_4(CH_3)_2$）。清挖出的土壤堆放于场地上，土堆体积为 500 m^3，平均二甲苯浓度为 1500 mg/kg。该污染土壤在最终处置前计划使用直接焚烧的方式进行处理。假设原土壤中存在的有机质含量忽略不计，计算该含有 1500 mg/kg 二甲苯的土壤的热值。

解答：

a. 土壤中 1500 mg/kg 二甲苯（$C_6H_4(CH_3)_2$）中碳含量为
   $C_6H_4(CH_3)_2$ = 1500×(单位摩尔二甲苯碳质量/二甲苯分子量)
   = 1500×(12×8)/(12×8+1×10) ×100%= 0.136%

b. 土壤里 1500 mg/kg 二甲苯（$C_6H_4(CH_3)_2$）中氢含量为
   $C_6H_4(CH_3)_2$=1500×(单位摩尔二甲苯氢质量/二甲苯分子量)
   = 1500×(1×10)/(12×8+1×10) ×100%= 0.014%

c. 热值计算（使用公式（5.47）），有
热值$=338\times0.136+1441\times0.014=66.14\text{kJ/kg}$

▶ 案例 5.31　计算燃烧温度

某废物进料含有质量分数为 20%的碳、2%的氧、1%的氢和 0.1%的硫。计算没有辅助燃料及过量空气百分率为 85%时的燃烧温度。

解答：

a. 热值计算（使用公式（5.47））

$$\text{热值}=338\times20+1441\times\left(1-\frac{2}{8}\right)+95\times0.1=7850\text{ kJ/kg}$$

b. 燃烧温度（利用公式（5.48））

$$T=15.56+\frac{7850}{1.359\times[1+(1+85\%)\times(3.23\times10^{-4})\times7850]}=1030\text{ °C}$$

5.7.3　危险废物焚烧的法规要求

在美国，从危险废物焚烧器排出的气体受两个法规的监管，分别是《资源保护和恢复法》（*Resource Conservation and Recovery Act*，RCRA）、《清洁空气法案》（*Clean Air Act*，CAA）。法案对于可达到最大可控技术（MACT）标准设置了排放限值，包括二恶英/呋喃、重金属、颗粒物、氯化氢、烃类、一氧化碳及危险废物中有机物的裂解和去除效率（DRE）。由于焚烧的首要目的是降解危险废物中的有机物，焚烧单元对于危险废物进料中的各种主要危险有机废物（POHC）需要达到 99.99%的裂解和去除效率，而对于某些含有二恶英的废物，裂解和去除效率甚至要求高达 99.9999%[9]。裂解和去除效率（DRE）被定义为

$$\text{DRE}=\frac{M_\text{in}-M_\text{out}}{M_\text{in}} \tag{5.49}$$

式中，M_in 为焚烧单元中特定 POHC 的进料速率，M_out 为焚烧单元中特定 POHC 的出料速率（单位为 kg/h）。

焚烧单元的尾气通常需要持续性的监测，同时需要记录不同的成分，如一氧化碳。焚烧效率通常要求大于 99.99%，根据下式进行计算

$$\text{焚烧效率}=\frac{[CO_2]}{[CO_2]+[CO]}\times100\% \tag{5.50}$$

式中，[CO_2]为干燥尾气中二氧化碳的浓度（单位为 ppmV），[CO]为干燥尾气中一氧化碳的浓度（单位为 ppmV）。

案例 5.32　计算裂解和去除效率

一个焚烧单元（$T = 2000\ ℃$，停留时间为 30 s）的测试焚烧的进出料浓度结果如下表所示。

	进料（kg/h）	出料（kg/h）
苯（C_6H_6）	500	0.04
苯酚（C_6H_5OH）	300	0.04
PCE（C_2Cl_4）	200	0.01

该焚烧单元是否符合法规要求？

解答：

a. 苯的 DRE 为
$$DRE = \frac{500-0.04}{500} = 99.992\% > 99.99\%$$

b. 苯酚的 DRE
$$DRE = \frac{300-0.04}{300} = 99.987\% < 99.99\%$$

c. PCE 的 DRE
$$DRE = \frac{200-0.01}{200} = 99.995\% > 99.99\%$$

该燃烧单元不符合法规要求，因为苯酚的 DRE 小于 99.99%。

案例 5.33　计算氯化氢生成量

在案例 5.32 的测试焚烧中，假设进量中所有氯都转化为氯化氢。计算尾气控制前氯化氢的流量。

解答：

a. PCE（C_2Cl_4）的分子量 = 12×2 + 35.5×4 = 166
　PCE 的摩尔流量 = (200000 g/h)/(166 g/mol) = 1205 mol/h

b. HCl 的摩尔流量 = Cl 的摩尔流量 = PCE 的摩尔流量×2
　　　　　　　　= 2×1205 mol/h = 2410 mol/h

c. HCl 的分子量 = 1 + 35.5 = 36.5

　　HCl 的质量流量 = (2410 mol/h)×(36.5 g/mol) = 97965 g/h = 97.97 kg/h

 讨论

RCRA 对 HCl 排放的一般要求为质量流量≤1.8 kg/h 或去除率>99%，因此在此案例中需要对 HCl 做去除处理。

案例 5.34　计算焚烧效率

使用奥氏的气体分析仪测得一个焚烧单元的干燥尾气中含有 17% 的 CO_2、2.5% 的 O_2、80% 的 N_2 和 1600 ppmV 的 CO。求该焚烧单元的燃烧效率。

解答：

在第 2 章 2.2.1 中提到过，1% 气体 = 10000 ppmV

根据公式（5.50）有

$$\text{焚烧效率} = \frac{170000}{170000 + 1600} \times 100\% = 99.06\%$$

 讨论

计算得出的燃烧效率小于 99%。为了提升燃烧效率至 99% 以上，需要改善搅拌，增加额外空气提供量或提高燃烧温度。

5.8　低温加热解吸

5.8.1　低温加热解吸技术介绍

低温加热解吸（LTTD）是一种异位土壤修复技术，也被称为低温加热、低温热挥发或热脱附（国内通常称为热解吸或者热脱附）。使用低温热解析处理时，温度升高促进了挥发性和半挥发性污染物的挥发，进而从土壤、沉积物或污泥中去除。处理温度通常为 93.3~537.8 ℃，使用术语"低温"是为了与焚烧技术相区分。在较低的温度下，污染物从土壤中物理分离出来，而不会被燃烧掉，产生的尾气需要在排入大气之前得到进一步处理。

5.8.2 低温加热解吸技术设计

目前没有成熟的低温加热反应器设计规范,达到指定的最终浓度所需的时间取决于以下因素。

(1) 反应器内部的温度:温度越高,解吸速率会越高,因此停留时间越短。

(2) 反应器内部的混合条件:较好的混合条件会增强热交换,并促进已解吸的污染物排出。

(3) 污染物的挥发性:污染物越容易挥发,所需的停留时间越短。

(4) 土壤粒径:土壤颗粒越小,解吸越容易。

(5) 土壤类型:粘土对污染物的吸附性更强,因此粘土中的污染物更难被解吸出来。

最好通过中试研究来确定将某种类型土壤修复至目标浓度所需的停留时间或解吸速率,进而根据中试研究的结果来进行大规模运行的初步设计。运行时可以采用序批模式或连续模式。对于连续模式,如果反应器内土壤混合相对较好,则可以将其当作连续流搅拌式反应器。对于解吸过程,可以合理假设为一级反应。对于一级反应,初始浓度、最终浓度、反应速率常数及停留时间的关系如下(详细讨论见第 4 章):

对于序批式反应器

$$\frac{C_f}{C_i} = e^{-k\tau} \text{ 或 } C_f = (C_i)e^{-k\tau} \qquad (4.16)$$

对于连续流搅拌式反应器

$$\frac{C_{out}}{C_{in}} = \frac{1}{1+k(V/Q)} = \frac{1}{1+k\tau} \qquad (4.20)$$

> **案例 5.35** 计算低温加热所需的停留时间(序批式运行)

采用序批式低温加热土壤反应器来处理总石油烃(TPH)浓度为 2500 mg/kg 的污染土壤。中试研究时,将浓度降低到 150 mg/kg 需要 25 min。假设为一级反应。如果要求最终的土壤 TPH 浓度为 50 mg/kg,反应器中土壤的停留时间应为多少?

解答:

a. 应用公式(4.16)计算速率常数

$$\frac{C_f}{C_i} = e^{-k\tau} = \frac{150}{2500} = e^{-k(25)}$$

因此
$$k = 0.113 \text{ min}^{-1}$$

b. 应用该速率常数及公式（4.16）计算所需的停留时间

$$\frac{C_f}{C_i} = e^{-k\tau} = \frac{50}{2500} = e^{-(0.113)\tau}$$

因此
$$\tau = 35 \text{ min}$$

讨论

通常使用序批式反应器进行实验室试验来获取速率常数。

案例5.36 计算低温加热所需的停留时间（连续式运行）

采用连续式低温加热土壤反应器来处理总石油烃（TPH）浓度为 2500 mg/kg 的污染土壤。假设反应器为连续流搅拌式反应器，为一级反应，中试研究时确定了反应速率常数为 0.3 min^{-1}。要求最终的土壤 TPH 浓度为 100 mg/kg。

a. 反应器中土壤的设计停留时间应为多少？

b. 将反应器中的土壤量保持在反应器总体积的 30% 以下，以保证混合效果。计算当污染土壤处理速率为 500 kg/h 时所需的反应器体积。

解答：

a. 应用公式（4.20）计算所需的停留时间

$$\frac{C_{\text{out}}}{C_{\text{in}}} = \frac{1}{1+k\tau} = \frac{100}{2500} = \frac{1}{1+(0.3)\tau}$$

$$1 + 0.3\tau = 25$$

因此　　　　　　　　$\tau = 80 \text{ min} = 1.33 \text{ h}$

b. 假设反应器中土壤堆积密度为 1.8 g/cm^3，则土壤的体积进料速率为

$$Q_{\pm} = (500 \text{ kg/h})/(1.8 \text{ kg/L}) = 278 \text{ L/h}$$

根据停留时间的定义来计算反应器的最小体积，有

$$\tau = V/Q = 1.33 \text{ h} = V/(278 \text{ L/h})$$

因此　　　　　　　　$V = 370 \text{ L}$

由于土壤占反应器总体积的 30%以下，则所需的反应器体积为

$$V_{\text{反应器}} = 370/(30\%) = 1233 \text{ L}$$

参考文献

[1] Johnson, P.C., and R.A. Ettinger. 1994. Considerations for the design of *in situ* vapor extraction systems: Radius of influence vs. zone of remediation. Groundwater Monitoring and Remediation, 14 (3): 123–128.

[2] Johnson, P.C., M.W. Kemblowski, and J.D. Colthart. 1990. Qualitative analysis for the cleanup of hydrocarbon-contaminated soils by in situ soil venting. Groundwater, 28 (3): 413–429.

[3] Johnson, P.C., C.C. Stanley, M.W. Kemblowski, D.L. Byers, and J.D. Colthart. 1990. A practical approach to the design, operation, and monitoring of in situ soil-venting systems. Groundwater Monitoring and Remediation 10 (2): 159–178.

[4] Kuo, J.F., E.M. Aieta, and P.H. Yang. 1991. Three-dimensional soil venting model and its applications. Emerging technologies in hazardous waste management II, ed. D.W. Tedder and F.G. Pohland, 382–400. American Chemical Society Symposium Series 468. Washington, DC: ACS.

[5] Peters, M.S., and K.D. Timmerhaus. Plant design and economics for chemical engineers. 4th ed. New York: McGraw-Hill, 1991.

[6] USEPA. 1991. Site characterization for subsurface remediation. EPA/625/R-91/026. Washington, DC: Office of Research and Development, US EPA.

[7] USEPA. 2004. How to evaluate alternative cleanup technologies for underground storage sites. EPA/510/R-04/002, Washington, DC: Office of Solid Waste and Emergency Response, US EPA.

[8] USEPA. 2006. In situ chemical oxidation. EPA/600/R-06/002. Washington, DC: Office of Research and Development, US EPA.

[9] USEPA. 2011. RCRA orientation manual 2011: Resource Conservation and Recovery Act. EPA/530/F-11/003. Washington, DC: Office of Solid Waste and Emergency Response, US EPA.

[10] Santoleri, J., J. Reynolds, and L. Theodore. Introduction to hazardous waste incineration. 2nd ed. Hoboken, NJ: John Wiley & Sons, 2004.

第 6 章

地下水修复

6.1 概述

地下水含水层被污染时,地下水抽出是常用的处理方法之一。地下水抽出有两个主要目的:①降低污染羽迁移速度或减小扩散范围;②降低被污染含水层的污染物浓度。抽取出来的地下水需要先经过处理,然后才能回灌到含水层或排放到地表水体。对于这种将地下水抽出并在地表进行处理的方法,地下水修复术语中将其称为"抽出-处理法"。

地下水抽出通常利用一个或多个抽水井来完成。抽取地下水会在含水层中形成降落漏斗或捕获区。选择合适的抽水井位置和井距是抽出处理设计的重要组成部分。为了能够实现快速、最大限度移除污染物,抽水井位置的选择至关重要,通常考虑将其置于污染物集中的地方;同时,为了阻止污染物进一步迁移扩散,抽水井所设位置应保证能够完全捕获污染羽。此外,如果抽水的目标仅是控制污染物扩散,则抽水速率应以保证阻止污染羽迁移的最小速率为最佳,因为地下水抽取量越大,处理费用越高。如果需要清理地下水污染,则可以适当增大抽水速率以缩短修复时间。对于如上两种情况,地下水修复工程设计考虑的主要内容是相似的,包括如下方面。

(1)抽水井的最优数量为多少?

(2)抽水井的最佳位置在哪里?

(3)抽水井的孔径是多大?

(4)抽水井的深度及井筛的间隔、大小是多少?

（5）抽水井的建造材料是什么？
（6）每口井的最优抽水速率是多少？
（7）抽出地下水的最佳处理方法是什么？
（8）处理后地下水的处置方案是什么？

污染含水层修复也可采用原位修复技术。本章将首先介绍抽出处理技术的捕获区与优化布井的设计计算，余下小节将重点介绍常用的地下水原位/异位修复技术，包括活性炭吸附、空气吹脱、原位/异位生物修复、空气曝气、生物曝气、化学沉淀、原位化学氧化和高级化学氧化等。

6.2 地下水抽出

本节将阐述确定地下水抽出系统影响区域的常规计算方法，同时回答之前章节提出的部分问题。

6.2.1 降落漏斗

当抽水井抽水时，抽水井周围的地下水水位将会下降，并随之产生一个驱使地下水向井孔流动的水力梯度。越靠近井孔，水力梯度越大，并最终形成降落漏斗。在地下水抽出处理中，降落漏斗代表抽水井所能影响到的极限范围，因此，对降落漏斗的准确判断至关重要。

含水层完整井稳定流公式已经在 3.3 节讨论过。使用该公式可用于计算井中水位降深及含水层的水力传导系数/渗透系数；同时，该公式也可用于计算抽水井的影响半径和/或地下水抽出速率。这一节将就这些应用举例说明。

1. 承压含水层中地下水稳定流

公式（6.1）是承压含水层（或自流含水层）中完整井稳定流公式。完整井是指从含水层顶板到底板的整个厚度都能进水的井。

$$Q = \frac{2.73Kb(h_2 - h_1)}{\lg(r_2/r_1)} \tag{6.1}$$

式中，Q 为抽水速率，单位为 m^3/d；h_1、h_2 为自含水层底板起算的静止水位，单位为 m；r_1、r_2 为距抽水井距离，单位为 m；b 为含水层厚度，单位为 m；K 为含水层水力传导系数，单位为 m/d。

案例 6.1　承压含水层中抽水井影响半径

承压含水层厚 9.1 m，测压水头为从含水层底板起算之上 24.4 m，从直径为 0.102 m 的完整井中抽水。

抽水速率为 0.15 m³/min，含水层岩性以砂为主，水力传导系数为 8.2 m/d。至稳定状态时，距离抽水井 3 m 处的观测井水位降深为 1.5 m，试求：

　a. 抽水井中的降深；
　b. 抽水井的影响半径。

解答：

a. 首先确定 h_1（在 $r_1=3$ m 处）

$$h_1 = 24.4 - 1.5 = 22.9 \text{ m}$$

为了确定抽水井降深，根据抽水井直径为 0.102 m，则其半径 $r=0.051$ m，代入公式（6.1），有

$$0.15 \times 1440 = \frac{2.73 \times 8.2 \times 9.1 \times (h_2 - 22.9)}{\lg(0.051/3.0)} \to h_2 = 21.0 \text{ m}$$

因此抽水井降深为 24.4−21.0=3.4 m。

b. 水位降深为 0 处距抽水井的距离为影响半径，设影响半径为 r_{RI}，令 $r = r_{RI}$，可得

$$0.15 \times 1440 = \frac{2.73 \times 8.2 \times 9.1 \times (21.0 - 24.4)}{\lg(0.051/r_{RI})} \to r_{RI} = 82 \text{ m}$$

类似结果还可以从观测井（$r = 3$ m）的降深信息推导得到

$$0.15 \times 1440 = \frac{2.73 \times 8.2 \times 9.1 \times (22.9 - 24.4)}{\lg(3/r_{RI})} \to r_{RI} = 78 \text{ m}$$

讨论

$h_1 - h_2$ 这一项可以使用 $s_2 - s_1$ 来代替，s_1 和 s_2 分别是距抽水井 r_1 和 r_2 处的水位降深值。

案例 6.2　利用稳定流降深数据计算承压含水层抽水速率

根据以下信息，计算承压含水层抽水速率：
　　含水层厚 = 9.1 m；
　　井直径 = 0.1 m；

抽水井类型为完整井；
含水层水力传导系数 = 16.3 m/d；
距抽水井 1.52 m 处的观测井稳定降深为 0.61 m；
距抽水井 6.1 m 处的观测井稳定降深为 0.37 m。

解答：

将数据代入公式（6.1），得到

$$Q = \frac{2.73Kb(h_2 - h_1)}{\lg(r_2/r_1)} = \frac{2.73 \times 16.3 \times 9.1 \times (0.61 - 0.37)}{\lg(6.1/1.52)} = 161 \text{ m}^3/\text{d}$$

 讨论

$h_1 - h_2$ 这一项可以使用 $s_2 - s_1$ 来代替，s_1 和 s_2 分别是距抽水井 r_1 和 r_2 处的水位降深值。

2. 潜水含水层中地下水稳定流

描述潜水含水层中完整井稳定流公式可以写为：

$$Q = \frac{1.366K(h_2^2 - h_1^2)}{\lg(r_2/r_1)} \tag{6.2}$$

式中各项参数与公式（6.1）相同。

案例 6.3　潜水含水层抽水影响半径

潜水含水层的厚度为 12.2 m，利用直径为 0.102 m 的完整井抽水：
抽水速率为 0.15 m³/min；
砂质含水层水力传导系数为 8.2 m/d；
距离抽水井 3.0 m 的观测井稳定降深为 1.5 m。
计算：
  a. 抽水井降深；
  b. 抽水井影响半径。

解答：

a. 首先确定 h_1（在距抽水井 3 m 处），有

$$h_1 = 12.2 - 1.5 = 10.7 \text{ m}$$

为了确定抽水井降深,令 r 为井的半径,$r = (0.102/2)$ m = 0.051 m,然后利用公式(6.2),有

$$0.15 \times 1440 = \frac{1.366 \times 8.2 \times (h_2^2 - 10.7^2)}{\lg(0.051/3.0)} \rightarrow h_2 = 9.0 \text{ m}$$

所以,抽水井处的水位降深是 12.2 − 9.0 = 3.2 m。

b. 水位降深为 0 处距抽水井的距离为影响半径,利用抽水井降深信息推导如下

$$0.15 \times 1440 = \frac{1.366 \times 8.2 \times (9.0^2 - 12.2^2)}{\lg(0.051/r_{RI})} \rightarrow r_{RI} = 168 \text{ m}$$

利用观测井降深信息可以推导出类似结果

$$0.15 \times 1440 = \frac{1.366 \times 8.2 \times (10.7^2 - 12.2^2)}{\lg(3/r_{RI})} \rightarrow r_{RI} = 181 \text{ m}$$

讨论

在公式(6.1)中,对于承压含水层,可以利用 $s_1 - s_2$ 代替 $h_2 - h_1$,这里 s_1 和 s_2 分别是距抽水井 r_1、r_2 处的水位降深值。但是,公式(6.2)没有类似特点,这里不能利用 $s_1^2 - s_2^2$ 代替 $h_2^2 - h_1^2$。

案例 6.4 利用潜水含水层稳定降深数据计算抽水速率

根据以下信息计算潜水含水层中抽水井的抽水速率:

含水层厚为 9.1 m;
井直径为 0.102 m;
抽水井类型为完整井;
含水层水力传导系数为 16.3 m/d;
稳定降深;
距离抽水井 1.52 m 处观测孔稳定降深 0.61 m;
距离抽水井 6.1 m 处观测孔稳定降深为 0.37 m。

解答:

a. 需要确定 h_1 和 h_2:

$$h_1 = 9.1 - 0.61 = 8.49 \text{ m}$$
$$h_2 = 9.1 - 0.37 = 8.73 \text{ m}$$

b. 将数据代入公式（6.2），可以得到

$$Q = \frac{1.366K\left(h_2^2 - h_1^2\right)}{\lg\left(r_2 / r_1\right)} = \frac{1.366 \times 16.3 \times \left(8.73^2 - 8.49^2\right)}{\lg(6.1/1.52)} = 152 \text{ m}^3/\text{d}$$

6.2.2 捕获区分析

设计地下水抽取系统时，关键工作之一就是选择合适的抽水井位置。如果仅用一口井，则应合理布设抽水井位置，以保证它的捕获区能完全覆盖污染羽；如果采用井群，则需要确定任意两口井之间的最大距离，且该距离要确保两井间没有污染物逃逸，该最大距离一旦确定，就可以绘出井群在含水层中的捕获区。

在实际含水层中勾画出地下水抽水井系统的捕获区是非常复杂的工作。为理论分析方便，将含水层概化为等厚、均质、各向同性且地下水为均匀稳定流的理想情况。该项理论研究从单井问题入手，再扩展到群井问题。本节接下来的讨论主要基于 Javandel 和 Tsang[1] 的研究。

1. 单井抽水

为方便说明，将抽水井放置在 x-y 坐标系原点处（见图 6.1），则这口井的捕获区边界线（包络线）公式为

$$y = \pm \frac{Q}{2Bu} - \frac{Q}{2\pi Bu}\arctan\frac{y}{x} \quad (6.3)$$

式中，B 为含水层厚度，单位为 m；Q 为抽水速率，单位为 m³/s；u 为区域地下水流速，单位为 m/s，且 $u = Ki$。

图 6.1 展示了单个抽水井的捕获区。Q/Bu 的值越大（抽水速率变大，地下水流速变小，或减小含水层厚度），捕获区范围越大。捕获区的三个坐标特征值如下：

（1）y 趋近于 0 处的驻点；

（2）$x=0$ 处的侧流距离；

（3）$x=\infty$ 处 y 的渐近值。

如果以上 3 个数据确定了，捕获区的大致形状就可以勾画出来。在驻点处（y 趋于 0），驻点与抽水井之间的距离为 $Q/2\pi Bu$，它代表了抽水井向下游所能影响到的最远距离。在 $x=0$ 处，从抽水井到最大侧流距离等于 $\pm Q/4Bu$，换言之，抽

水井所在直线（与水流方向垂直）上的流线分隔最大距离为 $Q/2Bu$。y 的渐近值（$x=\infty$ 处）等于 $\pm Q/2Bu$，即远离抽水井的上游区流线分隔最大距离为 Q/Bu。

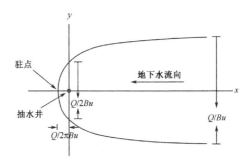

图 6.1　单井捕获区

注意，公式（6.3）中参数 Q/Bu 具有长度量纲。为了画出捕获区，公式（6.3）可以重写成

当 $y>0$ 时，$$x = \frac{y}{\tan\left\{\left[+1-\left(\dfrac{2Bu}{Q}\right)y\right]\pi\right\}} \tag{6.4}$$

当 $y<0$ 时，$$x = \frac{y}{\tan\left\{\left[-1-\left(\dfrac{2Bu}{Q}\right)y\right]\pi\right\}} \tag{6.5}$$

首先给定 y 值，即可通过上述公式获得一系列 (x, y) 值。可以看出，捕获区关于 x 轴对称。

案例 6.5　绘出抽水井的捕获区范围

通过以下信息绘出地下水抽水井的水力捕获区：

抽水速率 Q 为 3.79×10^{-3} m³/s；
水力传导系数为 81.5 m/d；
地下水水力梯度为 0.01；
含水层厚度为 15.24 m。

解答：

a. 确定地下水流速（u），有
$$u = Ki = (81.5\text{m/d})\times 0.01 = 0.82 \text{ m/d} = 9.43\times 10^{-6} \text{ m/s}$$

b. 确定参数 Q/Bu 值

$$\frac{Q}{Bu} = \frac{3.79 \times 10^{-3} \text{ m}^3/\text{s}}{15.24 \text{ m} \times (9.43 \times 10^{-6} \text{ m/s})} = 26.37 \text{ m}$$

c. 利用公式（6.4）建立（x, y）数据集。首先给定 y 值，对于小的 y 值，选择一个较小的间距。按照下面列表中的数据得出图 6.2。

y（m）	x（m）	y（m）	x（m）
0	0.00		
0.1	-4.20	-0.1	-4.20
0.5	-4.18	-0.5	-4.18
1	-4.12	-1	-4.12
3	-3.46	-3	-3.46
5	-1.99	-5	-1.99
7	0.68	-7	0.68
9	5.81	-9	5.81
10	10.54	-10	10.54
12	41.36	-12	41.36

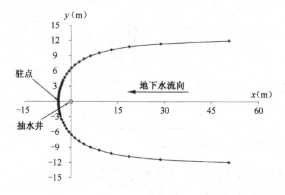

图 6.2　抽水井捕获区（案例 6.5）

 讨论

1. 正如图 6.2 或上表中所示，捕获区关于 x 轴对称。注意公式（6.4）应当使用 y 值为正的值，而公式（6.5）应当使用 y 值为负的值。

2. 不要使给定的 y 值超出 $\pm Q/2Bu$ 的范围。正如上面讨论过的，$\pm Q/2Bu$ 是捕获区曲线的渐近值（$x = \infty$）。

案例 6.6 确定捕获区的下游侧流距离

含水层中存在一个抽水井，含水层水力传导系数为 41 m/d，水力梯度为 0.015，含水层厚度为 24.38 m，设计抽水速率为 3.15×10^{-3} m³/s。

计算下面的捕获区特征值，并画出该抽水处理井的捕获区：
a. 抽水井所在直线（与水流方向垂直）方向的捕获区的侧流距离；
b. 抽水井到驻点的距离；
c. 远离抽水井的上游捕获区的侧流距离。

解答：

a. 确定地下水流速（u），有
$$u = Ki = 41 \text{ m/d} \times 0.015 = 0.615 \text{ m/d} = 7.12 \times 10^{-6} \text{ m/s}$$

b. 确定抽水井所在直线（与水流方向垂直）方向的捕获区的侧流距离（$Q/4Bu$），有
$$\frac{Q}{4Bu} = \frac{3.15 \times 10^{-3} \text{ m}^3/\text{s}}{4 \times (24.38 \text{ m}) \times (7.12 \times 10^{-6} \text{ m/s})} = 4.54 \text{ m}$$

c. 确定抽水井到下游驻点的距离（$Q/2\pi Bu$），有
$$\frac{Q}{2\pi Bu} = \frac{3.15 \times 10^{-3} \text{ m}^3/\text{s}}{(2\pi) \times (24.38 \text{ m}) \times (7.12 \times 10^{-6} \text{ m/s})} = 2.89 \text{ m}$$

d. 确定远离抽水井的上游捕获区的侧流距离（$Q/2Bu$），有
$$\frac{Q}{2Bu} = \frac{3.15 \times 10^{-3} \text{ m}^3/\text{s}}{2 \times (24.38 \text{ m}) \times (7.12 \times 10^{-6} \text{ m/s})} = 9.07 \text{ m}$$

e. 利用以上特定值确定捕获区边界特征点如下表。

x（m）	y（m）	备注
0	0	抽水井坐标
−2.89	0	井至下游的距离（驻点坐标）
0	4.54	与井同一直线上的侧流边界
0	−4.54	与井同一直线上的侧流边界
45.4*	9.07	抽水井上游侧流渐近线
45.4*	−9.07	抽水井上游侧流渐近线

*在远离抽水井的上游，即 $x = \infty$ 处，侧流距离 $y = \pm 9.07$ m；在本表中，使用侧流距离的 10 倍 $x=45.4$ m 作为最大值。

f. 根据上表绘制捕获区特征点，根据公式（6.4）及公式（6.5）绘制捕获区包络线，如图 6.3 所示。

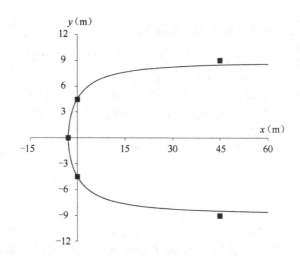

图 6.3　抽水井捕获区（案例 6.6）

2. 多井抽水

表 6.1 总结了在垂直于地下水流向布设一排抽水井的情况下，捕获区的部分特征距离。如表所示，在远离抽水井的上游，包络线分隔间距为 $n(Q/Bu)$，其中 n 为抽水井数量，该分隔间距为井群所在直线方向上的包络线分隔间距的两倍。

多井抽水与单井抽水相同，井至下游驻点的距离为 $Q/2\pi Bu$。

表 6.1　多井抽水水力捕获区边界特征值

抽水井数量	最优井距	抽水井所在直线上的分隔流线间距	远离抽水井上游的分隔流线间距
1	—	$0.5Q/Bu$	Q/Bu
2	$0.32Q/Bu$	Q/Bu	$2Q/Bu$
3	$0.40Q/Bu$	$1.5Q/Bu$	$3Q/Bu$
4	$0.38Q/Bu$	$2Q/Bu$	$4Q/Bu$

引自文献[1]。

案例 6.7　确定多井捕获区的下游侧流距离

含水层中有两口抽水井，含水层水力传导系数为 41 m/d，水力梯度为 0.015，含水层厚度为 24.38 m。每个抽水井设计流量为 3.15×10^{-3} m³/s。试确定最优井距，计算下述特征距离，并画出抽水井的捕获区：

a. 两口井连线（与地下水流向垂直）方向的捕获区包络线的侧流距离；

b. 抽水井到下游驻点的距离；
c. 远离抽水井上游的包络线侧流距离。

解答：

a. 确定地下水流速（u），有
$$u = Ki = (41 \text{ m/d}) \times 0.015 = 0.615 \text{ m/d} = 7.12 \times 10^{-6} \text{ m/s}$$

b. 根据表6.1，确定这两口井的最优距离（$0.32Q/Bu$），有
$$\frac{0.32Q}{Bu} = \frac{0.32 \times (3.15 \times 10^{-3} \text{ m}^3/\text{s})}{(24.38 \text{ m}) \times (7.12 \times 10^{-6} \text{ m/s})} = 5.81 \text{ m}$$

每一口井到原点的距离为该值的一半，即 $0.16Q/Bu = 2.90$ m。

c. 确定与井在同一直线上的捕获区包络线的侧流距离（$Q/2Bu$），有
$$\frac{Q}{2Bu} = \frac{3.15 \times 10^{-3} \text{ m}^3/\text{s}}{2 \times (24.38 \text{ m}) \times (7.12 \times 10^{-6} \text{ m/s})} = 9.07 \text{ m}$$

d. 确定从井到下游驻点的距离（$Q/2\pi Bu$），有
$$\frac{Q}{2\pi Bu} = \frac{3.15 \times 10^{-3} \text{ m}^3/\text{s}}{(2\pi) \times (24.38 \text{ m}) \times (7.12 \times 10^{-6} \text{ m/s})} = 2.89 \text{ m}$$

e. 确定远离抽水井上游的包络线侧流距离（Q/Bu），有
$$\frac{Q}{Bu} = \frac{3.15 \times 10^{-3} \text{ m}^3/\text{s}}{(24.38 \text{ m}) \times (7.12 \times 10^{-6} \text{ m/s})} = 18.15 \text{ m}$$

f. 利用以上特征距离确定捕获区边界特征点，画出包络线的大致形状，如图6.4所示。

x (m)	y (m)	备 注
0	2.90	第一个抽水井坐标
0	-2.90	第二个抽水井坐标
-2.89	0	井至下游边界距离（驻点坐标）
0	9.07	与井同一直线上的侧流边界
0	-9.07	与井同一直线上的侧流边界
90.7*	18.15	抽水井上游侧流渐近线
90.7*	-18.15	抽水井上游侧流渐近线

*抽水井上游侧流边界（$y = \pm 18.29$ m）应当出现在上游无穷远处（$x = \infty$），此处按照抽水井所处直线上的侧流边界的10倍距离取值，即 $x = \pm 90.7$ m。

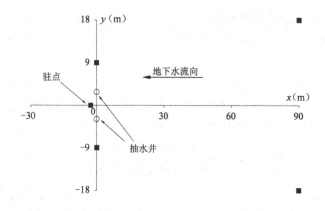

图 6.4 双井捕获区（案例 6.7）

 讨论

1. 沿两口抽水井所在直线方向的侧流距离是单井的两倍；
2. 远离双井的上游侧流距离是单井的两倍；
3. 双井至下游驻点距离与单井相同。至下游驻点距离的计算公式为 $Q/2\pi Bu$，但实际上，两口井对下游的影响距离应当略大于 $Q/2\pi Bu$。

3. 井距和井的数量

正如之前提到的，在地下水修复工作中，确定井的数量和井的间距是非常重要的。如果污染羽范围、地下水的流速和流向已经确定，可以利用下面的步骤确定井的数量和位置。

步骤 1：利用含水层试验确定地下水抽取速率或者利用含水层介质参数估算抽水速率。

步骤 2：在图中勾画出单井水力捕获区（参考案例 6.5 或案例 6.6），图件比例尺应与污染羽图件比例尺相同。

步骤 3：将捕获区曲线与污染羽分布图叠加。

步骤 4：如果捕获区能够完全覆盖污染羽范围，那么设置一口抽水井即可，并将捕获区曲线中抽水井的位置复制到污染羽图件中。在确保捕获区完全覆盖污染羽的前提下，可通过降低抽水速率以缩小捕获区范围。

步骤 5：如果单个抽水井捕获区不能够完全覆盖污染羽范围，那就需要两个或者更多个抽水井，直到捕获区范围能完全覆盖污染羽。同理，复制捕获区曲线中抽水井的位置到污染羽图件中。值得注意的是，由于井群抽水时，各井的影响范围可能会有重叠，因此，即便每口井的最大允许降深相同，井群抽水时的单井抽水速率也会与单井抽水时的抽水速率有所差别。

案例 6.8　确定捕获地下水污染羽的抽水井位与数量

某被污染的含水层，其水力传导系数为 41 m/d，水力梯度为 0.015，含水层厚度为 24.38 m。污染羽范围如图 6.5 实黑线所示。

假定单井的抽水速率为 3.15×10^{-3} m³/s，要求确定抽水处理井数量与位置。

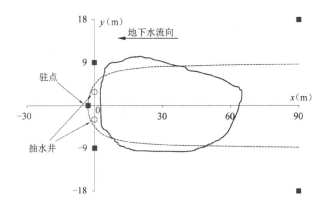

图 6.5　污染羽及单井、双井捕获区（案例 6.8）

解答：

a. 画出单井捕获区（同案例 6.6），井位设在坐标系原点。图中虚线为该井的捕获区边界线。如图 6.5 所示，单井捕获区无法覆盖整个污染羽。

b. 画出双井捕获区（同案例 6.7）。如图 6.5 所示，两个空心圆为抽水井位置，实心方块的连线为双井捕获区。可以看出，双井捕获区能够完全覆盖污染羽。因此，应该布设两口抽水井。

6.3　活性炭吸附

6.3.1　活性炭吸附技术介绍

吸附过程是指溶液中的可溶性物质（吸附质）被吸附到固体表面（吸附剂）

的过程。活性炭是一种普遍使用的吸附剂，它几乎能够吸附所有类型的有机化合物。活性炭颗粒具有较大的比表面积，在活性炭吸附过程中，有机化合物被活性炭表面吸附而从溶液中去除。当出口处溶液的污染物浓度突然升高时，说明活性炭已吸附饱和，应当对活性炭进行更换或再生。

通常，活性炭吸附系统的初步设计包括吸附单元的尺寸设计、活性炭更换（或再生）频率等。当使用多个活性炭吸附单元时，还应对单元组合方式进行设计。

6.3.2 吸附等温线和吸附容量

一般来说，活性炭的吸附容量取决于吸附质（污染物）性质、活性炭性质、污染物浓度、污染物温度等因素。吸附等温线是指在一定温度下，活性炭表面污染物浓度和溶液中溶解态污染物浓度达到平衡时的关系曲线。活性炭对一种特定物质的吸附容量可以从等温吸附线中估算得到。环境应用中最常使用的吸附模型是 Langmuir 等温线和 Freundlich 等温线，它们分别为

$$q = \frac{abC}{1+bC} \tag{6.6}$$

$$q = kC^n \tag{6.7}$$

式中，q 为污染物吸附浓度（污染物的质量/活性炭的质量），C 为水体污染浓度（污染物质量/溶液体积），a、b、k、n 为常数。从公式（6.6）或公式（6.7）中得到的吸附浓度 q 是平衡值（该值与溶液中溶质浓度平衡），它是指定污染物水溶液浓度的理论吸附容量。现场应用时，活性炭实际吸附容量相对较低，这是因为理论吸附等温线是在实验环境下得到的，实验溶液不含与目标吸附质产生竞争吸附的其他物质，而这在现场运行中是不可能的。通常，设计工程师取 25%～50% 的安全系数，再乘以理论吸附容量，即为设计吸附容量。

$$q_{实际} = (50\%)(q_{理论}) \tag{6.8}$$

一定质量的活性炭可去除污染物的最大量为

$$M_{去除} = (q_{实际})(M_{活性炭}) = (q_{实际})[(V_{活性炭})(\rho_b)] \tag{6.9}$$

式中，$M_{活性炭}$ 为活性炭的质量，$V_{活性炭}$ 为活性炭的体积，ρ_b 为活性炭的堆积密度。

活性炭吸附器的吸附容量可按如下步骤确定。

步骤1：利用公式（6.6）或公式（6.7）确定活性炭的理论吸附容量；

步骤2：利用公式（6.8）确定活性炭实际吸附容量；

步骤3：确定吸附器中活性炭的量；

步骤4：利用公式（6.9）确定吸附器所能吸附的污染物最大量。

如上计算所需要的信息包括：

- 吸附等温线；
- 水体污染物浓度，C_{in}；
- 活性炭的体积，$V_{活性炭}$；
- 活性炭的堆积密度，ρ_b。

案例6.9 确定活性炭吸附器的吸附容量

在地下工程建设中，经常需要通过抽水来降低地下水水位。在某建筑工地，承建商意外发现抽取的地下水存在甲苯污染，浓度为 5 mg/L。按照规定，地下水中甲苯的浓度必须降低到 100 ppb（0.1 mg/L）之后才能外排。为避免工期延误，现利用成品活性炭吸附桶（体积为 208 L）来治理抽出的地下水。

活性炭供应商提供了等温吸附线的信息。按照 Langmuir 模型，q（kg 甲苯/kg 碳）=$[0.004C_e/(1+0.002C_e)]$，C_e 单位是 mg/L。供应商还提供了以下信息：

每个 208 L 活性炭吸附桶的填料层直径为 0.46 m；
每个 208 L 活性炭吸附桶的填料层高度为 0.92 m；
活性炭堆积密度为 0.48×10^3 kg/m³。

根据以上信息计算：

a. 活性炭的吸附容量；
b. 一个 208 L 活性炭桶内活性炭的质量；
c. 每个单元最多可去除多少甲苯？

解答：

a. 利用公式（6.6）求出理论吸附容量，有

$$q = \frac{0.004C_e}{1+0.002C_e} = \frac{0.004 \times 5}{1+0.002 \times 5} = 0.02 \text{ kg/kg}$$

利用公式（6.8）求出实际吸附容量，有

$$q_{实际} = (50\%)q_{理论} = 50\% \times 0.02 = 0.01 \text{ kg/kg}$$

b. 每个 208 L 活性炭桶内的填料体积

$$(\pi r^2)(h) = (\pi) \times (0.46/2)^2 \times 0.92 = 0.15 \text{ m}^3$$

每个 208 L 活性炭桶内的活性炭质量

$$(V)(\rho_b) = (0.15 \text{ m}^3) \times (0.48 \times 10^3 \text{ kg/m}^3) = 72 \text{ kg}$$

c. 在活性炭吸附饱和之前，每个吸附桶所能吸附甲苯的质量=活性炭的质量×实际吸附容量，即

$$(72 \text{ kg/桶}) \times (0.01 \text{ kg/kg}) = 0.72 \text{ kg/桶}$$

 讨论

1. 活性炭的堆积密度通常为 480 kg/m³ 左右，208 L 活性炭桶内大约容纳 72 kg 活性炭；
2. 0.01 kg/kg 的吸附容量等同于 0.01 g/g；
3. 在等温吸附公式中要统一 C 和 q 的单位；
4. 利用等温吸附公式确定吸附容量时，应当使用进水污染物浓度而非出水污染物浓度。

6.3.3 活性炭吸附系统设计

1. 空床接触时间

对于处理对象为液体的活性炭系统，空床接触时间（Empty Bed Contact Time，EBCT）是最常用的设计参数。典型的空床接触时间通常为 5～20 min，这主要取决于污染物的性质。有些化合物更容易被吸附，那么它所需空床接触时间较短。以多氯联苯（PCBs）和丙酮作为两个极端的例子来说明，PCBs 亲水性非常弱，极易吸附于活性炭的表面；而丙酮易溶于水，不容易被活性炭吸附。因此丙酮需要的空床接触时间要远远长于 PCBs。

如果溶液流速（Q）一定，可用空床接触时间来确定活性炭吸附器的体积（V_{carbon}），即

$$V_{carbon} = (Q)(\text{EBCT}) \tag{6.10}$$

2. 横截面积

活性炭吸附器的水力负荷通常设置为 293 m/d 或更少，这个参数可以用来确定吸附器所需的最小横截面积（A_{carbon}）。

$$A_{\text{carbon}} = \frac{Q}{\text{表面负荷}} \tag{6.11}$$

3. 活性炭吸附器的高度

所需活性炭吸附器的高度（H_{carbon}）设计可以参照下式，即

$$H_{\text{carbon}} = \frac{V_{\text{carbon}}}{A_{\text{carbon}}} \tag{6.12}$$

4. 活性炭吸附器的污染物去除速率

活性炭吸附器的污染物去除速率（$R_{\text{去除}}$）可以利用下面的公式计算，有

$$R_{\text{去除}} = (C_{in} - C_{out})Q \tag{6.13}$$

在实际应用中，出水浓度（C_{out}）应保证低于排放限值，该值通常非常低。因此，出于安全因素，在设计计算中，C_{out} 项可以从公式（6.13）中删除，即污染物去除速率等于进水质量负荷（$R_{\text{负荷}}$），有

$$R_{\text{去除}} \approx R_{\text{负荷}} = (C_{in})Q \tag{6.14}$$

5. 活性炭更换/再生频率

活性炭一旦吸附饱和，应当及时更换/再生。活性炭再生时间间隔或一批活性炭的预期使用寿命，可以用活性炭吸附容量除以污染物去除速率 $R_{\text{去除}}$ 求得，有

$$T = \frac{M_{\text{去除}}}{R_{\text{去除}}} \tag{6.15}$$

6. 活性炭吸附器的结构

如果使用多个活性炭吸附器，吸附器通常以串联及（或）并联方式分布。如果两个吸附器串联，监测点可以设置在第一个吸附器的出水口，若第一个吸附器出水污染物浓度高，就表明该吸附器已吸附饱和，此时，去掉第一个吸附器，第二个吸附器转为第一吸附器。因此，两个吸附器的吸附容量都将被充分利用，同时也能完全满足排放标准。如果两个吸附器并联，则对其中一个吸附器进行离线再生或者维护时，系统仍能确保连续运行。

活性炭吸附系统的设计可按照如下步骤完成。

步骤 1：采用案例 6.9 描述的方法确定吸附容量。
步骤 2：采用公式（6.10）确定所需活性炭吸附器的体积。
步骤 3：采用公式（6.11）确定所需活性炭吸附器的横截面积。
步骤 4：采用公式（6.12）确定所需活性炭吸附器的高度。
步骤 5：采用公式（6.14）确定污染物去除速率或污水负荷。
步骤 6：采用公式（6.9）确定活性炭所能吸附的污染物质量。
步骤 7：采用公式（6.15）确定活性炭服役周期。
步骤 8：当有多个活性炭吸附器时，确定最优组合方式。

如上计算所需要的信息包括：

- 吸附等温线；
- 进水污染物浓度，C_{in}；
- 设计水力负荷；
- 设计进水流量，Q；
- 活性炭的堆积密度，ρ_b。

案例 6.10　设计用于地下水修复的活性炭吸附系统

工程常使用抽水的方法使地下水位低于地下建筑物。在某建筑工地，承建商意外发现抽取的地下水存在甲苯污染，浓度为 5 mg/L。按照规定，地下水中甲苯的浓度必须降低到 0.1 mg/L 之后才能外排。为避免工期延误，利用成品活性炭吸附桶（体积为 208 L）来治理地下水。根据下面给出的信息，设计一套用于地下水修复的活性炭吸附系统（包括活性炭吸附单元数量、组合方式、活性炭更换频率）：

废水流量为 1.89×10^{-3} m³/s；

每个 208 L 活性炭吸附桶的填料层直径为 0.46 m；

每个 208L 活性炭吸附桶的填料层高度为 0.92 m；

活性炭的堆积密度为 0.48×10^3 kg/m³；

吸附等温线：q（kg 甲苯/kg 活性炭）$=[0.04C_e/(1+0.002C_e)]$，C_e 单位为 mg/L。

解答：

a. 根据案例 6.9 的计算结果，活性炭实际吸附容量为 0.01 kg/kg；

b. 假设空床接触时间为 12 min，利用公式（6.10）求得所需活性炭吸附器的体积为

$$V_{\text{carbon}} = (Q)(\text{EBCT}) = \left[\left(1.89\times10^{-3}\ \text{m}^3/\text{s}\right)\times\left(60\ \text{s}/1\ \text{min}\right)\right]\times\left(12\ \text{min}\right) = 1.36\ \text{m}^3$$

c. 假设水力负荷为 293 m/d 甚至更少，活性炭吸附器所需横截面积可用公式（6.11）计算，有

$$A_{\text{carbon}} = \frac{Q}{\text{表面负荷}} = \frac{\left(1.89\times10^{-3}\ \text{m}^3/\text{s}\right)\times\left(3600\times24\ \text{s/d}\right)}{293\ \text{m/d}} = 0.56\ \text{m}^2$$

d. 如果吸附系统是可定做的，那么采用横截面积为 0.56 m²、高度为 2.43 m（=1.36 m³/0.56 m²）的活性炭系统即可满足要求。但是，如果利用成品 208 L 的吸附桶，为了达到所需要的横截面积，需要确定吸附桶数量。

208 L 吸附桶的活性炭面积 $= \pi r^2 = (\pi)[(0.46/2)^2] = 0.17\ \text{m}^2/$桶。

为了满足水力负荷，应并联吸附桶数量 $= (0.56\ \text{m}^2)/(0.17\ \text{m}^2/$桶$) = 3.3$ 桶。

因此，应并联使用 4 个吸附桶；总的横截面积为 $0.17\times4 = 0.68\ \text{m}^2$。

e. 采用公式（6.12）确定活性炭吸附器所需高度，有

$$H_{\text{carbon}} = \frac{V_{\text{carbon}}}{A_{\text{carbon}}} = \frac{1.36}{0.68} = 2.00\ \text{m}$$

每一个活性炭吸附桶的高度为 0.92 m。为达到 2.00 m 的高度，串联所需吸附桶的数量为：

串联吸附桶数量 $= (2.00\ \text{m})/(0.92\ \text{m}/$个$) = 2.17$ 个

因此，需使用 3 个吸附桶串联，那么 12 个吸附桶的活性炭总体积为

$$\pi r^2 h \times 4\times 3 = \left[3.14\times(0.46/2)^2\times0.92\times4\times3\right] = 1.8\ \text{m}^3$$

f. 利用公式（6.14）确定污染物去除率

$$R_{\text{去除}} \approx R_{\text{负荷}} = (C_{in})Q = (5\ \text{mg/L})\times(1.89\times10^{-3}\ \text{m}^3/\text{s}) = 9.45\ \text{mg/s} = 0.82\ \text{kg/d}$$

g. 利用公式（6.9）确定活性炭吸附桶所能吸附的污染物的总量，有

$$M_{\text{去除}} = (q_{\text{实际}})[(V_{\text{carbon}})(\rho_b)]$$

$$= (0.01\ \text{kg/kg})\times\left[(1.8\ \text{m}^3)\times(0.48\times10^3\ \text{kg/m}^3)\right] = 8.64\ \text{kg}$$

h. 利用公式（6.15）确定活性炭吸附桶的服役期，有

$$T = \frac{M_{\text{去除}}}{R_{\text{去除}}} = \frac{8.64\ \text{kg}}{0.82\ \text{kg/d}} = 10.54\ \text{d}$$

 讨论

1. 宜配置 4 个系列并联，每个系列串联 3 个吸附桶（总计 12 个吸附桶）。需要注意的是，应当尽量减少 3 个吸附桶串联和管道连接所导致的水头损失。

2. 一个 208 L 活性炭吸附桶通常需要几百美元。在这个例子中，12 个吸附桶维持的修复时间小于 11 天，同时，活性炭废弃后的处置和更新所需花销也应当予以考虑，因此，本例中的处理方法相对昂贵。如果需要长时间的处理，应当选用更大的活性炭吸附器或采用其他处理办法。

6.4 空气吹脱

6.4.1 空气吹脱技术介绍

空气吹脱法是以清洁空气为载气，使之通过污染水体并相互充分接触，通过增强水中有机物挥发而达到去污的物理方法，是挥发性有机物（VOCs）污染地下水修复的常用方法之一。

空气吹脱系统通过制造水、气接触界面从而达到增强物质在气相、液相中迁移的目的。目前已有许多种成熟设备可供选用，包括板式塔、喷雾装置、扩散曝气和填料塔，其中，填料塔是地下水污染治理中最常用的设备（见图 6.6）。

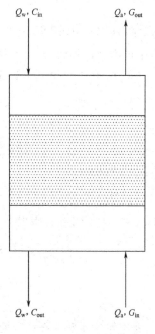

图 6.6　吹脱填料塔原理

6.4.2 空气吹脱系统设计

在吹脱填料塔中,空气和受污染地下水反向流动穿透填料,填料为挥发性有机气体从液相转移到空气流中提供足够大的表面积。根据质量守恒原理,从污染液中移除的污染物总量与进入到空气中的污染物总量相等

$$Q_w(C_{in} - C_{out}) = Q_a(G_{out} - G_{in}) \tag{6.16}$$

式中,C 为液相中污染物的浓度(mg/L),G 为空气相中污染物的浓度(mg/L),Q_a 为空气流量(L/min),Q_w 为液体流量(L/min)。

理想情况下,流入空气不含污染物($G_{in}=0$),地下水中污染物可完全被清除($C_{out}=0$),公式(6.16)可以简化为

$$Q_w(C_{in}) = Q_a(G_{out}) \tag{6.17}$$

假设 Henry 定律适用,且流出空气与流入水处于平衡状态,则有

$$G_{out} = H^* C_{in} \tag{6.18}$$

其中,H^* 是所关注组分的 Henry 常数,为无量纲量。

结合公式(6.17)和公式(6.18),可以得到下面的关系

$$H^* \left(\frac{Q_a}{Q_w} \right)_{min} = 1 \tag{6.19}$$

式中,$(Q_a/Q_w)_{min}$ 是最小气水比(体积比),这是上面提及的理想情况下的气水比。实际气水比通常为理想情况下的数倍。

吹脱因子(S),它是无量纲 Henry 常数和气水比的乘积,常常用于吹脱设计

$$S = H^* \left(\frac{Q_a}{Q_w} \right) \tag{6.20}$$

以上提及的理想情况下吹脱因子等于 1。为了达到完全移除污染物的目的,理论上需要无限高的填料。现场应用时,S 应该大于 1,实际取值通常为 2~10;当 S 取值大于 10 时,系统经济性较差。此外,过高的气水比可能会导致溢流现象发生。

按照如下过程可确定给定液相流量条件下的空气流量。

步骤1:使用表2.4中的公式,将 Henry 常数转换为无量纲值。

步骤2:如果吹脱因子已知或已确定,根据公式(6.20)确定气水比,进入步骤4。

步骤3:如果吹脱因子未知或待定,根据公式(6.19)确定最小气水比。最小气水比乘以 2~10 之间数值以获得设计气水比,进入步骤4。

步骤 4：气水比（通过步骤 2 或步骤 3 获得）乘以液体流量，即为所需空气流量。

如上计算所需要的信息包括：

- Henry 常数；
- 吹脱因子，S；
- 设计液体流量，Q。

案例 6.11 确定吹脱填料塔中的气水比

拟设计一个吹脱填料塔来降低抽出地下水中的氯仿浓度，使其从 50 mg/L 减小到 0.05 mg/L（50 ppb）。计算：①最小气水比；②设计气水比；③设计空气流量。计算所需信息如下：

氯仿的 Henry 常数为 128 atm；

吹脱因子为 3；

水温为 15 ℃；

抽取地下水流量 7.57×10^{-3} m³/s。

解答：

a. 根据表 2.4 中的公式将 Henry 常数转换为无量纲值，有

$$H = \frac{H^* RT(1000\gamma)}{W} = \frac{H^*(0.082) \times (273+15) \times 1000}{18} = 128$$

因此，H^*=0.098，为无量纲值。

b. 根据公式（6.19）确定最小气水比，有

$$H^* \left(\frac{Q_a}{Q_w}\right)_{min} = 1 = (0.098)\left(\frac{Q_a}{Q_w}\right)_{min}$$

因此，$(Q_a/Q_w)_{min}$=10.25，为无量纲值。

c. 根据公式（6.20）确定气水比，有

$$H^* \left(\frac{Q_a}{Q_w}\right) = S = 3 = (0.098)\left(\frac{Q_a}{Q_w}\right)$$

因此，(Q_a/Q_w)=30.75，无量纲值。

d. 通过溶液流量与气水比相乘得到空气流量

$$Q_a = Q_w \times (Q_a/Q_w) = (7.57 \times 10^{-3} \text{ m}^3/\text{s}) \times 30.75 = 0.23 \text{ m}^3/\text{s}$$

讨论

吹脱因子为 3，意味着设计气水比与最小气水比的比值为 3。设计气水比可以通过最小气水比与吹脱因子相乘得到。

---

1. 填料塔直径

填料塔直径是空气吹脱法设计的关键参数之一，填料塔直径大小主要取决于液体流量。液体流量越大，需要的塔体直径越大。空气吹脱塔的典型水力负荷通常为 1173 m/d 或更小，这个参数通常用来确定吹脱塔所需横截面积 $A_{\text{stripping}}$，有

$$A_{\text{stripping}} = \frac{Q}{\text{表面负荷}} \tag{6.21}$$

2. 填料高度

填料高度（Z）是决定污染物去除效率的另一个关键设计参数。填料塔越高，去除效率也会越高。填料高度可通过传质单元概念来确定，即

$$Z = (\text{HTU}) \times (\text{NTU}) \tag{6.22}$$

式中，HTU 为传质单元的高度，NTU 为传质单元的数量。

HTU 很大程度上取决于水力负荷和总体液相传质系数 $K_L a$（注意：K_L 为速度常数，单位为 m/s；a 为比表面积，单位为 m^2/m^3；$K_L a$ 单位为 s^{-1}）。现场应用时，$K_L a$ 值可以通过中试试验确定，但也可通过经验公式进行估算。对于地下水修复中的吹脱填料塔，$K_L a$ 的值通常为 $0.01 \sim 0.05 \, s^{-1}$。HTU 具有长度量纲，并可以通过如下计算公式确定

$$\text{HTU} = \frac{Q_L}{(K_L a)} \tag{6.23}$$

式中，Q_L 为液体水力负荷，单位为长度/时间。

NTU 则可以通过以下的公式确定

$$\begin{aligned}
\text{NTU} &= \left(\frac{S}{S-1}\right) \ln \left\{ \frac{(C_{\text{in}} - G_{\text{in}}/H^*)}{(C_{\text{out}} - G_{\text{in}}/H^*)} \left[\frac{S-1}{S}\right] + \frac{1}{S} \right\} \\
&= \left(\frac{S}{S-1}\right) \ln \left\{ \left(\frac{C_{\text{in}}}{C_{\text{out}}}\right) \left[\frac{S-1}{S}\right] + \frac{1}{S} \right\} \quad (\text{当 } G_{\text{in}} = 0 \text{ 时})
\end{aligned} \tag{6.24}$$

式中，S 为吹脱因子；H^* 为 Henry 常数，无量纲；C 为溶液污染物浓度；G 为气体中的污染物浓度。

吹脱塔的规格可以根据下面的步骤来确定。

步骤 1：利用公式（6.21）确定吹脱塔所需横截面积，进而计算出塔的直径。直径单位为 m，其数值应向上舍入取 0.5 的整数倍。

步骤 2：采用步骤 1 所得直径计算新的横截面积，进而确定水力负荷；利用公式（6.23）计算得到 HTU；

步骤 3：确定吹脱因子，如吹脱因子未知或不确定，可利用公式（6.20）计算；

步骤 4：利用公式（6.24）计算得到 NTU；

步骤 5：利用公式（6.22）计算得到填料高度 Z。

如上计算所需要的信息包括：

- Henry 常数；
- 吹脱因子，S；
- 设计水力负荷；
- 设计液体流量，Q_L；
- 总体液相传质系数，$K_L a$；
- 流入液相污染物浓度，C_{in}；
- 流出液相污染物浓度，C_{out}；
- 流入空气污染物浓度，G_{in}。

案例 6.12　用于地下水修复的吹脱填料塔规格

拟设计一个吹脱填料塔来降低抽出地下水中的氯仿浓度，使其从 50 mg/L 减小到 0.05 mg/L（50 ppb）。计算吹脱参数：空气流量、横截面积和填料高度。

已知计算信息如下：

氯仿的 Henry 常数为 128 atm；

吹脱因子为 3；

水温为 15 ℃；

抽取地下水流量 7.57×10^{-3} m³/s；

$K_L a = 0.01$ s⁻¹；

填料为 Jaeger 3" Tri-packs；

水力负荷为 0.82 m/min；

流入空气污染物浓度为 0。

解答：

a. 同案例 6.11，计算可得无量纲 Henry 常数等于 0.098，空气流量为 0.23 m³/s。

b. 根据公式（6.21）确定所需横截面积

$$A_{\text{stripping}} = \frac{Q}{\text{表面负荷}} = \frac{7.57 \times 10^{-3} \text{ m}^3/\text{s}}{(0.82 \text{ m/min}) \times (1 \text{min}/60 \text{ s})} = 0.55 \text{ m}^2$$

吹脱柱直径为 $(4A/\pi)^{1/2} = (4 \times 0.55/\pi)^{1/2} = 0.84$ m，所以 $d=1$ m。

c. 根据新得到的直径确定水力负荷，有

填料塔横截面积 $= \pi d^2/4 = \pi(1)^2/4 = 0.79 \text{ m}^2$

填料塔内实际水力负荷 Q_L 为

$Q/A = (7.57 \times 10^{-3} \text{ m}^3/\text{s})/(0.79 \text{ m}^2) = 9.58 \times 10^{-3}$ m/s

d. 根据公式（6.23）确定 HTU 的值

$$\text{HTU} = \frac{Q_L}{(K_L a)} = \frac{9.58 \times 10^{-3} \text{ m/s}}{0.01 \text{ s}^{-1}} = 0.96 \text{ m}$$

e. 根据公式（6.24）确定 NTU 的值

$$\text{NTU} = \left(\frac{S}{S-1}\right) \ln\left\{\left(\frac{C_{\text{in}}}{C_{\text{out}}}\right)\left[\frac{S-1}{S}\right] + \frac{1}{S}\right\} \quad （当 G_{\text{in}} = 0 \text{ 时}）$$

$$= \left(\frac{3}{3-1}\right) \ln\left\{\left(\frac{50}{0.05}\right)\left[\frac{3-1}{3}\right] + \frac{1}{3}\right\} = 9.75$$

f. 根据公式（6.22）确定填料高度

$$Z = (\text{HTU}) \times (\text{NTU}) = (0.96 \text{ m}) \times 9.75 = 9.36 \text{ m}$$

讨论

1. 吹脱塔的典型水力负荷为 1173 m/d，远大于活性炭吸附器的典型水力负荷 293 m/d；

2. 计算得到填料高度为 9.36 m，这就意味着整个吹脱塔的高度超过 10 m，大多数工程都无法接受这一高度。因此，针对这个案例，可考虑采用两个长度较小的吹脱塔串联。

6.5 异位生物修复

6.5.1 异位生物修复技术介绍

生物过程可应用于去除水中可降解的有机污染物。对于地下水修复来说,污染的地下水可以通过原位或异位的方式来进行生物处理,本节将介绍异位生物修复技术,对于污染含水层的原位生物修复将在下一节进行讨论。

地上生物反应器可用于去除抽出地下水中的有机污染物。一般来说,用来去除溶于水中的有机物的生物反应器可以分为两种形式:悬浮生长和附着生长。最常见的悬浮生长处理过程是活性污泥工艺,而最常见的附着生长处理过程是滴滤池工艺。

用于地下水修复的生物系统比用于市政和工业污水的生物系统要小得多。由于生物过程相对比较复杂,而且受诸多因素的影响,在做修复技术选择和开始修复实施之前,非常有必要进行可行性实验、小试和/或中试。

6.5.2 地上生物修复系统设计

对于滴滤池类型的生物反应器,常用以下经验公式进行计算[2]

$$\frac{C_{out}}{C_{in}} = \exp[-kD(Q/A)^{-0.5}] \tag{6.25}$$

式中,C_{out} 是反应器出水污染物浓度(单位为 mg/L),C_{in} 是反应器进水污染物浓度(单位为 mg/L),D 是滤料深度(单位为 m),k 是关于滤料填充深度 D 的速率常数(单位为 $(m^3/s)^{0.5}/m^2$),Q 是液体流速(单位为 m^3/s),A 是填充滤料的横截面积(单位为 m^2)。

生物反应器的水力负荷率通常较低,为 29.34 m/d 或更低。在水力负荷率已知的情况下,下述公式可用于计算生物反应器的横截面积

$$A_{bioreactor} = \frac{Q}{表面负荷速率} \tag{6.26}$$

当速率常数由不同的滤料深度计算时,需要使用下面的经验公式来调整速率常数

$$k_2 = k_1 \left(\frac{D_1}{D_2}\right)^{0.3} \tag{6.27}$$

式中，k_1 是在滤料深度为 D_1 时的速率常数，k_2 是在滤料深度为 D_2 时的速率常数，D_1 和 D_2 分别为两个滤料深度。

确定附着式生物反应器的尺寸可以按照以下步骤进行。

步骤 1：选择一个适宜的填料深度 D，有必要时根据公式（6.27）来调整速率常数。

步骤 2：使用公式（6.25）来确定生物反应器的水力负荷速率。

步骤 3：使用公式（6.26）来确定需要的横截面积。计算相应的生物反应器直径，其数值应向上舍入取 0.5 m 的整数倍。当计算得出的横截面积很大时，回到步骤 1 选择更大的填料深度。

如上计算所需要的信息包括：

- 速率常数，k；
- 反应器进水污染物浓度，C_{in}；
- 反应器出水污染物浓度，C_{out}；
- 设计液体流速，Q。

案例 6.13　用于地下水修复的地上生物反应器规格

填充床生物反应器用于将受甲苯污染的抽出地下水浓度从 4 mg/L 降至 0.1 mg/L（100 ppb），填料深度为 0.91 m。求生物反应器的直径。

使用以下信息进行计算：

20 ℃时 0.61 m 深填料的速率常数=0.077 $(m^3/s)^{0.5}/m^2$；

水温为 20 ℃。

地下水抽出速率=1.26×10^{-3} m^3/s。

解答：

a. 使用公式（6.27）调整速率常数

$$k_2 = k_1\left(\frac{D_1}{D_2}\right)^{0.3} = 0.077\times\left(\frac{0.61}{0.91}\right)^{0.3} = 0.068 (m^3/s)^{0.5}/m^2$$

b. 使用公式（6.25）求表面负荷速率（Q/A），有

$$\frac{C_{out}}{C_{in}} = \exp[-kD(Q/A)^{-0.5}] = \frac{0.1}{4} = \exp[-(0.068\times0.91)(Q/A)^{-0.5}]$$

$$Q/A = 2.81\times10^{-4} \text{ m/s}$$

c. 使用公式（6.26）求生物反应器的横截面积

$$A_{bioreactor} = \frac{Q}{\text{表面负荷速率}} = \frac{1.26 \times 10^{-3} \text{ m}^3/\text{s}}{2.81 \times 10^{-4} \text{ m/s}} = 4.48 \text{ m}^2$$

生物反应器填料直径 = $(4A/\pi)^{1/2}$ = $(4 \times 4.48/\pi)^{1/2}$ =2.39 m

因此，d = 2.50 m。

d. 假设填充物质只占据反应器总体积很小的一部分，则水力停留时间可以估算为

$$\text{水力停留时间} = (V/Q) = (Ah)/Q$$
$$= (4.48 \text{ m}^2) \times (0.91 \text{ m})/(1.26 \times 10^{-3} \text{ m}^3/\text{s}) = 3236 \text{ s} = 54 \text{ min}$$

 讨论

生物反应器的出水浓度非常难以达到 ppb 级别，因此在排水前可以使用活性炭吸附器来做进一步的处理。

6.6 原位地下水修复

6.6.1 原位生物修复技术介绍

采用原位生物修复地下含水层中的有机污染物，常常通过强化土著微生物的活动来完成。大部分原位生物修复都是在有氧环境下进行的，通过向地下水污染羽中添加无机营养物和补充氧气以加强微生物活动。该技术典型流程包括：抽取地下水，并向水中补充氧气和无机营养物，通过注水井或渗水廊道将富含营养的地下水回灌。除了将地下水抽出外，也可以将释氧化合物（Oxygen-Releasing Compounds，ORCs）加入污染羽区域。

6.6.2 基于增加溶解氧的强化生物降解

天然地下水的溶解氧（DO）浓度很低，即使达到溶解饱和状态，20 ℃时地下水中饱和溶解氧（DO_{sat}）浓度也仅为 9 mg/L 左右，在地下水污染羽中的有机污染物生物降解活动需要的溶解氧浓度远远高于该值。

向地下水中添加氧气可以通过空气或纯氧曝气的方式来进行。注入空气中的氧气可以将饱和溶解氧的浓度提高到 8~10 mg/L，而注入纯氧则可将溶解氧浓度

提升至 40~50 mg/L。此外，也可以通过添加化学药剂（如过氧化氢或臭氧）来提高溶解氧浓度。1 mol 过氧化氢可以分解成 0.5 mol 氧气和 1 mol 水，而 1 mol 臭氧可以分解成 1.5 mol 氧气。

$$2H_2O_2 \rightarrow 2H_2O + O_2 \quad (6.28)$$

$$O_3 \rightarrow 1.5O_2 \quad (6.29)$$

臭氧在水中的溶解度比氧气高 10 倍。过氧化氢和臭氧也可以在抽出的地下水回注入含水层前加入水中。需要注意的是，过氧化氢和臭氧是强氧化剂，在为生物降解提供氧气之前，它们有可能生成自由基将存在于含水层中的污染物或其他有机的和无机的化合物氧化。此外，过高的浓度会产生毒性，导致好氧微生物的反应活性受到抑制[3]。

很多原位强化生物降解工艺还依赖于释氧剂，常见的释氧剂包括以固体或浆状的形式注入饱和区域的过氧化钙和过氧化镁，这些过氧化物在与地下水水合反应时向含水层中释放氧气。过氧化镁比过氧化钙更为常用，因为其溶解度更低而能延长释氧时间。在整个活性期，释放到饱和区的氧气质量约占使用的过氧化镁质量的 10%[3]。

案例 6.14 判断原位地下水生物修复中添加氧源的必要性

汽油在地下泄漏，地下水样品中汽油平均浓度为 20 mg/L。拟采用含水层原位生物修复。含水层参数如下：

孔隙度为 0.35；

有机物含量为 0.02；

地下水温度为 20 ℃；

含水层颗粒干堆积密度为 1.6 g/cm³；

含水层中 DO 浓度为 4.0 mg/L。

根据以上信息，试说明为了支持生物降解汽油污染物，有必要向含水层中添加氧气。

分析：

饱和含水层中的汽油会溶解到地下水中或吸附在含水层介质表面（假设不存在自由相）。由于只有地下水中污染物浓度已知，需要根据之前第 2 章讨论过的分配方程确定土壤吸附汽油量。另外，汽油是多种化合物的混合物，所以它的物理化学性质数据难以获得。在这种情况下，通常采用汽油中的某种常见化合物的物化数据为准，如甲苯。

解答：

对于 1 m³ 的含水层，分析如下。

a. 从表 2.5 中可以获得甲苯的物理化学性质

$$\lg K_{ow} = 2.73 \rightarrow K_{ow} = 10^{2.73}$$

根据公式（2.28）得到 K_{oc}，有

$$K_{oc} = 0.63 K_{ow} = 0.63 \times 10^{2.73} = 0.63 \times 537 = 338$$

根据公式（2.26）得到 K_p

$$K_p = f_{oc} K_{oc} = 0.02 \times 338 = 6.8 \text{ L/kg}$$

利用公式（2.25）得到吸附污染物的浓度

$$X = K_p C = (6.8 \text{ L/kg}) \times (20 \text{ mg/L}) = 136 \text{ mg/kg}$$

b. 确定目前含水层中污染物的总质量（对于 1 m³ 的含水层）。

含水层介质的质量为

$$(1 \text{ m}^3) \times (1.6 \text{ g/cm}^3) = (1 \text{ m}^3) \times (1600 \text{ kg/m}^3) = 1600 \text{ kg}$$

颗粒表面吸附污染物的总质量为

$$(S)(M_s) = (136 \text{ mg/kg}) \times (1600 \text{ kg}) = 217600 \text{ mg} = 218 \text{ g}$$

含水层孔隙体积 $V_1 = V\phi = (1 \text{ m}^3) \times 35\% = 0.35 \text{ m}^3 = 350 \text{ L}$

溶解于地下水中污染物的质量为

$$(C)(V_1) = (20 \text{ mg/L}) \times (350 \text{ L}) = 7000 \text{ mg} = 7 \text{ g}$$

含水层中污染物的总质量 = 溶解量 + 吸附量 = 7 + 218 = 225 g

c. 目前地下水中氧的量为

$$(V_1)(\text{DO}) = (350 \text{ L}) \times (4 \text{ mg/L}) = 1400 \text{ mg} = 1.40 \text{ g}$$

d. 使用 3.08 作为完全氧化的需氧比例（详细内容见 5.4.4 节），则需氧量为

$$3.08 \times 225 \text{ g} = 693 \text{ g} \gg 1.40 \text{ g}$$

因此，对于计算完全好氧生物降解的需氧量，含水层中地下水的含氧量可以忽略不计。

e. 如果将地下水抽出至地表并通入空气，20 ℃时水中饱和溶解氧浓度大约为 9 mg/L。这部分地下水回灌至污染区，含水层单位孔隙体积中加入氧的最大量，即达到气体饱和的水中含氧总量为

$$(V_1)(\text{DO}_{sat}) = (350 \text{ L}) \times (9 \text{ mg/L}) = 3150 \text{ mg} = 3.15 \text{ g}$$

为满足氧气需求，富氧水的水量（表示为污染羽单位孔隙体积的倍数）为
693/3.15=220

讨论

1. 正如案例 6.14（e）中所示，为了满足氧需求，污染羽至少需要饱和氧水体为其体积的 220 倍。

2. 如果在抽取上来的水中充入纯氧，饱和溶解氧将高出约 5 倍，那么需水体积将减少 5 倍。

3. 溶解相中污染物的比例 = 溶解相中污染物的质量/被污染的含水层的总质量为(7)/(225) = 3.1%。这表明，充斥在孔隙液体中的污染物仅占含水层污染物总量的一小部分。

案例6.15 确定生物修复中添加过氧化氢作为氧源的有效性

如案例 6.14 阐明的，为了满足原位地下水生物修复的耗氧需求，无论是使用空气或纯氧饱和，都将需要大量的水。添加过氧化氢是解决这一问题普遍使用的方法。由于过氧化氢有杀死生物的潜在可能，在实际应用中，水中过氧化氢的最大量通常保持低于 1000 mg/L。请确定 1000 mg/L 的过氧化氢所能提供的氧气量。

解答：

a. 从公式（6.28），1 mol 的过氧化氢可以产生 0.5 mol 的氧气，即
$$H_2O_2 \to H_2O + 0.5O_2$$
过氧化氢分子质量 = (1×2) + (16×2) = 34 g/mol
氧气分子质量 = 16×2 = 32 g/mol

b. 1000 mg/L 过氧化氢的摩尔浓度为
$$(1000 \text{ mg/L})/(34000 \text{ mg/mol}) = 29.4 \times 10^{-3} \text{ mol/L}$$
氧气的摩尔浓度（假设过氧化氢 100%离解）为
$$(29.4 \times 10^{-3} \text{ mol/L})/(2) = 14.7 \times 10^{-3} \text{ mol/L}$$
添加过氧化氢后水中氧气质量浓度为
$$(14.7 \times 10^{-3} \text{ mol/L}) \times (32 \text{ g/mol}) = 470 \text{ mg/L}$$

6.6.3 基于添加营养物质的强化生物降解

地下水赋存介质中本身存在一部分微生物活性营养物。但是,出现外来有机污染物时,为了生物修复需求,常常需要额外添加营养物成分。营养物对于微生物生长的促进作用主要通过可提供微生物所需氮、磷总量来评估,建议C:N:P摩尔比例为 120:10:1,详细可见表 5.2。通过外力添加的营养物质量浓度一般为 0.005%～0.02%[4]。

> **案例 6.16　确定地下水原位生物修复营养物的需求**
>
> 某处地下水含水层被汽油泄漏污染,地下水样品中的汽油平均浓度为 20 mg/L。拟采用含水层原位生物修复技术。含水层参数如下:
>
> 孔隙度为 0.35;
>
> 有机物含量为 0.02;
>
> 地下水温度为 20 ℃;
>
> 含水层颗粒干堆积密度为 1.6 g/cm^3。
>
> 假设地下水中无可用于微生物修复的营养物质,而所需营养物成分的最优摩尔比例 C:N:P 为100:10:1,确定为完成生物降解污染物所需的营养物总量。如果污染羽被100 倍孔隙体积的富氧和富营养物的地下水冲洗处理,则回灌地下水中所需要的营养物浓度是多少?
>
> **解答:**
>
> 对于 1 m^3 的含水层,分析如下。
>
> a. 从案例 6.14 中得知,含水层中污染物的总质量为 225 g。
>
> b. 假设汽油与庚烷具有相同的分子式,即 C_7H_{16},则汽油分子的摩尔质量为 7×12+1×16=100,汽油的摩尔数为 225/100=2.25 mol。
>
> c. 确定碳的摩尔数。像分子式 C_7H_{16} 表示的那样,由于每个汽油分子中含有7个碳原子,那么碳的摩尔数为 2.25×7 = 15.8 mol。
>
> d. 确定所需氮的摩尔数(利用比例 C:N:P=100:10:1),有
>
> 　所需氮的摩尔数=(10/100)×15.8 = 1.58 mol
>
> 所需营养物含氮总量=1.58×14 = 22.1 g/m^3
>
> 所需 $(NH_4)_2SO_4$ 的摩尔数=1.58/2 = 0.79 mol(1 mol $(NH_4)_2SO_4$ 含有 2 mol 氮)
>
> 所需 $(NH_4)_2SO_4$ 的量 = 0.79×$\left[(14+4)\times 2+32+16\times 4\right]$ = 104 g/m^3

e. 确定所需磷的摩尔数（利用比例 C:N:P=100:10:1），有

所需磷的摩尔数 $=(1/100) \times 15.8 = 0.158$ mol

所需 $Na_3PO_4 \cdot 12H_2O$ 的摩尔数=0.158 mol

所需磷的量 $= 0.158 \times 31 = 4.9$ g/m³

所需 $Na_3PO_4 \cdot 12H_2O$ 的量 $= 0.158 [23 \times 3 + 31 + 16 \times 4 + 12 \times 18] = 60$ g/m³

f. 所需营养物的总量= 104 + 60 = 164 g/m³

含水层孔隙体积$=V\phi=(1 \text{ m}^3) \times 35\% = 0.35 \text{ m}^3 = 350$ L

等价于 100 倍孔隙体积的水的总体积为 100×350=35000 L

所需营养物质量浓度的最小值=(164 g)/(35000 L)=4.7×10^{-3} g/L≈0.0005%

讨论

质量浓度 0.0005%（重量）是一个理论量。在实际操作中，需要添加量应高于理论值，以弥补到达污染羽之前被含水层介质吸附所造成的损失。这部分损失会使营养物的质量浓度达到 0.005%～0.02%。

6.7 空气注入

6.7.1 空气注入技术介绍

空气注入是一种向饱和含水层中注入空气（或者纯氧）的原位修复技术。注射气体穿过含水层，继续向上迁移穿过毛细带、包气带，最终由包气带通风网络收集。空气（或氧气）注入可起到如下作用：①促进含水层中溶解的 VOCs 挥发；②为含水层生物修复提供氧气；③促进毛细带 VOCs 的挥发；④促进包气带 VOCs 的挥发。

6.7.2 空气注入的增氧效果

正如前面章节所述，通过回灌注入的地下水，即使水中的空气或氧气已达饱和，其氧气含量仍不能满足原位生物修复的需求。而空气注入过程可直接向污染羽持续补充空气（或氧气）。因此，通过增加污染羽中的溶解氧，以促进生物好氧降解作用是空气注入的主要目的之一。氧转移效率（E）常常用于评估空气注入

效果，定义为

$$氧转移效率（E）= 氧气溶解速率/氧气注入速率 \qquad (6.30)$$

在污水或废水处理行业，已经对氧转移速率进行过许多研究，但对于向地下含水层空气注入处理有机物的情形，可参考信息极少。氧转移效率的大小由许多因素决定，如注入压力、含水层注入点深度、地质情况等。

案例6.17　确定空气注入过程氧气添加速率

在某烃类污染场地，设置三口空气注入井，井深至含水层污染羽。每个井的空气注入速率为 8.5 m³/h。假定氧转移效率为 10%，计算每口井向含水层的氧气转移速率。若使用含饱和溶解氧的水注射，保证相同的氧气转移速率，那么注水速率应为多少？

解答：

a. 空气中氧气所占体积比约为 21%，相当于 210000 ppmV。公式（2.1）或公式（2.2）可用于质量浓度转换，有

$$1 \text{ ppmV} = \frac{MW}{24.05} \quad （在20 ℃时）$$

$$= \frac{32}{24.05} \text{ mg/m}^3 = 1.33 \text{ mg/m}^3$$

所以，210000 ppmV = 210000×1.33 mg/m³ = 279300 mg/m³

b. 每口井的氧气注入速率为

$$(G)(Q) = \left(279300 \text{ mg/m}^3\right) \times \left(8.5 \text{ m}^3/h\right) = 2374050 \text{ mg/h} = 56.98 \text{ kg/d}$$

通过单口井向污染羽注入空气，可达到的氧气溶解率为（使用公式（6.30））

$$(56.98 \text{ kg/d}) \times 10\% = 5.70 \text{ kg/d}$$

c. 20 ℃时，饱和回注水中的溶解氧约为 9 mg/L。为供应 5.70 kg/d 的氧气，水的注入速率应达到

$$5.70 \text{ kg/d} = (5.70 \text{ kg/d}) \times (1000000 \text{ mg/kg}) = QC = Q(9 \text{ mg/L})$$

所以，$Q = 633333$ L/d = 26.39 m³/h。

讨论

1. 氧转移效率为 10%，意味着所有添加到含水层中的氧气仅有 10%溶解到其中。尽管氧气转换率相对较低，注入氧气的 90%没有得到溶解，但仍可以作为包气带生物

修复的氧源。

2. 尽管氧转移效率低,空气注入法仍能向含水层提供可观数量的氧气。采用氧气添加 8.5 m³/h 的空气注入速率在转移效率为 10%时等效于以 26.39 m³/h 的速率注入饱含空气的回灌水。

6.7.3 空气注入压力

在空气注入工艺设计过程中,空气注射压力是重要内容之一。设计注气压力应克服:①注入点以上的水头高度对应的液体静压;②"进气压力",相当于使水进入饱和介质的毛细管压。

$$P_{\text{injection}} = P_{\text{hydrostatic}} + P_{\text{capillary}} \tag{6.31}$$

据报道,注气压力(表面压力)大约为 0.1~0.6 MPa[5]。

下面的步骤可用于确定最小空气注射压力。

步骤 1:确定注入点的静水压力值。按照下面的公式转换水头值为压力

$$P_{\text{hydrostatic}} = \rho g h_{\text{hydrostatic}} \tag{6.32}$$

式中,ρ 为水的密度,g 为重力加速度(9.81 m/s²)。

步骤 2:利用表 2.3 计算含水层介质的孔隙半径,然后利用公式(2.11)确定毛细上升高度(或直接从表 2.3 中获得毛细上升高度)。通过下面的公式将毛细上升高度转换为毛细压力

$$P_{\text{capillary}} = \rho g h_{\text{capillary}} \tag{6.33}$$

步骤 3:空气最小注入压力为上述两个压力之和。

计算所需的信息包括:

- 注入点深度,$h_{\text{hydrostatic}}$;
- 水的密度,ρ;
- 含水层岩性或介质孔隙大小。

> **案例 6.18 确定空气注入所需要的空气注射压力**

在案例 6.17 所描述的污染含水层中设置三个空气注入井,每个井的空气注入速率为 8.5 m³/h。注气点水头值为 3.05 m,含水层介质为粗砂,确定所需最小注气压力。同时,为了对比,确定如果含水层岩性为粘土时的注气压力。

解答：

a. 根据公式（6.33）转换水头值为压力值

$$P_{\text{hydrostatic}} = \rho g h_{\text{hydrostatic}} = (1000 \text{ kg/m}^3) \times (9.81 \text{ m/s}^2) \times (3.05 \text{ m})$$
$$= 29920.5 \text{ (kg} \cdot \text{m)/(s}^2 \cdot \text{m}^2) = 29920.5 \text{ N/m}^2 = 29920.5 \text{ Pa}$$

注意：①在15.6 ℃时水的密度为1000 kg/m³。也就是说，水的容重为1000 kg/m³·g；②15.6 ℃时10.33 m的水头值等于1个大气压或101325 Pa。

b. 根据表2.3，粗砂孔隙半径 r 为 0.05 cm，利用公式（2.11）确定毛细上升高度，有

$$h_c = \frac{0.153}{r} = \frac{0.153}{0.05} = 3.06 \text{ cm}$$

利用（a）中讨论，转换毛细上升高度为毛细压力，有

$$P_{\text{capillary}} = \left(\frac{3.06 \text{ cm}}{1033 \text{ cm}}\right) \times (101325 \text{ Pa}) = 300.1 \text{ Pa}$$

c. 根据公式（6.31）确定最小注气压力（表面压力），有

$$P_{\text{injection}} = P_{\text{hydrostatic}} + P_{\text{capillary}} = 29920.5 \text{ Pa} + 300.1 \text{ Pa} = 30220.6 \text{ Pa}$$

d. 假如含水层地层岩性为粘土，从表2.2中可知，孔隙半径为0.0005 cm。
根据公式（2.11）确定毛细上升高度为

$$h_c = \frac{0.153}{r} = \frac{0.153}{0.0005} = 306 \text{ cm}$$

利用（a）中讨论，转换毛细上升高度为毛细压力，有

$$P_{\text{capillary}} = \left(\frac{306 \text{ cm}}{1033 \text{ cm}}\right) \times (101325 \text{ Pa}) = 30015.0 \text{ Pa}$$

根据公式（6.31）确定最小注气压力（表面压力），有

$$P_{\text{injection}} = P_{\text{hydrostatic}} + P_{\text{capillary}} = 29920.5 \text{ Pa} + 30015.0 \text{ Pa} = 59935.5 \text{ Pa}$$

讨论

1. 实际注气压力应大于计算所得最小注气压力，保证弥补在管道、配件、注射头（或者扩散器）等上的水头损失而引起的系统压力损失。

2. 砂质含水层进气压力相比于静水压力是微不足道的。但是，对于粘土介质含水层，进气压力和静水压力在同一数量级上。

6.7.4 空气注入供电要求

对理想气体等温压缩（PV=常数）的压缩机所需理论功率（$\text{HP}_{理论}$）可以表示为[6]

$$\text{HP}_{理论} = 1.666 \times 10^{-5} P_1 Q_1 \ln \frac{P_2}{P_1} \tag{6.34}$$

式中，$\text{HP}_{理论}$ 为所需功率，kW；P_1 为进气压力，Pa；P_2 为最终的输送压力，Pa；Q_1 为进气条件下的空气流量，m³/min。

如下公式适用于单级压缩机对理想气体的等熵压缩过程[6]

$$\text{HP}_{理论} = \frac{1.666 \times 10^{-5} k}{k-1} P_1 Q_1 \left[\left(\frac{P_2}{P_1} \right)^{(k-1)/k} - 1 \right] \tag{6.35}$$

式中，k 为气体的定压比热容与定容比热容之比，对于空气注入过程，k=1.4 是较为合适的取值。

对于活塞式压缩机，等熵过程的效率为 70%～90%，等温压缩过程的效率为 50%～70%，实际所需功率可用如下公式确定

$$\text{HP}_{实际} = \frac{\text{HP}_{理论}}{E} \tag{6.36}$$

◥ 案例6.19 确定空气注入供电需求

在案例 6.17 所描述的污染含水层中设置三个空气注入井，每个井的空气注入速率为 0.142 m³/min。用一个压缩机供应三口注气井。管道系统和喷射头的水头损失为 6895 Pa。利用案例 6.18 中计算得到的注气压力，确定压缩机所需功率。

解答：

a. 所需注入压力 = 压缩机最终负载，根据案例 6.18 计算结果，最小注入压力为 30220.6 Pa，有

P_2=最小注入压力+水头损失

=30220.6 Pa+6895 Pa=37115.6 Pa（表面压力）

绝对压力=37115.6 Pa+101325 Pa =138440.6 Pa

b. 假定等温膨胀，利用公式（6.34）确定理论所需功率

$$HP_{理论} = 1.666 \times 10^{-5} P_1 Q_1 \ln \frac{P_2}{P_1}$$

$$= 1.666 \times 10^{-5} \times 101325 \times 3 \times 0.142 \times \ln \frac{138440.6}{101325} = 0.224 \text{ kW}$$

假设等温（压缩过程）效率为60%，利用公式（6.36）确定实际所需功率

$$HP_{实际} = \frac{HP_{理论}}{E} = \frac{0.224}{60\%} = 0.373 \text{ kW}$$

c. 假定为等熵压缩过程，利用公式（6.35）确定理论所需功率为

$$HP_{理论} = \frac{1.666 \times 10^{-5} k}{k-1} P_1 Q_1 \left[\left(\frac{P_2}{P_1} \right)^{(k-1)/k} - 1 \right]$$

$$= \frac{(1.666 \times 10^{-5}) \times 1.4}{1.4 - 1} \times 101325 \times 3 \times 0.142 \left[\left(\frac{138440.6}{101325} \right)^{\frac{(1.4-1)}{1.4}} - 1 \right]$$

$$= 0.235 \text{ kW}$$

假定等熵过程效率为80%，利用公式（6.36）确定理论所需功率为

$$HP_{实际} = \frac{HP_{理论}}{E} = \frac{0.235}{80\%} = 0.29 \text{ kW}$$

讨论

通常，等熵压缩所需能量大于等效的等温压缩。但是，大多数空气注入应用中，注气入口和最终排气端的压力差异相对较小，因此，等温和等熵压缩的理论功率也是相近的，正如本例所阐明的结果。

6.8 生物曝气

生物曝气是一种处理含水层中可生物降解有机污染物的原位修复技术。该技术通过向饱和含水层（或污染羽）中注入空气（或纯氧）和营养物质，以强化土著微生物的活性，进而促进微生物对有机组分的生物降解。除含水层外，生物曝气对毛细区污染物也有一定的去除作用。

生物曝气与空气注入有些相似，但后者主要通过挥发作用去除污染物，而前者主要通过强化原位生物降解作用去除污染物。一般情况下，无论是在生物曝气

工艺中还是在空气注入工艺中，挥发、生物降解均对污染物的去除发挥着不同程度的作用。相较而言，生物曝气法对半挥发性污染物更有效，所需空气注入速率较小，注入可间断性进行，能满足生物活动需要即可。然而，当污染含挥发性组分时，生物曝气宜结合土壤气相抽提（SVE）或生物通风共设，以防止污染气体的逸散。

生物曝气工艺设计方法基本与空气注入一致，详细说明与案例请参照 6.7 节。

6.9 化学沉淀法去除重金属

对于抽出地下水中或废水中可能含有的较高浓度的重金属，常采用化学沉淀法去除。在高 pH 值下，重金属以难溶的氢氧化物形式存在。石灰或烧碱为常用的碱性添加剂。pH 值极大地影响金属氢氧化物的溶解性，相关反应方程式为

$$M(OH)_n \leftrightarrow M^{n+} + nOH^- \tag{6.37}$$

式中，M 为重金属，OH^- 为氢氧根离子，n 为金属价态。

平衡公式可以表达为

$$K_{sp} = [M^{n+}][OH^-]^n \tag{6.38}$$

式中，K_{sp} 为平衡常数（又称为溶度积常数），$[M^{n+}]$ 为重金属摩尔浓度，$[OH^-]$ 为氢氧根摩尔浓度。例如，25 ℃时，$Cr(OH)_3$、$Fe(OH)_3$、$Mg(OH)_2$ 的 K_{sp} 分别为 6×10^{-31} $(mol/L)^4$、6×10^{-36} $(mol/L)^4$、9×10^{-12} $(mol/L)^3$。

> **案例 6.20　化学沉淀法清除金属镁**

为了除去抽取地下水（Q=820 m³/d）中的镁离子，在连续流搅拌式反应器中加入氢氧化钠。反应器温度维持在 25 ℃，pH 值为 11，流入污水的镁离子浓度为 100 mg/L。氢氧化镁沉渣为沉淀污泥总重的 10%，试计算：

a. 污水经处理后的镁离子浓度（mg/L）；
b. $Mg(OH)_2$ 的产出率（kg/d）；
c. 污泥产出率（kg/d）；

注意：25 ℃时 $Mg(OH)_2$ 溶度积为 9×10^{-12} $(mol/L)^3$，Mg 的分子量为 24.3。

解答：

a. 首先，写出沉淀反应方程式

$$Mg(OH)_2 \leftrightarrow Mg^{2+} + 2OH^-$$

pH=11 时，氢氧根浓度[OH^-]为 10^{-3} mol/L。利用溶度积确定镁离子浓度

$$K_{sp}=[Mg^{2+}][OH^-]^2 = 9\times 10^{-12} = [Mg^{2+}][10^{-3}]^2$$

$$[Mg^{2+}] = 9\times 10^{-6} M = (9\times 10^{-6} mol/L)\times (24.3\ g/mol)$$

$$= 2.19\times 10^{-4}\ g/L = 0.22\ mg/L$$

b. 正如（a）中表示，每除去 1 mol 镁离子，就形成 1 mol $Mg(OH)_2$，由于 $Mg(OH)_2$ 的分子量为 58.3 g/mol，因此

$$Mg(OH)_2 \text{的产出率} = (Mg^{2+} \text{去除率})(58.3/24.3)$$

$$= \{[Mg^{2+}]_{in} - [Mg^{2+}]_{out}\}Q\times (58.3/24.3)$$

$$= [(100-0.22)\ mg/L]\times [(820\ m^3/d)\times 1000\ L/m^3]\times 58.3/24.3$$

$$= 196\ kg/d$$

c. 由于沉渣产出量为污泥重量的 10%，故

$$\text{污泥产出率} = Mg(OH)_2 \text{产出率}/(10\%)$$

$$= (196\ kg/d)/(10\%)$$

$$= 1960\ kg/d$$

6.10 原位化学氧化

原位化学氧化（In Situ Chemical Oxidation，ISCO）是一种将氧化剂加入地下土壤或地下水中把污染物转化为危害较小的物质的技术。绝大多数 ISCO 技术应用于处理污染源区域来降低地下水污染羽中的污染物质流量，并以此缩短自然消减或其他修复手段所需要的修复时间[3]。

使用 ISCO 技术修复含水层和修复包气带的工艺基本一致，关于氧化剂类型和需求量的具体信息参考 5.6 节。ISCO 技术在地下水修复与包气带修复之间的主要差异在于，在地下水修复中氧化剂需要被投加至饱和度为 100%的饱和层。本节用一个案例来讨论关于 ISCO 技术在饱和带修复的应用。

案例 6.21 计算氧化剂化学需求量

某场地的含水层受到四氯乙烯（PCE）的污染，由污染源形成的地下水污染羽区域的面积测定为 20 m^2，在含水层中厚度为 2 m。PCE 在地下水样品中的平均浓度为 400 mg/L。含水层孔隙度为 0.35，有机物含量为 0.02，地下温度为 20℃，

含水层土壤干堆积密度为 1.6 g/cm³。

拟使用原位氧化对场地进行修复。分别计算投加至污染区域的高锰酸钾和过硫酸钠的化学需求量。

解答：

基于 1 m³ 含水层土壤进行计算如下。

a. 由表 2.5 得 $K_{ow}=10^{2.6}$

   使用公式（2.28）计算 K_{oc}，有
   $$K_{oc} = 0.63 K_{ow} = 0.63 \times 10^{2.6} = 0.63 \times 398 = 251$$

   使用公式（2.26）计算 K_p 值
   $$K_p = f_{oc} K_{oc} = 0.02 \times 251 = 5.02 \text{ L/kg}$$

   使用公式（2.25）计算吸附于土壤上 PCE 的浓度，有
   $$S = K_p C = (5.02 \text{ L/kg}) \times (400 \text{ mg/L}) = 2006 \text{ mg/kg}$$

b. 计算在含水层中的 PCE 总质量（1m³），有

   含水层土壤质量 = (1 m³)×(1600 kg/m³) = 1600 kg

   吸附于土壤表面 PCE 质量 = $(S)(M_s)$

   　　= (2006 mg/kg)×(1600 kg) = 3210000 mg = 3210 g

   含水层孔隙体积 = $V\varphi$

   　　= (1 m³) × 35% = 0.35 m³ = 350 L

   溶解于地下水中 PCE 质量 = $(C)(V_1)$

   　　= (400 mg/L)×(350 L) = 140000 mg = 140 g

   含水层中 PCE 总质量 = 溶解质 + 吸附质

   　　= 140 g + 3210 g = 3350 g

c. PCE（C_2Cl_4）的分子量 = 12×2 + 35.5×4 = 166 g/mol

   高锰酸钾（$KMnO_4$）的分子量 = 39×1 + 55×1 + 16×4 = 158 g/mol

   PCE 的摩尔数 = (3350 g)/(166 g/mol) = 20.2 mol

   根据公式（5.42），1 mol PCE 的高锰酸钾化学需求量为 4/3 mol，因此，1 m³ 含水层的 $KMnO_4$ 的化学需求量为 4/3×(20.2 mol) = 26.9 mol

   即 $KMnO_4$ 的需求质量为 26.9 mol×158 g/mol = 4250 g = 4.25 kg

   整个污染区域（40 m³）的 $KMnO_4$ 化学需求量 = (4.25 kg)×40 m³ = 170 kg

d. 过硫酸钠（$Na_2S_2O_8$）的分子量 = 23×2 + 32×2 + 16×8 = 238 g/mol

   根据表 5.3 及之前的讨论，过硫酸钠的化学需求量是高锰酸钾的 1.5 倍，有

$Na_2S_2O_8$ 的化学需求量（$1m^3$ 含水层）= 3/2×(26.9 mol)= 40.35 mol

即 $Na_2S_2O_8$ 的化学需求质量为(40.35 mol)×(238 g/mol)= 9600 g= 9.6 kg

整个污染区域（$40 m^3$）的 $Na_2S_2O_8$ 化学需求量=(9.6 kg)×$40 m^3$= 384 kg

6.11 高级氧化工艺

高级氧化工艺（Advanced Oxidation Process，AOP）是指利用紫外线照射协助氧化的工艺。在 AOP 中，高功率的紫外线（UV）灯透过石英套管照射被污染水体，同时，水中添加过氧化氢、臭氧（或二者组合）等氧化剂。受紫外线照射，被激活的氧化剂形成具有强氧化能力的羟基自由基，自由基将水中有机物氧化降解成小分子物质。

在典型的 AOP 中，通常使用计量泵或管道静态混合器完成氧化剂的注入和混合。地下水流连续流经一个或多个紫外线（UV）反应器。通常，将反应器内水流视作活塞流，反应器内的反应遵循一级反应动力学。公式（4.24）描述了活塞流反应器的进水浓度、出水浓度、停留时间及反应速率常数之间的关系。

$$\frac{C_{out}}{C_{in}} = e^{-k(V/Q)} = e^{-k\tau} \tag{6.39}$$

式中，C 为地下水中污染物浓度，V 是反应器体积，Q 是地下水流量，k 为速率常数，τ 为水力停留时间。

采用 EE/O（Electrical Energy Per Order of Destruction）值设计 AOP 反应器规格是另一种设计方法。EE/O 值为(5 kWh)/($5m^3$)时表示将 $5 m^3$ 地下水中污染物浓度从 1 ppm 降低至 0.1 ppm 需要消耗 5 kWh 的能量，如继续将 $5 m^3$ 地下水中污染物浓度从 0.1 ppm 降低至 0.01 ppm 需要再消耗 5 kWh 的能量。需要注意，EE/O 值针对待处理地下水及污染物的不同具有特异性。

案例 6.22 高级氧化处理反应器规格的设计

选择紫外线（UV）/臭氧处理法去除抽出地下水中的三氯乙烯（TCE，浓度为 400 ppb）。通过中试试验发现，水力停留时间为 2 min 时，该反应器可将 TCE 浓度从 400 ppb 降低到 16 ppb。但是，TCE 的排放限值为 3.2 ppb。假设反应器内水流是理想活塞流，且反应遵循一级反应动力学关系，你推荐使用多少个反应器？

解答：

a. 根据公式（6.39）确定反应速率常数

$$\frac{C_{out}}{C_{in}} = e^{-k\tau} = \frac{16}{400} = e^{-2k}$$

可得，$k=1.61 \text{ min}^{-1}$。

b. 再次根据公式（6.39）确定将 TCE 浓度降低到排放限值以下所需停留时间

$$\frac{C_{out}}{C_{in}} = e^{-k\tau} = \frac{3.2}{400} = e^{-1.61\tau}$$

$$\tau = 3.0 \text{ min}$$

因此，需要两个反应器。

c. 再次根据公式（6.39）确定 TCE 的最终出水浓度（因为使用两个反应器，$\tau = 4$ min），有

$$\frac{C_{out}}{C_{in}} = e^{-k\tau} = \frac{C_{out}}{400} = e^{-1.61 \times 4}$$

$$C_{out} = 0.64 \text{ ppb}$$

 讨论

1. 对于活塞流反应器（PFRs），无论将两个相同的反应器串联还是并联，反应器终端出水浓度均相同。
2. 推荐使用中试试验确定 AOP 工艺的污染物去除效率和反应速率常数。

案例6.23 高级氧化处理反应器规格的设计

选择紫外线（UV）/臭氧处理法去除抽出地下水中的三氯乙烯（TCE），TCE 浓度为 400 ppb，抽水流量为 550 m³/d。通过中试试验发现，系统电能消耗与处理水量和 lg（进水浓度/出水浓度）的乘积成正比，比例系数为 1.6 kWh/m³。假设 TCE 进水浓度为 400 ppb，出水浓度为 16 ppb，系统一天 24 小时运行，那么一天需要消耗多少电能？

解答：

a. lg(进水浓度/出水浓度)=lg(400/16)=1.4
b. 每天需要处理的水量=(550 m³/d)×(1 d)=550 m³
c. 每天消耗的电能=(1.6 kWh/m³)×(550 m³)×1.4 = 1232 kWh

讨论

如果电费为 1 元/kWh,那么每天的电能消耗则为 1232 元。

参考文献

[1] Javandel, I., and Chin-Fu Tsang. 1986. Capture-zone type curves: A tool for aquifer cleanup. Groundwater, 24 (5): 616–625.

[2] Metcalf & Eddy, Inc. Wastewater engineering, 3rd ed. New York: McGraw-Hill, 1991.

[3] USEPA. 2004. How to evaluate alternative cleanup technologies for underground storage sites. EPA/510/R-04/002. Washington, DC: Office of Solid Waste and Emergency Response, US EPA.

[4] USEPA. 1991. Site characterization for subsurface remediation. EPA/625/R-91/026. Washington, DC: Office of Research and Development, US EPA.

[5] Johnson, R.L., P.C. Johnson, D.B. McWhorter, R.E. Hinchee, and I. Goodman. 1993. An overview of in situ air sparging. Ground Water Monitoring Review, Fall:127–135.

[6] Peters, M.S., and K.D. Timmerhaus. Plant design and economics for chemical engineers. 4th ed. New York: McGraw-Hill, 1991.

第 7 章

VOCs 富集气体处置

7.1 概述

在土壤/地下水修复过程中,往往会导致有机类关注污染物(COSs)从土壤/地下水转移到大气中。通常来讲,含有机污染物的气流在排入大气前需要进行相应的处理。完整的修复项目必须包括废气排放控制方案的制订与执行。废气排放控制通常费用较高,可能会影响某项待选修复工艺的成本效益。

在土壤/地下水修复过程中,包括土壤气相抽提、低温热脱附、土壤洗脱、固化/稳定化、地下水曝气、生物曝气、气提及生物修复等工艺,都会产生含有 VOCs 的尾气。本章内容涵盖了一些常用尾气处理技术的设计计算,如活性炭吸附、直接焚烧、催化焚烧、内燃机焚烧和生物过滤。

本章中许多背景信息取自美国环保署(USEPA)发表的三篇技术文章[1~3]。

7.2 活性炭吸附

7.2.1 活性炭吸附技术介绍

活性炭吸附是在土壤/地下水修复项目中最普遍使用的 VOCs 尾气控制工艺。该工艺可以高效去除废气中的各类 VOCs,适用范围广,最常用的气相活性炭是颗粒状活性炭(Granular Activated Carbon,GAC)。

活性炭的吸附容量是固定的,或者说其有效吸附点位是有限的。一旦被吸附的污染物占据了大部分可用的吸附点位，去除效率会显著降低。如果活性炭吸附设备超过此负荷继续运行，会突破临界点而造成活性炭系统排放气体中的VOCs浓度急剧上升。最终，当大部分吸附点位被污染物占据，活性炭会达到"饱和"状态而耗尽。耗尽而废弃的活性炭需要进行再生处理或者安全废弃处置。

活性炭吸附系统的进气通常需要两个预处理环节，以对其工况进行优化。第一个环节是冷却，第二个环节是除湿。VOCs的吸附通常是放热过程，因此在低温环境下有利。根据经验，需要将待处理废气的温度降至 54.4 ℃ 以下。另外，废气中的水蒸气会与 VOCs 竞争有效吸附点位，因此待处理废气的相对湿度通常应降至 50%或更低。举例来说，空气吹提设备的尾气中水蒸气通常是饱和的。在尾气排放前利用活性炭吸附处理 VOCs 时，需要先对尾气进行降温处理（如利用水冷），将水分冷凝析出，之后再升温（如利用电加热）以提高其相对湿度。

7.2.2 颗粒状活性炭吸附系统规模设计

市场上最常用的气相活性炭吸附器有两种，一种是桶式活性炭吸附系统（饱和活性炭送往别处再生）；另一种是在现场配置饱和活性炭再生装置的多层活性炭吸附床系统（当部分吸附床在吸附环节时，其余吸附床处于再生环节，如此循环交替运行）。

颗粒状活性炭吸附系统的规模设计主要基于以下参数：
- 含 VOCs 气流的体积流量；
- VOCs 的浓度或者质量负荷；
- 活性炭的吸附容量；
- 活性炭的预期再生频率。

气体的设计流速决定了活性炭吸附器的横截面积、引风机及其电机的规格，还有烟道的尺寸。其他三项参数（VOCs 质量负荷、活性炭吸附容量和再生频率）决定了活性炭吸附器的尺寸、数量，以及活性炭的用量。气相活性炭吸附系统的设计原则与液相活性炭吸附系统基本相似，可参见 6.3 节。

7.2.3 吸附等温线与吸附量

活性炭的吸附量受活性炭种类、目标 VOCs 种类、目标 VOCs 浓度、温度及是否存在其他竞争有效吸附区域的物质等因素的影响。在给定温度的条件下，单位质量活性炭与某种 VOCs 的吸附容量、废气中 VOCs 的浓度（或者气体分压）

这两个变量存在相互关系。对于大部分的 VOCs 来说，吸附等温式可以很好地用一条幂函数曲线来拟合，即 Freundlich 吸附等温线公式（参见公式（6.7））

$$q = a(P_{VOC})^m \tag{7.1}$$

式中，q 为吸附平衡容量，单位质量活性炭吸附 VOCs 的质量；P_{VOC} 为 VOC 在废气流中的气体分压，单位为 Pa；a、m 为经验常数。

一些 VOCs 物质相对应 Freundlich 吸附等温线公式的经验常数，如表 7.1 所示。

表 7.1 部分 VOCs 在等温线公式中的经验常数

污染物	吸附温度（℃）	a	m	P_{VOC} 范围（Pa）
苯	25	0.1260	0.176	0.6895~334.75
甲苯	25	0.2084	0.11	0.6895~334.75
间-二甲苯	25	0.2608	0.113	0.6895~6.895
间-二甲苯	25	0.2831	0.0703	6.895~334.75
苯酚	40	0.2211	0.153	0.6895~206.85
氯苯	25	0.1993	0.188	0.6895~68.95
环己烷	37.8	0.0794	0.21	0.6895~334.75
二氯乙烷	25	0.0814	0.281	0.6895~275.8
三氯乙烷	25	0.2554	0.161	0.6895~275.8
氯乙烯	37.8	0.0030	0.477	0.6895~334.75
丙烯腈	37.8	0.0220	0.424	0.6895~334.75
丙酮	37.8	0.0132	0.389	0.6895~334.75

注：本表引自文献[1]。

应当注意，这些 Freundlich 等温线公式的经验常数只是对应特定类型的活性炭，如果使用其他类型的活性炭则不适用。

在现场应用时，实际的吸附容量要低于吸附平衡容量。通常，基于安全设计的考虑，设计工程师会取平衡吸附量的 25%~50% 作为设计吸附容量。因此

$$q_{实际} = (50\%)(q_{理论}) \tag{7.2}$$

定量活性炭对污染物的最大去除量或吸附容量 $M_{去除}$ 可以由以下公式确定

$$M_{去除} = q_{实际} \times M_{GAC} = q_{实际} \times [(V_{GAC})(\rho_b)] \tag{7.3}$$

式中，M_{GAC} 是活性炭质量，V_{GAC} 是活性炭体积，ρ_b 是活性炭的容积密度。

可按以下步骤确定活性炭吸附器的吸附容量。
步骤1：使用公式（7.1）计算理论吸附容量；
步骤2：使用公式（7.2）计算实际吸附容量；
步骤3：计算吸附单元（又称吸附器）中活性炭的用量；
步骤4：使用公式（7.3）计算吸附设备可以吸附污染物的最大容量。

计算所需的信息包括：

- 吸附等温线；
- 废气流中目标污染物浓度，P_{VOC}；
- 活性炭的体积，V_{GAC}；
- 活性炭的容积密度，ρ_b。

案例7.1 计算活性炭吸附器的吸附容量

某个土壤通风项目拟使用活性炭吸附器处置尾气。废气中的污染物为间-二甲苯(M-xylene)，浓度为800 ppmV。抽提引风机出口的气体流速为5.66 m³/min，气体温度接近环境温度。计划使用两个容量为453.6 kg的活性炭吸附器。计算单个活性炭吸附器在达到饱和状态前对间—二甲苯的最大吸附容量。使用表7.1中的吸附等温式数据。

解答：

a. 将间-二甲苯的浓度由ppmV转换成标准压力单位Pa，有

$$P_{VOC} = 800 \text{ ppmV} = 800 \times 10^{-6} \text{ atm} = 8.0 \times 10^{-4} \text{ atm} = q_{实际} \times [(V_{GAC})(\rho_b)]$$

$$= (8.0 \times 10^{-4} \text{ atm}) \times \left(\frac{101325 \text{ Pa}}{1 \text{atm}}\right) = 81.06 \text{ Pa}$$

从表7.1中查询相关的经验常数，使用公式（7.1）计算平衡态的吸附容量，有

$$q = a(P_{VOC})^m = 0.283 \times (81.06)^{0.0703} = 0.385 \text{ kg/kg}$$

b. 实际的吸附容量可以使用公式（7.2）计算，有

$$q_{实际} = (50\%)q_{理论} = 0.5 \times (0.385 \text{ kg/kg}) = 0.193 \text{ kg/kg}$$

c. 活性炭达到饱和状态前吸附设备可以吸收二甲苯的质量为

(活性炭的质量) ×(实际的吸附容量)

= (453.6 kg) ×(0.193 kg/kg) = 87.54 kg

讨论

1. 气相活性炭的吸附容量大约为 0.1 kg/kg，远高于液相活性炭的吸附容量，后者大约为 0.01 kg/kg 。

2. 必须留意吸附等温线公式中参数 P_{VOC} 和 q 的单位。

3. 利用吸附等温线公式计算吸附容量时，应该采用入流废气中污染物的浓度，而非出流废气中污染物的浓度。

4. 间-二甲苯有两组经验常数，必须注意各组经验常数的适用条件。

7.2.4 活性炭吸附器的常用横截面积和高度

为了达到有效吸附，必须尽可能降低经过活性炭时废气的流速。在设计中，废气流速取值通常低于 0.3 m/s，最大取值一般不超过 0.5 m/s。该设计参数一般用于计算活性炭吸附器的横截面积（A_{GAC}）：

$$A_{GAC} = \frac{Q}{气体流速} \tag{7.4}$$

式中，Q 是废气进气流量。吸附设备的设计高度一般在 0.6 m 以上，以便提供足够的吸附区。

案例 7.2　计算活性炭吸附器的横截面积

在案例 7.1 所提及的修复项目中，453.6 kg 的活性炭吸附器没有现货。为了避免项目延期，建议使用 208 L 成品活性炭吸附桶（208 L）作为临时解决方案。208 L 吸附桶所用的活性炭与 453.6 kg 吸附器所用种类一致。供货商同时提供了活性炭吸附桶的技术参数：

每个 208 L 活性炭吸附桶的填料层直径为 0.46 m；
每个 208 L 活性炭吸附桶的填料层高度为 0.92 m；
活性炭的容积密度为 448.517 kg/m³。
根据以上数据计算：
a. 每个 208 L 吸附桶中需要填充活性炭的质量；
b. 每个 208 L 吸附桶在活性炭达到饱和状态前可吸附二甲苯的质量；
c. 所需吸附桶的最少数量。

解答：

a. 每个 208 L 吸附桶中需要填充活性炭的体积

$$(\pi r^2)h = \pi\left((0.46/2)^2\right) \times 0.92 = 0.15 \text{ m}^3$$

每个 208 L 吸附桶中需要填充活性炭的质量为

$$V(\rho_b) = 0.15 \text{ m}^3 \times 448.517 \text{ kg/m}^3 = 67.28 \text{ kg}$$

b. 每个 208 L 吸附桶在活性炭达到饱和状态前可吸附二甲苯的质量为
（GAC的质量）×（实际的吸附量）

= (67.28 kg/桶) × (0.193 kg二甲苯/kg GAC) = 12.985 kg二甲苯/桶

c. 假设设计废气流速为 18.288 m/min，则使用公式（7.4）计算该活性炭吸附桶的横截面积，有

$$A_{\text{GAC}} = \frac{Q}{\text{气体流速}} = \frac{5.66}{18.288} = 0.3095 \text{ m}^2$$

如果吸附系统为订制产品，则订制一套横截面积为 0.31 m² 的设备可以满足工艺要求。然而，可用吸附桶（208 L）的横截面积是固定的，因此必须根据其制式规格及需要达到横截面积计算需要使用的吸附桶数量。

单个 208 L 吸附桶内活性炭的填充横截面积为

$$\pi r^2 = \pi(0.46/2)^2 = 0.166 \text{ m}^2$$

为了达到工艺要求的流体负荷率，需要并联的吸附桶数量为

$$(0.31 \text{ m}^2)/(0.166 \text{ m}^2) = 1.87 \text{ 桶}$$

因此，将两个吸附桶并联使用可以提供需要的横截面积，两个吸附桶的总横截面积为

$$0.166 \times 2 = 0.332 \text{ m}^2$$

讨论

1. 气相活性炭的容积密度大约为 480.55 kg/m³。单个 208 L 吸附桶可以装填大约 68 kg 的活性炭。

2. 为了满足废气流速的要求，本项目最少需要使用两个208 L吸附桶。实际上应该配置更多的吸附桶，以满足监管要求及吸附设备的替换频率。如果使用多个活性炭吸附器，吸附器往往串联或者并联设置。如果两个吸附器串联设置，则监测点可以设置在一号吸附器的出气口。如果该监测点探测到排气中污染物浓度较高，则证明一号吸附器内的活性炭已经达到饱和状态，则将一号吸附器撤下，将二号吸附器替代为一号吸附器。如此，两个吸附器的吸附容量可以得到充分利用，同时系统也可

以满足排放标准要求。如果两个吸附器按照并联设置，其中一套吸附器可拆下进行活性炭再生处理或维护作业，这样便保证了生产的连续性。

7.2.5 计算活性炭吸附器的污染物去除速率

活性炭吸附器的污染物去除速率（$R_{去除}$）可以使用下列公式计算

$$R_{去除} = (G_{in} - G_{out})Q \tag{7.5}$$

在实际应用中，排气口污染物浓度（G_{out}）必须低于排放限值，通常很低。因此，基于安全考虑，在设计时一般会忽略公式（7.5）中的 G_{out} 值。因此，污染物的去除率等同于设备的污染物质量负荷率（$R_{负荷}$）

$$R_{去除} \approx R_{负荷} = (G_{in})Q \tag{7.6}$$

污染物质量负荷率等于废气流速与污染物浓度的乘积。如前文所述，废气中的污染物浓度常以 ppmV 或者 ppbV 表示。在质量负荷率计算中，必须把浓度转换成质量浓度单位，有

$$1\ \text{ppmV} = \begin{cases} \dfrac{MW}{22.4} & [\text{mg/m}^3], \quad 0\ ℃ \\ \dfrac{MW}{24.05} & [\text{mg/m}^3], \quad 20\ ℃ \\ \dfrac{MW}{24.5} & [\text{mg/m}^3], \quad 25\ ℃ \end{cases} \tag{7.7}$$

式中，MW 是污染物的分子量。

案例 7.3 计算活性炭吸附器的去除率

续案例 7.2，二甲苯的排放限值为 100 ppbV，计算两个 208 L 吸附桶的污染物去除率。

解答：

a. 使用公式（7.7）将污染物浓度单位由 ppmV 转换成 mg/m^3。二甲苯（$C_6H_4(CH_3)_2$）的分子质量=12×8+1×10=106 g/mol。

在 25 ℃时，$1\ \text{ppmV} = \dfrac{106}{24.5} = 4.327\ \text{mg/m}^3$，则

$800\ \text{ppmV} = 800 × 4.327\ \text{mg/m}^3 = 3.462\ \text{g/m}^3$

b. 使用公式（7.6）计算污染物的去除率，有

$$R_{去除} \approx (G_{in})Q = 3.462 \text{ g/m}^3 \times 5.66 \text{ m}^3/\text{min}$$
$$= 0.0196 \text{ kg/min} = 28.2 \text{ kg/d}$$

7.2.6 更换（或再生）频率

一旦活性炭达到饱和状态，需要进行再生或者安全废弃。两次再生处理之间的时间间隔或一批全新活性炭的预期使用时间可以通过活性炭吸附量除以污染物去除率（$R_{去除}$）计算，如下

$$T = \frac{M_{去除}}{R_{去除}} \tag{7.8}$$

  案例 7.4 计算活性炭吸附器的更换（或再生）频率

续案例 7.2，二甲苯排放限值为 100 ppbV。计算两个 208 L 吸附桶的使用寿命。

解答：

根据案例 7.2，每个吸附桶中的活性炭在达到饱和状态前可以吸附 12.985 kg 的二甲苯。使用公式（7.8）计算两个吸附桶的使用周期，有

$$T = \frac{M_{去除}}{R_{去除}} = \frac{2 \times (12.985 \text{ kg})}{0.295 \text{ kg/min}} = 88 \text{ min} < 1.5 \text{ h}$$

讨论

1. 虽然将两个吸附桶并联可以满足根据废气流速计算的横截面积，但是由于废气中污染物的浓度太高，导致两个吸附桶的使用周期过短。

2. 一个 208 L 吸附桶的采购成本一般为数百美元。在此案例中，两个吸附桶的使用周期低于 90 min。除此之外，还必须计算人力成本及活性炭处置费用，最终导致该方案不具有经济可行性。因此必须考虑配有现场再生设施的活性炭吸附系统或者其他解决方案。

7.2.7 活性炭需求量（现场再生）

如果废气中污染物的浓度高，可以考虑使用配有现场再生设备的活性炭吸附系统。带有现场再生设施活性炭吸附系统，其活性炭需求量与污染物负荷、活性炭的吸附量、活性炭更换时间间隔，以及活性炭吸附单元/床在再生作业段和吸附作业段之间的分配比例有关。活性炭的需求量可以用下列公式计算

$$M_{GAC} = \frac{R_{去除} T_{ad}}{q}\left[1 + \frac{N_{des}}{N_{ad}}\right] \quad (7.9)$$

式中，M_{GAC} 为活性炭总需求量，T_{ad} 为两次再生处理之间的吸附作业时长，N_{ad} 为处于吸附作业段的活性炭吸附床数量，N_{des} 为处于再生（解吸）作业段的吸附床数量。

> **案例 7.5　计算活性炭用量（配合现场再生设施）**
>
> 续案例 7.3，现场配有再生设备的活性炭吸附系统处置废气中的高浓度污染物，该系统由三个吸附器组成，其中两个处于吸附作业段，另外一个处于再生作业段。吸附作业周期为 6 h。计算整个系统活性炭的需求量。
>
> **解答：**
>
> 整个系统所需的活性炭数量可以使用公式（7.9）计算，有
>
> $$M_{GAC} = \frac{R_{去除} T_{ad}}{q}\left(1 + \frac{N_{des}}{N_{ad}}\right) = \frac{(0.295 \text{ kg/min}) \times (360 \text{ min})}{0.193 \text{ kg/kg}}\left(1 + \frac{1}{2}\right) = 825 \text{ kg}$$
>
> 因此，共需要填充 825 kg 的活性炭（单个吸附板需要填充 275 kg）。

7.3　热氧化

热处理也被普遍用于处理含 VOCs 废气。常用的热处理工艺包括热氧化、催化焚烧、内燃机焚烧。热处理系统的关键参数设计归纳为燃烧三 "T"，即焚烧温度（Combustion Temperature）、停留时间（Residence Time 或称 Dwell Time）、湍流度（Turbulence）。这三个参数决定了焚烧设备的规格和对污染物的去除效率。例如，为了确保良好的热处理效果，含 VOCs 废气应在高温下的热氧化器内停留

足够长时间（一般为 0.3~1 s），设备的焚烧温度应至少比废气中目标污染物的自燃温度高出 37.8 ℃。此外，焚烧设备内必须维持足够的湍流度，以确保气体充分混合均匀，目标污染物得到完全焚烧。其他需要考虑的重要参数包括进气的热值、辅助燃料需求量及助燃空气的需求量。

7.3.1 气体流量与温度的关系

在美国，气体流量通常以 m^3/min 或 m^3/h 表示。因为气体的流量是关于温度的函数，气流经过热处理工艺的不同温度段，因此气体流量又细分为实际的气体流量（Q_a）与标准气体流量（Q_s）。前者表示在实际温度下的气体流量，后者表示在标准条件下的气体流量。标准条件是比较的基础，可惜标准条件的定义并不统一。美国环保署采用的标准条件为在 77 ℉（25 ℃）和 1 个大气压；但是南加州南部海岸空气质量管理局（SCAQMD）采用的标准条件为 60 ℉（15.56 ℃）和 1 个大气压。此外，32 ℉（0 ℃）或 60 ℉（20 ℃）也频繁被技术文献采用作为标准的温度条件。因此在实施具体项目的时候，必须根据项目所在地的相关法规所规定的标准温度作为设计条件。除了特殊说明，本章节采用 77 ℉（25 ℃）作为标准温度。

实际的气体流量和标准气体流量可以使用下列公式进行转换，该公式假设理想气体定律有效，有

$$\frac{Q_a}{Q_s} = \frac{460 + T}{460 + 77} \tag{7.10}$$

式中，T 为实际的温度，单位为 ℉，加上 460 是为了将温度的单位由华氏度转化为兰氏度（Degree Rankine）。需要注意的是，如果温度的单位是摄氏度表示，则实际的气体流量和标准气体流量可以使用下列公式进行转换。公式（7.11）中的加 273 是为了将温度的单位由摄氏度转化为开氏度（Degree Kelvin）。

$$\frac{Q_a}{Q_s} = \frac{273 + T}{273 + 25} \tag{7.11}$$

案例 7.6　实际气体流量和标准气体流量的转换

采用热氧化器处理土壤通风工艺产生的废气，为了达到要求的污染物去除率，焚烧设备的工作温度为 760℃，在焚烧设备出口的实际气体流量为 15.574 m^3/min。如果以 Q_s 单位表示，出口气体流量是多少？从设备末端的排气烟囱排出气体的温度是 93.33 ℃，烟囱的直径为 0.10 m，计算气体从烟囱中排放的流速。

解答：

a. 使用公式（7.11）将 Q_a 转换为 Q_s，有

$$\frac{Q_{a,760℃}}{Q_s} = \frac{273+T}{273+25} = \frac{273+760}{298} = \frac{15.574}{Q_s}$$

因此，$Q_s = 4.493 \text{ m}^3/\text{min}$。

b. 使用公式（7.11）计算烟囱出口的气体流量，有

$$\frac{Q_{a,93.33℃}}{Q_s} = \frac{273+T}{273+25} = \frac{273+93.33}{298} = \frac{Q_{a,93.33℃}}{4.493}$$

因此，当气体温度为 93.33 ℃时，$Q_{a,93.33℃} = 5.523 \text{ m}^3/\text{min}$。

尾气排放速度为

$$v = Q_{a,93.33℃}/A = Q_{a,93.33℃}/(\pi r^2) = (5.523 \text{ m}^3/\text{min})/[\pi(0.10/2)^2 \text{ m}^2] = 703.2 \text{ m/min}$$

讨论

如果在给定温度条件下的实际气体流量已知，可以使用以下公式计算其他给定温度条件下的气体流量，即

$$\frac{Q_{a,T_1(℃)}}{Q_{a,T_2(℃)}} = \frac{273+T_1}{273+T_2} \tag{7.12}$$

可以使用该公式，通过已知燃烧室出口的气体流量直接计算案例中烟囱尾气流量，即

$$\frac{Q_{a,T_1(℃)}}{Q_{a,T_2(℃)}} = \frac{273+T_1}{273+T_2} = \frac{15.574}{Q_{a,93.33℃}} = \frac{273+760}{273+93.33}$$

因此，在 93.33 ℃时，$Q_{a,93.33℃} = 5.523 \text{ m}^3/\text{min}$。

7.3.2 气体的热值

有机物一般具有一定的热值，因此在焚烧过程中有机物也可作为焚烧能源。废气中有机物的含量越高，则其可提供的热值越高，相应焚烧所需的辅助燃料就越少。如果没有可作为能源的有机物，则可以使用 Dulong 公式，有

$$\text{热值}(\text{J/g}) = 338.2C + 1442.12(H - \frac{O}{8}) + 95.366S \tag{7.13}$$

C、H、O、S 是有机物分子中碳、氢、氧、硫元素的质量百分比。公式（7.13）

用来计算固体废物的热值。气流所含有的热值可以用以下公式计算，即

含VOCs的气流热值(J/m^3)
$$= VOCs的热值(J/g) \times VOCs的质量浓度(g/m^3) \qquad (7.14)$$

含 VOCs 的质量气流热值（J/g）可以通过将尾气所含热值（J/m^3）除以尾气的密度计算。

$$含VOCs的气流热值(J/g) = VOCs热值(J/m^3)/气流密度(g/m^3) \qquad (7.15)$$

标准条件下的气体密度可以通过以下公式计算，即

$$气流密度(g/m^3) = 40.863 MW \qquad (7.16)$$

其中 MW 为分子量。因为空气主要含有21%的氧气（MW=32），以及79%的氮气（MW=28），人们一般将空气的分子质量定为 29。因此，空气的密度为 1185.03 g/m^3（=40.863×29）。这一数据也适用于含 VOCs 的尾气，前提是 VOCs 的浓度不是极高。

案例7.7 计算气流的热值

续案例 7.1，考虑使用热氧化器处置尾气。气流中二甲苯的浓度为 800 ppmV，计算其热值。

解答：

a. 使用 Dulong 公式（见公式（7.13））计算纯二甲苯的热值，有

二甲苯（$C_6H_4(CH_3)_2$）的分子质量 $= 12 \times 8 + 1 \times 10 = 106$ g/mol

碳原子的质量百分比$=(12 \times 8)/106 = 90.57\%$

氢原子的质量百分比$=(1 \times 10)/106 = 9.43\%$

$$热值(J/g) = 338.2C + 1442.12(H - \frac{O}{8}) + 95.366S$$

$$= 338.2 \times 90.57 + 1442.12(9.43 - \frac{0}{8}) + 95.366 \times 0$$

$$= 44230$$

b. 为了计算二甲苯浓度为 800 ppmV 的气体所含热值，必须首先计算气体中二甲苯的质量浓度（在案例 7.3 中已经计算），有

$$800 \text{ ppmV} = 800 \times (4.33 \times 10^{-6} \text{ g/m}^3) = 3.464 \times 10^{-3} \text{ g/m}^3$$

使用公式（7.15）计算含二甲苯气体的热值，有

$$热值(J/m^3) = (44230 \text{ J/g}) \times (3.464 \text{ g/m}^3) = 153212 \text{ J/m}^3$$

c. 使用公式（7.15）将热值的单位转换成 J/g，有

含二甲苯气流的热值（J/g）= (153212 J/m^3)/(1185.03 g/m^3) = 129.29 J/g

讨论

1. 使用 Dulong 公式计算二甲苯的热值为 44230 J/g，与文献中记载的数据 43380 J/g 相近。

2. 碳原子的质量百分比为 90.57%，以 90.57 代入 Dulong 公式中，而不要使用 0.9057。

7.3.3 稀释空气

某些气流含有足够的有机物支持持续焚烧（例如，无须额外消耗辅助燃料，可以节省成本）。这是直接焚烧适于处置含有高浓度有机物气体的主要原因。然而，出于安全性考虑，往往将待进入焚烧炉处理的有害气体中可燃性组分的浓度限制在最低爆炸限值（LEL）的 25%。当焚烧设施配有 VOCs 浓度在线监测设备、工艺自动控制系统和关停装置时，可燃性气体浓度的限值可上调至 LEL 的 40%～50%。表 7.2 列举了部分空气中可燃气体的最低爆炸限值（LEL）及最高爆炸限值（UEL）。

当尾气中含有的 VOCs 浓度超过其最低爆炸限值的 25% 时（例如，在大多数运用 SVE 工艺的项目运行初期），必须使用稀释气体将尾气中的 VOCs 浓度降至其最低爆炸限值的 25% 以下，气体才可进入焚烧设备进行处理[3]。在大多数情况下，浓度为最低爆炸限值的 25% 的气体的含热量约等于 409.376 J/g 或者 484366.3 J/m^3。

表 7.2　空气中部分有机物的 LEL 和 UEL

有 机 物	最低爆炸限值 LEL，体积%	最高爆炸限值 UEL，体积%
甲烷	5.0	15.0
乙烷	3.0	3.0
丙烷	2.1	9.5
正丁烷	1.8	8.4
正戊烷	1.4	7.8
正己烷	1.2	7.4
正庚烷	1.05	6.7
正辛烷	0.95	3.2
乙烯	2.7	36.0
丙烯	2.4	11.0

(续表)

有 机 物	最低爆炸限值 LEL，体积%	最高爆炸限值 UEL，体积%
1,3-丁二烯	2.0	12.0
苯	1.3	7.0
甲苯	1.2	7.1
乙苯	1.0	6.7
二甲苯	1.1	6.4
甲醇	6.7	36.0
二甲醚	3.4	27.0
乙醛	4.0	36.0
丁酮	1.9	10.0

注：本表引自文献[1]。

> **案例 7.8　计算气体中有机物浓度为 LEL 的 25%时的热值**

尾气中含有高浓度的苯，苯的热值为 42356.46 J/g。计算苯浓度为最低爆炸限值的 25%时尾气的热值。

解答：

a. 根据表 7.2，最低爆炸限值时，苯占空气体积的 1.3%。

　　25%最低爆炸限值 = 25%×1.3% = 0.325%体积 = 3250 ppmV

　　苯（C_6H_6）的分子质量 = $12 \times 6 + 1 \times 6$ = 78

　　用公式（7.7）将 ppmV 转换成 mg/m^3，有

　　在 25 ℃时，1 ppmV = $\dfrac{78}{24.5}$ = 3.184 mg/m^3

　　3250 ppmV = $3250 \times (3.184\ mg/m^3)$ = 10.35 g/m^3

b. 使用公式（7.14）计算尾气所含的热值，有

　　热值(J/m^3) = (42356.46 J/g) × (10.35 g/m^3) = 438.39 kJ/m^3

c. 使用公式（7.15）将热值的单位转换成 kJ/g，有

　　含苯气流的热值(kJ/g) = (438.39 kJ/m^3)/(1185.03 g/m^3) = 0.37 kJ/g

讨论

热值计算所得结果（438.39 kJ/m^3 或 0.37 kJ/g），与含有 25% LEL 浓度 VOCs 的热值数据（484.37 kJ/m^3 或 0.41 kJ/g）非常接近。

当需要稀释气流中污染物浓度时，稀释空气的体积流量可用以下公式计算，有

$$Q_{\text{dilution}} = \left(\frac{H_w}{H_i} - 1\right) Q_w \tag{7.17}$$

式中，Q_{dilution} 为需要的稀释空气流量，单位为 m³/h；Q_w 为待处理的废气流量，单位为 m³/h；H_w 为废气流的热值，单位为 J/m³（或 J/g）；H_i 为焚烧系统补充气流的安全热值，单位为 J/m³（或 J/g）。

案例7.9 计算所需稀释空气的流量

使用直接焚烧设备处理流量为 5.66 m³/min 的尾气，该尾气的热值为 697.8 J/g。根据设备运行安全规定，将进入热氧化器气体中污染物的浓度限制为不超过 LEL 的 25%。计算所需要的稀释空气流量。

解答：

取 409.4 J/g 作为 25%污染物 LEL 的热值。使用公式（7.17）计算稀释空气流量，有

$$Q_{\text{dilution}} = \left(\frac{H_w}{H_i} - 1\right) Q_w = \left(\frac{697.8}{409.4} - 1\right) \times (5.66 \text{ m}^3/\text{min}) = 3.987 \text{ m}^3/\text{min}$$

7.3.4 助燃空气

如果废气中的含氧量较低（低于 13%～16%），则需要向其中加入助燃空气提高废气中的含氧量，确保燃烧器的火焰强度保持稳定。如果废气流的组分已知，设计者可以计算完全焚烧所需氧气的化学计量流量。在实践中，会加入过量的助燃空气以确保完全焚烧。以下案例展示了如何计算焚烧填埋场废气所需要的助燃空气的化学计量流量与实际的流量。

案例7.10 计算焚烧填埋场废气所需助燃空气的化学计量流量与实际的流量

计划使用焚烧设备处理垃圾填埋场废气，参数如下：体积 60%为甲烷（CH_4），体积 40%为二氧化碳（CO_2），Q = 5.66 m³/min。助燃空气的过量系数设为 20%，焚烧温度为 982.22 ℃。计算：

a. 所需助燃空气的化学计量流量；
b. 所需助燃空气的总量；
c. 流入焚烧器的气体总流量；

d. 流出焚烧器的气体总流量。

解答：

a. 甲烷的入口流量=60%×(5.66 m³/min)=3.396 m³/min

二氧化碳的入口流量=40%×(5.66 m³/min)=2.264 m³/min

甲烷完全焚烧的化学方程式为
$$CH_4 + 2O_2 \rightarrow CO_2 + 2H_2O$$

所需氧气的化学计量流量=(3.396 m³/min)×(2 mol 氧气/1 mol 甲烷)

= 6.792 m³/min

所需空气的化学计量流量 = 氧气流量/空气含氧量=(6.792 m³/min)/(21%)

=32.34 m³/min

b. 总助燃空气流量= (1+20%)×(32.34 m³/min)=38.808 m³/min

助燃空气中氮气的流量=79%×(38.808 m³/min)=30.66 m³/min

c. 流入焚烧设施的气体总流量=3.396（甲烷）+2.264（二氧化碳）+38.808（空气）

=44.468 m³/min

d. 流出氧气流量 =20%×6.792=1.358 m³/min

流出氮气流量 = 流入焚烧器的氮气流量 = 30.66 m³/min

流出二氧化碳流量 = 填埋场废气中二氧化碳流量+焚烧产生的二氧化碳流量

=2.264+3.396（甲烷：二氧化碳=1:1）

=5.66 m³/min

流出水蒸气流量 = 焚烧产生的水蒸气流量（甲烷：水蒸气=1:2）

=2×3.396=6.792 m³/min

流出气体总流量=1.358+30.66+5.66+6.792=44.47 m³/min

 讨论

1. 下表总结了该工艺过程中各气体组分的流量，有

	CH₄	O₂	N₂	CO₂	H₂O
流入量（m³/min）	3.396	2×3.396×1.2 = 8.15	30.66	2.264	0
流出量（m³/min）	0	8.15–6.792= 1.358	30.66	2.264+3.396 = 5.66	6.792

2. 总流入量与总流出量相等，皆为 44.47 m³/min。

7.3.5 补充燃料用量

当土壤或地下水修复工艺产生的尾气中 VOCs 浓度极低时,其所含热值可能不足以支持燃烧。在这种情况下,需要添加补充燃料。使用以下公式计算补充燃料的需求量(基于天然气),有

$$Q_{sf} = \frac{D_w Q_w [3.24 C_p (1.1 T_c - T_{he} - 0.1 T_r) - H_w]}{D_{sf} [H_{sf} - 3.564 C_p (T_c - T_r)]} \quad (7.18)$$

式中,

Q_{sf}——补充燃料的流量,单位为 m^3/min;

D_w——废气流的密度,单位为 g/m^3(通常为 $1183.76\ g/m^3$);

D_{sf}——补充燃料的密度,单位为 g/m^3(甲烷密度为 $653.55\ g/m^3$);

T_c——焚烧温度,单位为℃;

T_{he}——经过热力交换的废气流温度,单位为℃;

T_r——基准温度,25 ℃;

C_p——空气在 T_c 和 T_r 两温度间的平均热容,单位为 $J/(g·℃)$;

H_w——废气流的热含量,单位为 J/g;

H_{sf}——补充燃料的热值,单位为 J/g(甲烷的热值为 50.24 J/g)。

如果经过热交换器的废气流温度(T_{he})并非额定值,可以使用以下公式计算(注意:热交换器的作用是收集氧化器尾气的余热用于加热流入废气),即

$$T_{he} = \frac{HR}{100} T_c + \left(1 - \frac{HR}{100}\right) T_w \quad (7.19)$$

式中,HR 是热交换过程中的热回收率,单位为%(如果没有特殊说明,一般可以假设为 70%);T_w 是进入热交换装置前废气流的温度,单位为℃。

在上述公式中,T_{he} 是经过热能交换器的废气流温度(如果没有设置热能交换器进行热能回收,则 $T_{he} = T_w$),C_p 的取值可以根据图 7.1 获得。

▶ 案例 7.11 计算补充燃料的用量

续案例 7.7,使用配有同向流换热器的热氧化器处置含有浓度为 800 ppmV 二甲苯的尾气流($Q = 5.66\ m^3/min$)。焚烧温度设置为 982.2 ℃。计算助燃气体甲烷所需的流量。

解答:

a. 假设热回收率为70%，排气井中的废气温度为18.33 ℃，从换热器中排出的废气温度 T_{he}，可以使用公式（7.19）计算，有

$$T_{he} = \frac{HR}{100}T_c + \left(1 - \frac{HR}{100}\right)T_w = \frac{70}{100}(982.2) + \left(1 - \frac{70}{100}\right)(18.33) = 693 \text{ ℃}$$

b. 根据图7.1，温度为982.22 ℃下空气的平均比热值为0.344 J/(g·℃)。

c. 根据案例7.7，废气的热含量为129.33 J/g。

d. 使用公式（7.18）计算助燃气体的流量，有

$$Q_{sf} = \frac{D_w Q_w [3.24 C_p (1.1 T_c - T_{he} - 0.1 T_r) - H_w]}{D_{sf}[H_{sf} - 3.564 C_p (T_c - T_r)]}$$

$$= \frac{1183.76 \times 5.66 [3.24 \times 0.344(1.1 \times 982.2 - 693 - 0.1 \times 25) - 129.33]}{653.55 \times [50241.6 - 3.564 \times 0.344(982.22 - 25)]}$$

$$= 0.0625 \text{ m}^3/\text{min}$$

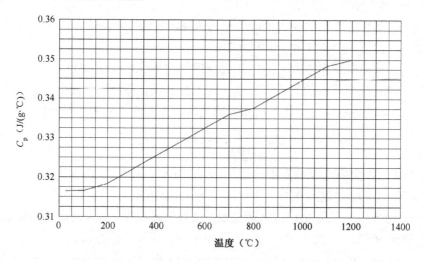

图7.1 空气的平均比热值

7.3.6 燃烧室体积

流入焚烧炉的气体是由废气、稀释空气（或者助燃空气）、助燃气体组成，其总量由以下公式计算

$$Q_{\text{inf}} = Q_w + Q_d + Q_{\text{sf}} \tag{7.20}$$

式中，Q_{inf} 为气体总流量，单位为 m^3/min。

在大部分情况下，设计人员可以假设在标准条件下，进入燃烧室的混合气流的流量 Q_{inf}，近似于流出燃烧室的尾气流量 Q_{fg}。假设因 VOCs 和助燃气体焚烧所导致的经过燃烧室前后气流体积的变化很小。往往在土壤或地下水修复过程中所产生的稀释 VOCs 气流，都按此计算。

在实际条件下的尾气流量可以使用公式（7.10）或以下公式计算，即

$$Q_{\text{fg,a}} = Q_{\text{fg}} \left(\frac{T_c + 273}{25 + 273} \right) = Q_{\text{fg}} \left(\frac{T_c + 273}{298} \right) \tag{7.21}$$

式中，$Q_{\text{fg,a}}$ 为实际的尾气流量，单位为 m^3/min。

燃烧室体积（V_c）由 $Q_{\text{fg,a}}$ 和停留时间 τ（单位为 s）决定，使用以下公式计算

$$V_c = \left[\left(\frac{Q_{\text{fg,a}}}{60} \right) \tau \right] \times 1.05 \tag{7.22}$$

该公式本质就是"停留时间=体积/流量"。1.05 是安全系数，是针对工业实践中气体流量微小波动的经验系数。表 7.3 列出了热氧化系统的设计数据。

表 7.3 热处理系统的典型设计值

目标去除率 (%)	非卤代有机物		卤代有机物	
	焚烧温度 (℃)	停留时间 (s)	焚烧温度 (℃)	停留时间 (s)
98	871	0.75	982	1.0
99	982	0.75	1093	1.0

注：本表引自文献[1]。

> **案例 7.12　计算热氧化器的规格**

续案例 7.11，使用配有再生式换热器的热氧化器处理含有浓度为 800 ppmV 二甲苯的尾气流（$Q = 5.66\ m^3/min$）。为了使去除率达到 99%（或更高）的标准，将焚烧温度设置为 982.22 ℃。计算热氧化器的规格。

解答：

a. 使用公式（7.20）计算在标准条件下尾气的流量，有

$$Q_{\text{fg}} \approx Q_{\text{inf}} = Q_w + Q_d + Q_{\text{sf}} = 5.66 + 0 + 0.0625 = 5.7225\ m^3/min$$

b. 使用公式（7.21）计算在实际条件下尾气的流量，有

$$Q_{fg,a} = Q_{fg} \frac{T_c + 273}{298} = 5.7225 \times \frac{982.22 + 273}{298} = 24.10 \text{ m}^3/\text{min}$$

c. 根据表 7.3，要求的停留时间为 1 s。使用公式（7.22）计算燃烧室的规格，有

$$V_c = \left[\left(\frac{Q_{fg,a}}{60}\right)\tau\right] \times 1.05 = \left[\left(\frac{24.10}{60}\right) \times 1\right] \times 1.05 = 0.42 \text{ m}^3/\text{min}$$

7.4 催化焚烧

催化焚烧，也称为催化氧化，是另外一种被广泛应用于处理含 VOCs 尾气的焚烧技术。在焚烧过程中加入贵金属或碱金属作为催化剂，焚烧温度一般可设为 315.6~648.9 ℃，低于直接热氧化系统的焚烧温度。

燃烧三"T"（温度、停留时间和湍流度）也是催化焚烧的重要设计参数。此外，催化剂的种类对系统的性能及运行成本有显著的影响。

7.4.1 稀释空气

催化焚烧炉对可燃气体浓度的限制一般为 372.6 kJ/m³ 或 314.01 J/g（等于大部分 VOCs 物质 LEL 的 20%），相比直接焚烧炉要低。主要原因是较高的 VOCs 浓度会在焚烧时产生大量的热，导致催化剂失活。因此，必须使用稀释空气将废气中污染物的浓度降至其 LEL 的 20% 以下。

当需要稀释空气时，稀释空气的流量可以通过公式（7.17）计算

$$Q_{dilution} = \left(\frac{H_w}{H_i} - 1\right)Q_w \tag{7.17}$$

式中，$Q_{dilution}$ 是需要的稀释空气流量，单位为 m³/min；Q_w 是待处置的废气流量，单位为 m³/min；H_w 是废气中的热含量，单位为 J/m³（或 J/g）；H_i 是焚烧系统入流气流的安全热值，单位为 J/m³（或 J/g）。

> **案例 7.13　计算所需稀释空气的流量**
>
> 续案例 7.8，使用配有再生式换热器的催化焚烧设备处理含有浓度为 800 ppmV 二甲苯的尾气，其流量为 Q=5.66 m³/min。计算所需稀释空气的流量。

解答：

根据案例7.8中的计算，尾气热值为438.39 kJ/m³或0.37 kJ/g，超过了372.59 kJ/m³或0.314 kJ/g的限值。因此，需要使用稀释空气，可以使用公式（7.17）计算稀释空气的流量，有

$$Q_{\text{dilution}} = \left(\frac{H_w}{H_i} - 1\right)Q_w = \left(\frac{0.37}{0.314} - 1\right) \times 5.66 = 1.0 \ \text{m}^3/\text{min}$$

讨论

对于含800 ppmV 二甲苯的尾气，催化焚烧炉必须使用稀释空气，但是直接焚烧炉则不需要。

7.4.2 补热需求

使用催化焚烧炉处理由土壤/地下水修复产生的尾气，一般需要使用电热器进行补热。如果使用天然气作为燃料，可以使用公式（7.23）计算助燃气体的流量。在计算补热需求之前，需用以下两个公式计算尾气的适宜温度 T_{out}，既在保证去除效率的同时又不影响催化剂的功效。该参数可以根据经过换热器而进入催化反应床之前的废气温度 T_{in}，以及废气的热含量计算。

$$T_{\text{out}} = T_{\text{in}} + 0.7455 H_w \tag{7.23}$$

另外，该公式经调整后，可用于计算为达到催化反应床需要的适宜温度，入流废气应达到的温度为

$$T_{\text{in}} = T_{\text{out}} - 0.7455 H_w \tag{7.24}$$

式中，H_w 为废气的含热量，单位为 kJ/m³。根据以上两公式，流入催化反应床废气的热含量每增加 13.41 kJ/m³，需要将废气温度提高 10 ℃。

案例7.14 计算催化反应床的温度

续案例7.13，使用配有再生式换热器的催化焚烧设备处理含有浓度为800 ppmV 二甲苯的尾气，流量为 Q=5.66 m³/min。经过热交换器后，稀释废气的温度为287.78 ℃。计算催化反应床的温度。

解答：

在经过稀释后，稀释废气的含热量为 372.59 kJ/m³。使用公式（7.23）计算催化反应床的温度，有

$$T_{out} = T_{in} + 0.7455 H_w = 287.78 + 0.7455 \times 372.59 = 565.55 \ ℃$$

 讨论

计算温度为 565.55 ℃，在典型催化反应床的温度区间内（537.78～648.89 ℃）。

7.4.3 催化反应床的体积

催化反应床的流入气体流量主要为废气、稀释空气（和/或助燃空气）与助燃气体之和，可以使用公式（7.20）计算，即

$$Q_{inf} = Q_w + Q_d + Q_{sf} \tag{7.20}$$

式中，Q_{inf} 为入流气体流量，单位为 m³/min。

在大部分情况下，进入催化反应床的混合气体流量 Q_{inf}，近似等于标况下流出催化反应床的气体流量 Q_{fg}。在实际条件下，尾气流量可以使用公式（7.21）计算

$$Q_{fg,a} = Q_{fg}\left(\frac{T_c + 273}{25 + 273}\right) = Q_{fg}\left(\frac{T_c + 273}{298}\right) \tag{7.21}$$

式中，$Q_{fg,a}$ 为实际的尾气流量，单位为 m³/min。

因为废气在催化反应床停留时间很短，通常使用空间速率来代表气体流量与催化反应床体积之间的关系。空间速率的定义为进入催化反应床含 VOCs 尾气的体积流量除以催化反应床的体积。该参数是停留时间的倒数。表 7.4 提供了催化焚烧炉的典型设计值。值得注意的是，用于计算空间速率的流量是基于在标准条件下的入流气体流量，而不是基于催化反应床或出流气体流量。

表 7.4 催化焚烧炉的典型设计值

目标去除率 （%）	催化反应床入流 气体的温度（℃）	催化反应床出流 气体的温度（℃）	空间速率（h⁻¹）	
			碱性金属	贵金属
95	315.56	537.8～648.9	10000～15000	30000～40000

注：本表引自文献[1]。

催化反应床的规格可由以下公式计算，即

$$V_{cat} = \frac{60Q_{inf}}{SV} \quad (7.25)$$

式中，V_{cat} 为催化反应床的体积，单位为 m^3；Q_{inf} 为催化反应床总入流气体流量，单位为 m^3/min；SV 为空间速率，单位为 h^{-1}。

案例 7.15　计算催化反应床的体积

续案例 7.13，使用配有再生式换热器的催化焚烧设备处理含有浓度为 800 ppmV 二甲苯的尾气，其流量为 $Q = 5.66$ m^3/min。设计空间速率为 12000 h^{-1}。计算催化反应床的规格。

解答：

a. 使用公式（7.20）计算在标况下的尾气流量，有

$$Q_{fg} \approx Q_{inf} = Q_w + Q_d + Q_{sf} = 5.66 + 1.0 + 0 = 6.66 \text{ m}^3/\text{min}$$

b. 当空间速率为 12000 h^{-1}，使用公式（7.25）计算催化反应床的规格

$$V_{cat} = \frac{60Q_{inf}}{SV} = \frac{60 \times 6.66}{12000} = 0.033 \text{ m}^3$$

讨论

催化设备的规格为 0.033 m^3，小于直接焚烧设备的燃烧室规格 0.1 m^3。

7.5　内燃机

传统汽车或卡车的内燃机（IC）通过改装可以用于处理含 VOCs 尾气。内燃机作为热氧化器使用，其单元与热氧化器单元仅在燃烧室的构造上存在区别。

内燃机系统的设计主要基于待处理含 VOCs 尾气的流量。国外一些厂商的内燃机系统可以处理标准条件下流量为 2.265 m^3/min 的 VOCs 尾气，而另外一些厂商称每 0.005 m^3 内燃机体积可焚烧处理标准条件下 2.832~5.663 m^3/min 的流入气体（根据尾气中 VOCs 的浓度）[2]。保守估计，一套标准的内燃机系统处理含 VOCs 尾气的流量上限为 2.832 m^3/min。对于大流量的废气处理，需要考虑将多套内燃机系统并联使用。

🢂 案例 7.16　计算所需的内燃机系统数量

续案例 7.13，使用内燃机设备处理含有浓度为 800 ppmV 二甲苯的尾气，流量为 $Q = 5.66\ \text{m}^3/\text{min}$。计算该项目所需使用的内燃机系统数量。

解答：

尾气的平均流量为 5.66 m3/min，一套标准的内燃机系统的最大处理量为 2.832 m3/min。因此，该项目至少需要将两套内燃机系统并联使用。

7.6　土壤生物滤床

土壤生物滤床的技术原理为：将含 VOCs 的尾气通入活性微生物富集的土壤介质中，通过微生物降解 VOCs。气流与生物过滤床的温度与湿度是本技术设计的关键参数。

土壤生物滤床技术适合处理流量相对较大、浓度相对较低的 VOCs 气流，例如，甲烷含量低于 1000 ppmV 的尾气。进气 VOCs 的最大浓度为 3000～5000 mg/m³。为达到最佳处理效率，尾气的温度应为 20～40 ℃，相对湿度为 95%。过滤材料的湿度应维持在其质量的 40%～60%，pH 应为 7～8。典型生物滤床系统的设计横截面积一般为 10～2000 m²，废气处理量可达 1000～150000 m³/h。生物滤床介质的厚度一般为 0.91～1.22 m[2]。每平方米过滤区的表面负荷率一般为 100 m³/h。生物滤床所需的横截面积可以使用以下公式计算

$$A_{\text{biofilter}} = \frac{\text{气流量}}{\text{表面负荷}} \tag{7.26}$$

🢂 案例 7.17　计算生物滤床的规格

续案例 7.13，使用生物过滤设施处理含有浓度为 800 ppmV 二甲苯的尾气，流量为 $Q = 5.66\ \text{m}^3/\text{min}$。计算该项目所需使用生物滤床的规格。

解答：

a. 尾气中含有浓度为 800 ppmV 的二甲苯，相当于 6400 ppmV 的甲烷（每个二

甲苯分子含有 8 个碳原子)。该浓度超过甲烷的限值(1000 ppmV)。根据文献记载,进气中的 VOCs 浓度最高可达 3000~4000 mg/m³。虽然本案例中二甲苯的浓度在此浓度区间内(800 ppmV 的二甲苯换算浓度为 3460 mg/m³),但是根据保险原则还是需要将尾气进行稀释。进气中的最佳二甲苯浓度必须根据中试研究结果进行测算。在该案例中,暂将尾气稀释 4 倍,因此流入生物滤床系统的气体流量为 22.65 m³/min。

b. 每平方米生物过滤系统横截面上的表面负荷率为 100 m³/h。将 22.65 m³/min 的单位转换为 m³/h,有

$$Q = 22.65 \text{ m}^3/\text{min} \times 60 \text{ min/h} = 1359 \text{ m}^3/\text{h}$$

使用公式(7.26)计算所需横截面积,有

$$A_{\text{biofilter}} = \frac{\text{气流量}}{\text{表面负荷}} = \frac{1359 \text{ m}^3/\text{h}}{100 \text{ m}^3/\text{h/m}^2} = 13.6 \text{ m}^2$$

c. 生物过滤层的厚度采用标准的设计,取 1.22 m。

讨论

如果生物过滤层的构造为圆柱形,其直径大约为 4.16 m。

参考文献

[1] USEPA. 1991. Control Technologies for Hazardous Air Pollutants. EPA/6254/6-91/014. Washington, DC: Office of Research and Development, US Environmental Protection Agency.

[2] USEPA. 1992. Control of Air Emissions for Superfund Sites. EPA/624/R-92/012. Washington, DC: Office of Research and Development, US Environmental Protection Agency.

[3] USEPA. 2006. Off-gas Treatment Technologies for Soil Vapor Extraction Systems: State of the Practice. EPA/542/R-05/028. Washington, DC: Office of Superfund Remediation and Technology Innovation, Office of Solid Waste and Emergency Response, US Environmental Protection Agency.

案例索引

案例 2.1　质量和浓度关系 ··· 9
案例 2.2　质量和浓度关系（采用国际单位制） ······················· 9
案例 2.3　质量和浓度关系 ·· 10
案例 2.4　质量和浓度关系 ·· 11
案例 2.5　质量和浓度关系 ·· 12
案例 2.6　气体 ppmV 浓度 ·· 13
案例 2.7　气体 ppmV 与质量浓度间的单位转换 ······················ 13
案例 2.8　堆积密度、含水率和饱和度 ······························ 14
案例 2.9　确定从储罐坑挖掘土壤的质量和体积 ······················ 17
案例 2.10　开挖土壤质量和浓度关系 ······························ 17
案例 2.11　开挖土壤质量和浓度关系 ······························ 18
案例 2.12　确定包气带中污染土壤的量 ···························· 20
案例 2.13　确定包气带中污染土壤的量 ···························· 21
案例 2.14　确定包气带中污染土壤的量（用国际单位制） ············· 22
案例 2.15　汽油中各组分的质量分数和摩尔分数 ···················· 24
案例 2.16　毛细区的厚度 ·· 26
案例 2.17　确定自由漂浮相的实际厚度 ···························· 28
案例 2.18　估计自由漂浮相的质量和体积 ·························· 29
案例 2.19　确定污染范围 ·· 30
案例 2.20　土壤钻孔的钻屑量 ···································· 33

案例 2.21	所需填料的量	34
案例 2.22	所需膨润土密封材料的用量	34
案例 2.23	地下水采样的井体积	35
案例 2.24	自由相存在时土壤孔隙中的气相浓度	37
案例 2.25	用 Clausius-Clapeyron 方程估算气相压力	38
案例 2.26	用 Antoine 方程估算气相压力	38
案例 2.27	自由相存在时土壤孔隙中的气相浓度	39
案例 2.28	亨利常数单位换算	42
案例 2.29	由溶解度及蒸气压计算亨利常数	43
案例 2.30	用亨利定律计算平衡浓度	43
案例 2.31	固−液平衡浓度	47
案例 2.32	固−液−气−自由相平衡浓度	48
案例 2.33	固−液−气−平衡浓度（无自由相）	49
案例 2.34	气液两相间的质量分配	52
案例 2.35	含水层中固液两相间的质量分配	53
案例 2.36	液固两相间的质量分配	54
案例 2.37	气、液、固三相间的质量分配	55
案例 2.38	土壤中的关注污染物浓度：S 与 X 的比较	56
案例 2.39	土壤气相与土壤样品浓度之间的关系	57
案例 3.1	估算地下水进入污染羽时的流量	61
案例 3.2	达西速率和渗流速度	63
案例 3.3	渗滤液在压实粘土衬层中的迁移速度	64
案例 3.4	给定固有渗透率，求渗透系数	66
案例 3.5	计算由于压头的变化含水层损失的水量	68
案例 3.6	从三个地下水水位高程计算地下水径流的水力梯度和方向	69
案例 3.7	承压水层抽水稳态水位降深	71
案例 3.8	从稳态水位降深数据计算承压含水层的渗透系数	72
案例 3.9	用单位涌水量计算承压含水层的渗透系数	72
案例 3.10	非承压含水层抽水的稳态水位降深	73
案例 3.11	用稳态水位降深数据计算非承压含水层的渗透系数	74
案例 3.12	用给水度计算非承压含水层的渗透系数	75
案例 3.13	用泰斯（Theis）方程计算承压含水层的非稳态水位降深	77

案例 3.14　用 Cooper-Jacob 直线法分析抽水试验数据 ⋯⋯⋯⋯⋯⋯⋯⋯⋯⋯⋯⋯⋯⋯⋯⋯ 78
案例 3.15　用距离-降深方法分析抽水试验数据 ⋯⋯⋯⋯⋯⋯⋯⋯⋯⋯⋯⋯⋯⋯⋯⋯⋯⋯ 81
案例 3.16　用 LeBas 法计算扩散系数 ⋯⋯⋯⋯⋯⋯⋯⋯⋯⋯⋯⋯⋯⋯⋯⋯⋯⋯⋯⋯⋯⋯ 85
案例 3.17　求不同温度下的扩散系数 ⋯⋯⋯⋯⋯⋯⋯⋯⋯⋯⋯⋯⋯⋯⋯⋯⋯⋯⋯⋯⋯⋯ 86
案例 3.18　分子扩散和水力弥散的相对重要性 ⋯⋯⋯⋯⋯⋯⋯⋯⋯⋯⋯⋯⋯⋯⋯⋯⋯⋯ 86
案例 3.19　确定阻滞因子 ⋯⋯⋯⋯⋯⋯⋯⋯⋯⋯⋯⋯⋯⋯⋯⋯⋯⋯⋯⋯⋯⋯⋯⋯⋯⋯⋯ 89
案例 3.20　地下水中溶解羽的迁移速度 ⋯⋯⋯⋯⋯⋯⋯⋯⋯⋯⋯⋯⋯⋯⋯⋯⋯⋯⋯⋯⋯ 90
案例 3.21　溶解羽在地下水中的迁移速度 ⋯⋯⋯⋯⋯⋯⋯⋯⋯⋯⋯⋯⋯⋯⋯⋯⋯⋯⋯⋯ 91
案例 3.22　溶解羽的迁移速度和污染物的分配比例 ⋯⋯⋯⋯⋯⋯⋯⋯⋯⋯⋯⋯⋯⋯⋯⋯ 92
案例 3.23　计算包气带中的渗透系数 ⋯⋯⋯⋯⋯⋯⋯⋯⋯⋯⋯⋯⋯⋯⋯⋯⋯⋯⋯⋯⋯⋯ 94
案例 3.24　求气相的曲折系数 ⋯⋯⋯⋯⋯⋯⋯⋯⋯⋯⋯⋯⋯⋯⋯⋯⋯⋯⋯⋯⋯⋯⋯⋯⋯ 96
案例 3.25　计算不同温度下的扩散系数 ⋯⋯⋯⋯⋯⋯⋯⋯⋯⋯⋯⋯⋯⋯⋯⋯⋯⋯⋯⋯⋯ 96
案例 3.26　求气相的阻滞因子 ⋯⋯⋯⋯⋯⋯⋯⋯⋯⋯⋯⋯⋯⋯⋯⋯⋯⋯⋯⋯⋯⋯⋯⋯⋯ 98
案例 4.1　物质平衡方程——空气稀释（没有化学反应发生）⋯⋯⋯⋯⋯⋯⋯⋯⋯⋯⋯ 103
案例 4.2　已知两个浓度值，计算速率常数 ⋯⋯⋯⋯⋯⋯⋯⋯⋯⋯⋯⋯⋯⋯⋯⋯⋯⋯⋯ 105
案例 4.3　已知两个浓度值，计算速率常数 ⋯⋯⋯⋯⋯⋯⋯⋯⋯⋯⋯⋯⋯⋯⋯⋯⋯⋯⋯ 106
案例 4.4　半衰期计算（1）⋯⋯⋯⋯⋯⋯⋯⋯⋯⋯⋯⋯⋯⋯⋯⋯⋯⋯⋯⋯⋯⋯⋯⋯⋯ 107
案例 4.5　半衰期计算（2）⋯⋯⋯⋯⋯⋯⋯⋯⋯⋯⋯⋯⋯⋯⋯⋯⋯⋯⋯⋯⋯⋯⋯⋯⋯ 108
案例 4.6　半衰期计算（3）⋯⋯⋯⋯⋯⋯⋯⋯⋯⋯⋯⋯⋯⋯⋯⋯⋯⋯⋯⋯⋯⋯⋯⋯⋯ 108
案例 4.7　序批式反应器（在已知反应速率的情况下确定所需停留时间）⋯⋯⋯⋯⋯ 110
案例 4.8　序批式反应器（在未知反应速率的情况下确定所需停留时间）⋯⋯⋯⋯⋯ 111
案例 4.9　确定序批式反应试验的速率常数 ⋯⋯⋯⋯⋯⋯⋯⋯⋯⋯⋯⋯⋯⋯⋯⋯⋯⋯⋯ 112
案例 4.10　二级反应序批式反应器 ⋯⋯⋯⋯⋯⋯⋯⋯⋯⋯⋯⋯⋯⋯⋯⋯⋯⋯⋯⋯⋯⋯ 113
案例 4.11　一级动力学泥浆反应器（CFSTR）⋯⋯⋯⋯⋯⋯⋯⋯⋯⋯⋯⋯⋯⋯⋯⋯⋯ 114
案例 4.12　二级动力学低温热脱附土壤反应器（CFSTR）⋯⋯⋯⋯⋯⋯⋯⋯⋯⋯⋯⋯ 115
案例 4.13　一级动力学土壤泥浆反应器（PFR）⋯⋯⋯⋯⋯⋯⋯⋯⋯⋯⋯⋯⋯⋯⋯⋯ 117
案例 4.14　二级动力学土壤低温热脱附反应器（PFR）⋯⋯⋯⋯⋯⋯⋯⋯⋯⋯⋯⋯⋯ 117
案例 4.15　确定序批式反应器尺寸 ⋯⋯⋯⋯⋯⋯⋯⋯⋯⋯⋯⋯⋯⋯⋯⋯⋯⋯⋯⋯⋯⋯ 119
案例 4.16　确定连续流搅拌式反应器（CFSTR）尺寸 ⋯⋯⋯⋯⋯⋯⋯⋯⋯⋯⋯⋯⋯⋯ 119
案例 4.17　确定活塞流反应器（PFR）尺寸 ⋯⋯⋯⋯⋯⋯⋯⋯⋯⋯⋯⋯⋯⋯⋯⋯⋯⋯ 120
案例 4.18　连续流搅拌式反应器（CFSTR）串联 ⋯⋯⋯⋯⋯⋯⋯⋯⋯⋯⋯⋯⋯⋯⋯⋯ 121
案例 4.19　活塞流反应器（PFR）串联 ⋯⋯⋯⋯⋯⋯⋯⋯⋯⋯⋯⋯⋯⋯⋯⋯⋯⋯⋯⋯ 123

案例 4.20	连续流搅拌式反应器（CFSTR）串联	125
案例 4.21	活塞流反应器（PFR）串联	126
案例 4.22	连续流搅拌式反应器（CFSTR）并联	127
案例 4.23	活塞式反应器（PFR）并联	129
案例 5.1	计算汽油的饱和蒸气浓度	135
案例 5.2	计算二元混合物的饱和蒸气浓度	136
案例 5.3	用饱和蒸气浓度判断地下是否存在自由相	138
案例 5.4	用水中的溶解度判断地下是否存在自由相	140
案例 5.5	计算抽提气体浓度（不存在自由相）	141
案例 5.6	计算抽提气体浓度（不存在自由相）	142
案例 5.7	根据压降数据（单位为 atm）来计算土壤抽提井的影响半径	144
案例 5.8	根据压降数据（单位为厘米水柱）来计算土壤抽提井的影响半径	144
案例 5.9	计算 SVE 监测井内的压降	145
案例 5.10	计算 SVE 井的抽提气体流量	147
案例 5.11	根据抽提气体流量计算土壤抽提井的影响半径	148
案例 5.12	根据抽提气体流量计算土壤抽提井的影响半径	149
案例 5.13	计算冲洗单位孔隙体积需要的时间	150
案例 5.14	计算污染物去除速率（存在自由相）	152
案例 5.15	计算污染物去除速率（不存在自由相）	153
案例 5.16	计算清理时间（存在自由相）	155
案例 5.17	计算土壤抽提井在温度升高时的抽提气体流量	158
案例 5.18	计算所需的抽提井数量	159
案例 5.19	计算 SVE 所需的真空泵功率	160
案例 5.20	计算土壤洗脱效率	164
案例 5.21	计算土壤洗脱效率（两个反应器串联）	165
案例 5.22	计算土壤生物修复的水分需求量	167
案例 5.23	计算土壤生物修复的营养物需求量	169
案例 5.24	计算空气中的氧气浓度	171
案例 5.25	确定为原位土壤生物修复补充氧气的必要性	171
案例 5.26	计算生物通风的效率	173
案例 5.27	计算通过生物通风进行生物降解的比率	174
案例 5.28	计算氧化剂的化学计量需求量	177

案例 5.29 计算氧化剂的化学计量需求量……………………………………… 178
案例 5.30 计算废物样品的能量值……………………………………………… 180
案例 5.31 计算燃烧温度………………………………………………………… 181
案例 5.32 计算裂解和去除效率………………………………………………… 182
案例 5.33 计算氯化氢生成量…………………………………………………… 182
案例 5.34 计算焚烧效率………………………………………………………… 183
案例 5.35 计算低温加热所需的停留时间（序批式运行）…………………… 184
案例 5.36 计算低温加热所需的停留时间（连续式运行）…………………… 185
案例 6.1   承压含水层中抽水井影响半径……………………………………… 189
案例 6.2   利用稳定流降深数据计算承压含水层抽水速率…………………… 189
案例 6.3   潜水含水层抽水影响半径…………………………………………… 190
案例 6.4   利用潜水含水层稳定降深数据计算抽水速率……………………… 191
案例 6.5   绘出抽水井的捕获区范围…………………………………………… 193
案例 6.6   确定捕获区的下游侧流距离………………………………………… 195
案例 6.7   确定多井捕获区的下游侧流距离…………………………………… 196
案例 6.8   确定捕获地下水污染羽的抽水井位与数量………………………… 199
案例 6.9   确定活性炭吸附器的吸附容量……………………………………… 201
案例 6.10 设计用于地下水修复的活性炭吸附系统…………………………… 204
案例 6.11 确定吹脱填料塔中的气水比………………………………………… 208
案例 6.12 用于地下水修复的吹脱填料塔规格………………………………… 210
案例 6.13 用于地下水修复的地上生物反应器规格…………………………… 213
案例 6.14 判断原位地下水生物修复中添加氧源的必要性…………………… 215
案例 6.15 确定生物修复中添加过氧化氢作为氧源的有效性………………… 217
案例 6.16 确定地下水原位生物修复营养物的需求…………………………… 218
案例 6.17 确定空气注入过程氧气添加速率…………………………………… 220
案例 6.18 确定空气注入所需要的空气注射压力……………………………… 222
案例 6.19 确定空气注入供电需求……………………………………………… 223
案例 6.20 化学沉淀法清除金属镁……………………………………………… 225
案例 6.21 计算氧化剂化学需求量……………………………………………… 226
案例 6.22 高级氧化处理反应器规格的设计…………………………………… 228
案例 6.23 高级氧化处理反应器规格的设计…………………………………… 229
案例 7.1   计算活性炭吸附器的吸附容量……………………………………… 234

案例 7.2	计算活性炭吸附器的横截面积	235
案例 7.3	计算活性炭吸附器的去除率	237
案例 7.4	计算活性炭吸附器的更换（或再生）频率	238
案例 7.5	计算活性炭用量（配合现场再生设施）	239
案例 7.6	实际气体流量和标准气体流量的转换	240
案例 7.7	计算气流的热值	242
案例 7.8	计算气体中有机物浓度为 LEL 的 25%时的热值	244
案例 7.9	计算所需稀释空气的流量	245
案例 7.10	计算焚烧填埋场废气所需助燃空气的化学计量流量与实际的流量	245
案例 7.11	计算补充燃料的用量	247
案例 7.12	计算热氧化器的规格	249
案例 7.13	计算所需稀释空气的流量	250
案例 7.14	计算催化反应床的温度	251
案例 7.15	计算催化反应床的体积	253
案例 7.16	计算所需的内燃机系统数量	254
案例 7.17	计算生物滤床的规格	254

专业名词中英文对照

A

Activated Carbon Adsorption	活性炭吸附
Capacity, Adsorption	容量，吸附
Carbon, Amount Needed	活性炭，需求量
Change-out Frequency	更换频率
COC Removal Rate	污染物去除率
Configuration of Adsorbers	吸附器结构
Cross-sectional Area	横截面积
Design of System	系统设计
Effluent Concentration	出水浓度
Empty Bed Contact Time (EBCT)	空床接触时间
Height of Absorber	吸附器高度
Material Used	所用材料
On-site Regeneration	现场再生
Overview	简介
Process	过程
Removal Rate	去除速率
Sizing Process	尺寸计算过程

Adsorption   吸附
    Capacity for   容量
    Factors Impacting   影响因子
Adsorption Isotherm   吸附等温线
Advanced Oxidation Process (AOP)   高级氧化工艺
Advection-dispersion Equation   对流弥散方程
Air Sparging. see also Biosparging   曝气，参见生物曝气
    Injection Pressure   注射压力
    Overview   简介
    Oxygen Addition   增氧
    Power Requirements for Injection   注射功率需求
    Water Column Height   水柱高度
    Wells, Multiple   多井
Air Stripping   空气抽提
    Air-to-water Ratio   气水比
    Column, Diameter of   填料塔，直径
    Flooding   溢流
    Influent Air   进气
    Overview   简介
    Packing Height   填料高度
    Sizing   尺寸计算
    Stripping Factor   吹脱因子
    System Design   系统设计
Antoine Equation   Antoine 方程
Aquifers   含水层
    Artesian   自流的
    COCs in   其中的污染物
    Confined   承压的
    Functions of   功能
    Groundwater Extraction   地下水抽取
    Mass Partition Between Solid and Liquid Phase   固液两相间的质量分配
    Saturated   饱和的

Steady-state Flow, in Unconfined　　稳态流，在非承压下的
Storage　　贮水
Storage Loss　　含量损失
Transmissivity　　导水系数
Unconfined　　非承压
Unsteady-state Drawdown　　非稳态水位降深
Water-table　　潜水面

B

Batch Reactors　　序批式应器
 Rate Constant　　速率常数
 Required Residence　　所需停留时间
 Second-order Kinetics　　二级动力学
 Sizing　　尺寸计算
Beds, Soil. *see also* Soil Beds　　滤床，土壤，参见土壤生物滤床
Bench-scale Testing　　实验室测试
Bentonite　　膨润土
Benzene　　苯
 Antoine Equation for　　Antoine 方程
 Diffusion Coefficient　　扩散系数
 Dispersion　　弥散
 Gasoline　　汽油
 Groundwater Analysis　　地下水分析
 Henry's Constant　　亨利常数
 Ingestion　　食入
 Inhalation　　吸入
 Mass, Liquid Phase　　质量，液相
 Molecular Diffusion Coefficients　　分子扩散系数
 Soil Vapor Extraction　　土壤气相抽提
 Suspended Solids, Adsorbed onto　　悬浮固体，被吸附的
 Vapor Concentrations　　气相浓度

Biodegradation	生物降解
Biofiltration	生物过滤
Bioreactors, Slurry	生物反应器，泥浆
Bioremediation, Soil	生物修复，土壤
Ex Situ	异位
Feasibility Studies	可行性研究
In Situ	原位
Moisture Requirements	湿度需求
Nutrient Requirements	养分需求
Overview of Process	过程简介
Oxygen Requirements	氧气需求
Pore Space	孔隙
Static Stockpiles, use of	静态土堆法
Biosparging. *see also* Air sparging	生物曝气，参见曝气
Bioventing. *see also* Soil Vapor Extraction (SVE)	生物通风，参见土壤气相抽提
Applications	应用
Efficiency	效率
Overview	简介
Process, Design of	过程，设计
Rate of	速率
Borings, Soil	钻孔，土壤
Calculating	计算
Cuttings from	钻屑
Diameter	直径
Bulk Densities of Soils	土壤堆积密度

C

Capillary Fringe	毛细带
Capillary Rise	毛细升高
Defining	确定
Height of	高度

Light Nonaqueous Phase Liquids (LNAPLs)	轻质非水相液体
LNAPLs Leaks	轻质非水相液体泄漏
see LNAPLs Measurement	参见轻质非水相液体测定
Site Remediation, As Part of	场地吸附，一部分
Thickness	厚度
Carbon Dioxide	二氧化碳
Carbon Monoxide	一氧化碳
Catalytic Incineration	催化焚烧
Catalyst Bed	催化反应床
Dilution Air	稀释空气
Effluent	流出
Influent Gas Flow	进气气流
Overview	简介
Supplementary Heat	补热
Chemical Kinetics, Definition	化学动力学，定义
Chemical Precipitation	化学沉淀
Chloroform	三氯甲烷
Clausius-Clapeyron Equation	Clausius-Clapeyron 方程
Clayey Soil	粘土
Organic Matter in	有机质含量
Clean Air Act (CAA)	清洁空气法案
Completely Mixed Flow Reactor (CMF)	完全混合流反应器
Completely Stirred Tank Reactor (CSTR)	完全搅拌式反应器
Compounds of Concern (COCs)	目标污染物
Adsorption of	吸附
Concentration Units	浓度单位
Diffusivity	扩散系数
Dispersion	弥散
Dispersion Coefficient	弥散系数
Dissolved	溶解的
Gasoline	汽油
Liquid Phase	液相

Mass, Total	质量，总的
Media, Present in	相态，存在
Migration of	迁移
Molecular Diffusion Coefficients	分子扩散系数
Soil Concentrations	土壤污染物浓度
Solid Phase	固相
Transport of	运移
Underground Storage Tanks (USTs), Present in	地下储罐，存在
Vadose Zone	包气带
Vapor Phase	气相
Conductivity, Hydraulic. see Hydraulic Conductivity	渗透系数，参见水力传导系数
Contamination, Determining Extent of	污染，范围确定
Continuous-Flow Stirred Tank Reactor (CFSTR)	连续流搅拌式反应器
Efficiency	效率
Effluent concentrations	出水浓度
First-Order Reaction	一级反应
Low-Temperature Thermal Desorption	低温热脱附
Parallel	并联
Second-Order Reaction	二级反应
Series	串联
Sizing	尺寸计算
Soil Slurry	土壤泥浆
Zeroth-Order Reactions	零级反应
Cooper-Jacob Straight-Line Method	Cooper–Jacob 直线法
Curve Matching	曲线拟合法

D

Darcy Velocity	达西流速
Darcy's Law	达西定律
Dense Nonaqueous-Phase Liquids (DNAPLs)	重质非水相液体
Diesel Fuel in Subsurfaces, Measurement of	地下柴油，测定

Dioxins	二噁英
Distance-Drawdown Method	距离-降深法
Dulong's Formula	杜隆公式

E

Effective Porosity	有效孔隙度
EPA Method 8015	EPA 8015 方法
EPA Method 8020	EPA 8020 方法
EPA Method 8260	EPA 8026 方法
Ethyl Benzene. *see also* Gasoline	乙苯，参见汽油
Ex Situ Biological Treatment Process	异位生物修复技术
Design of (Aboveground)	系统设计（地上部分）
Effluent	出水
Overview	简介
Sizing (Aboveground)	尺寸计算（地上）

F

Fenton's Reagent	芬顿试剂
see also In Situ Chemical Oxidation (ISCO)	参见原位化学氧化（ISCO）
Fick's Jaw	Fick 定律
Flame-Ionization Detector (FID)	火焰电离检测器
Fluffy Factor	疏松因子
Free-Floating Products	自由项
Mass Estimation	质量估算
Specific Gravity of	比重
Thickness of	厚度
Vapor Concentrations	气相浓度
Vapor, Equilibrium Between	气相，平衡关系
Volume Estimation	体积估算
Freundlich Isotherm	等温线
see also Adsorption Isotherms Freundlich	参见吸附等温线
Furans	呋喃

G

Gasoline	汽油
Benzene Content; *see* Benzene; Ethyl Benzene	苯含量，参见苯，乙苯
In Situ Groundwater Remediation	原位地下水修复
Mass Fractions in Soil	土壤中质量分数
Mole Fractions in Soil	土壤中摩尔分数
Soil Sample Analysis	土壤样品分析
Subsurfaces, Found in	地下，发现的
Vapor Concentration	气相浓度
Geological Services, US	地质中心，美国
Granular Activated Carbon (GAC)	颗粒状活性炭
Groundwater	地下水
Capillary Fringe	毛细带
Dewatering	降水
Direction of Flow	水流向
Elevations	海拔高度
Extraction; *see* Groundwater Extraction	抽出，参见地下水抽取
Extraction Wells	抽水井
Flow Gradient	水力梯度
In Situ Groundwater Remediation	原位地下水修复
Migration	迁移
Off-Site Pumping, Impact of	场外抽水，影响
Plume	污染羽
Pumping Wells	抽水井
Seasonal Changes, Impact of	季节变化，影响
Seepage Velocity	渗流速度
Speed of Flow	水流速度
Velocity	速度
Groundwater Extraction	地下水抽水
Capture Zone Analysis	捕获带分析
Confined Aquifers, Steady-State Flow in	常压含水层，稳态流

Depression, Cone of	低水压，漏斗
Multiple Wells, Use of	多井，使用
Overview	简介
Unconfined Aquifers, Steady-State Flow in	非承压含水层，稳态流
Well Spacing	井距

H

Half-Life	半衰期
Calculations	计算
Defining	确定
Hazardous Waste Management, Increase in Business of	危险废物管理，业务增长
Henry's Coefficient	亨利系数
Henry's Constant	亨利常数
Benzene	苯
Unit Conversions for	单位换算
Henry's Law	亨利定律
Equilibrium Concentrations	平衡浓度
Calculating	计算
Hydraulic Conductivity	渗透系数
Aquifer Tests for	含水层测试
Vadose Zone, Liquid Movement through	包气带，液相迁移
Hydrocarbons	烃类
Hydrogen Chloride	氯化氢
Hydrogen Peroxide	过氧化氢
see also In Situ Chemical Oxidation (ISCO)	参见原位化学氧化

I

Ideal Gas Law	理想气体定律
In Situ Chemical Oxidation (ISCO) Demands, Oxidant	原位化学氧化需氧量
Half-Reactions	半反应式
Overview	简介

Oxidants Used	氧化剂用量
Stoichiometric Amount, Determining	化学计量，确定
In Situ Groundwater Remediation	原位地下水修复
Hydrogen Peroxide, Addition of	过氧化氢，添加
Nutrients, Addition of	营养物质，添加
Overview	简介
Oxygen, Enhancement with	氧气，增加
In Situ Vacuum Extraction	原位真空抽提
see Soil Vapor Extraction (SVE)	参见土壤气相抽提
Internal Combustion (IC) Engines	内燃机
Intrinsic Permeability	固有渗透率

L

Langmuir Isotherm	等温线
see also Adsorption Isotherms Langmuir	参见吸附等温线
Leachates	泄漏
Secondary Contamination	二次污染
Compacted Clay Liner (CCL)	粘土衬层
Vadose Zone, Travel through	包气带，穿过
LeBas Method	LeBas 法
Light Nonaqueous Phase Liquids (LNAPLs)	轻质非水相液体
Capillary Fringe, Accumulation on Top of	毛细带
Mass	质量
Volume	体积
Linear Adsorption	线性吸附
Liquid-Vapor Equilibrium	液-气平衡
Los Angeles Basin	洛杉矶盆地
Low-Temperature Thermal Desorption (LTTD)	低温热脱附
Overview	简介
Process, Design of	过程，设计

Residence Time for Heating (Batch Mode)	加热停留时间（序批式）
Residence Time for Heating (Continuous Mode)	加热停留时间（连续式）

M

Mass versus Weight	质量与重量
Mass Concentration	质量浓度
Conversions of Gas Concentrations Between ppmV and…	气体浓度 ppmV 的换算
Conversions to	换算
Mass-Balance Concept	物质平衡概念
Air Dilution	空气稀释
Fundamental Approach to	基本方法
Overview	简介
Process Flow Diagram	流程图
Steady-State Condition	稳定状态
Material Safety and Data Sheet (MSDS)	材料安全数据表
Maximum Achievable Control Technology (MACT)	最大可控技术
Meinzer	Meinzer（单位）
Meinzer, O.E.	Meinzer, O.E.（人名）
Mercury, Vapor Pressure of	汞，蒸气压
Methylene Chloride	二氯甲烷
Molecular Diffusion Coefficients	分子扩散系数
Monitoring Wells	监测井
Packing Intervals	填充物
Packing Materials	填料
Seal Materials	密封材料
Water Depth	水深

N

Nonaqueous Phase Liquids (NAPLs), Entering Vadose Zone	非水相液体，进入包气带的

O

Occupational Safety and Health Administration (OSHA)	美国职业安全与健康管理局
Organic Compounds, Heating Values of	有机物，热值
Organic Vapor Analyzer (OVA)	有机蒸气
Ozone, *see also* In Situ Chemical Oxidation (ISCO)	臭氧，参见原位化学氧化

P

Partition Coefficient	分配系数
PCE, *see* Tetrachloroethylene (PCE)	四氯乙烯
Perchloroethylene	全氯乙烯
Permanganate	高锰酸盐
see also In Situ Chemical Oxidation (ISCO)	参见原位化学氧化
Permeability. *see also* Intrinsic Permeability	渗透率，参见固有渗透率
Permissible Exposure Limit (PEL)	暴露极限
Persulfate	过硫酸盐
see also In Situ Chemical Oxidation (ISCO)	参见原位化学氧化
Phosphorus	磷
Photo-Ionization Detector (PID)	光电离检测器
Plug-Flow Reactor (PFR)	活塞流反应器
Efficiency	效率
Effluent Concentrations	出水浓度
First-Order Kinetics	一级反应
Influent Concentrations	进水浓度
Parallel	并联
Second-Order Kinetics	二级反应
Series	串联
Sizing	尺寸计算
Splitting Flow	分流
Steady-State	稳态
Plumes	污染羽

Flushing	淋洗
Map	地图
Migration Speed	迁移速度
Polychlorinated Biphenyls (PCBs)	多氯联苯
Porosity	孔隙度
Principal Organic Hazardous Constituent (POHC)	主要危险有机废物
Pumping Tests	抽水试验
Distance-Drawdown Method	距离-降深法
Purging	洗井
Pyrene	芘
Hydrophobic Nature	疏水性
Migration Speed	迁移速度
Soil Concentrations	土壤浓度
Soil Washing	土壤清洗
Vapor Concentrations	气相浓度

R

Radius of Influence, Defining	影响半径，确定
see also Under Soil Vapor Extraction (SVE)	参见土壤气相抽提
Rate Constant	速率常数
Rate Equations	速率方程
Reactors. see also Specific Reactor Types	反应器，参见特定反应器类型
Batch-Type	序批式反应器
Completely Mixed Flow Reactor (CMF)	完全混合流反应器
Completely Stirred Tank Reactor (CSTR)	完全搅拌式反应器
Continuous Flow	连续流
Defining	确定
Discharge from	排放
Flexibility	灵活度
Maintenance	维修
Parallel, see also Specific Reactor Types	并联，参见特定反应器类型
Plug-Flow Reactor (PFR)	活塞流反应器

Removal Efficiency	去除效率
Selecting	选择
Series. *see also* Specific Reactor Types	串联，参见特定反应器类型
Sizing. *see also* Specific Reactor Types	尺寸计算，参见特定反应器类型
Remedial Investigation (RI). *see also* Site Assessment	修复调查，参见场地调查
Activities, Common	行动，通常
Data Collected During	期间的数据收集
Questions Asked During, Common	期间所问问题，通常
Remediation, Groundwater and soil	修复，土壤和地下水
Complexity of	复杂程度
Groundwater Extraction	地下水抽取
Organics	有机物
Site Assessment; *see* Site Assessment	场地评估
Site-Specific Nature of	某场地的特征
Resource Conservation and Recovery Act (RCRA)	资源保护和恢复法
Retardation Factor	阻滞因子
Air-Phase	气相
COC migration in the Vadose Zone, for	包气带中的污染物迁移

S

Safety Data Sheet (SDS)	安全数据表
Santa Ana River	Santa Ana 河
Seepage Velocity	渗流速度
Short-Term Exposure Limit (STEL)	短期暴露限值
SI Units	国际标准单位
Site Assessment	场地评估
Remedial Investigation Element	修复调查要素
see also Remedial Investigation (RI)	参见修复调查
Remedial Investigation, Questions Asked During	修复调查期间所问问题

Site Restoration	场地恢复
Slug Tests	微水试验
Soil, Dry Bulk Density of	土壤，干堆积密度
Soil Beds	土壤生物滤床
Soil Bioremediation	土壤生物修复
Soil Bioventing. *see* Bioventing	土壤生物通风，参见生物通风
Soil Borings. *see* Borings, Soil	土壤钻孔，参见钻孔，土壤
Soil Slurry Reactor	土壤泥浆反应器
Soil Vapor Extraction (SVE)	土壤气相抽提
see also Bioventing	参见生物通风
Applications	应用
Cleanup Time	清理时间
Coc Removal Rate	污染物去除速率
Collection Piping	收集管道
Extraction Wells	抽提井
Flow Rates	流速
Free-Product Phase	自由相
Influence, Radius of	影响，半径
Mass Removal Rates	质量去除速率
Moisture-Removal Devices	除湿设备
Off-Gas Treatment Systems	尾气处理系统
Overview	简介
Popularity	普及度
Pore Volume, Flushing	孔隙体积，淋洗
Pressure Profile	压力曲线
Temperature, Effect of	温度，影响
Vacuum Blowers	真空风机
Vapor Concentrations, Estimating	气相浓度，估算
Vapor Concentrations, Expected	气相浓度，预计
Wells, Number of, Effect of	井，数量，影响
Soil Vapor Stripping. *see* Soil Vapor Extraction (SVE)	土壤吹脱，参见土壤气相抽提
Soil-Washing Process	土壤冲洗过程

Efficiency	效率
Overview	简介
System Design	系统设计
Solid-Liquid Equilibrium Concentrations	固-液平衡浓度
Solid-Liquid-Vapor Equilibrium Concentrations	固-液-气平衡浓度
Solid-Liquid-Vapor-Free-Product Equilibrium Concentrations	固-液-气-自由相平衡浓度
Sparging. *see* Air Sparging	注入，参见空气注入
Specific Capacity	比容量
Specific Gravity	比重
Specific Retention	持水度
Specific Yield	给水度

T

Tetrachloroethylene (PCE)	四氯乙烯
Theis Method	泰斯方程
Theis, C.V.	Theis, C.V.（人名）
Thermal Destruction	热裂解
Combustion Units, Design of	燃烧单位，设计
Efficiencies, Determining	效率，确定
Energy Content of Waste	尾气热含量
Hydrogen Chloride, Generations of	氯化氢，产生
Overview	简介
Regulatory Requirements	法规要求
Temperature, Combustion	温度，燃烧
Thermal oxidation	热氧化
Actual Air Flow Rates	实际气体流速
Air Flow Rate	气体流速
Air Stream, Heating Value of	气流，热值
Auxiliary Air	辅助空气
Combustion Chamber	燃烧室
Dilution Air	稀释空气

Incinerator Size	焚烧炉尺寸
Influent	流入
Overview	简介
Standard Air Flow Rates	标准状态下的气体流速
Stoichiometric Air	化学计量的空气
Supplementary Fuel	补充燃料
Temperature	温度
Velocity, Air Flow	速度，气流
Total Petroleum Hydrocarbon (TPH)	总石油烃
Soil Vapor Extraction (SVE)	土壤气相抽提
Los Angeles Basin	洛杉矶盆地
Toluene	甲苯
Aquifer Solids, Attachment to	含水层固相，吸附到
Gasoline, Use in	汽油，使用
Molecular Diffusion Coefficients	分子扩散系数
Molecular Weight of	分子量
Vapor Concentrations	气相浓度
Transmissivity	导水系数
Trichloroethane	三氯乙烷
Type-Curve Approach	标准曲线方法

U

US Geological Services	美国地质中心
Underground Storage Tanks (USTs)	地下储罐
Chemicals Leaked By	化学品泄漏
Los Angeles Basin Case Example	洛杉矶盆地案例
Mass of Excavated Soil, Determining	开挖土壤质量，确定
Size of	尺寸
Soil Excavation	土壤开挖
Volume of Excavated Soil, Determining	开挖土壤体积，确定
US Customary Units	美国常用单位

V

Vadose zone	包气带
Benzene in	苯
COCs in	污染物
Gaseous Diffusion in.	气体扩散
Impacted Soil, After Removal of UST.	受影响土壤，储罐移除后
Liquid Movement in	液相迁移
Pyrene in.	芘
Remedial Investigation (RI), As Part of	修复调查，一部分
Soil Samples, Analysis of	土壤样品，分析
Total Petroleum Hydrocarbon (TPH) in	总石油烃
Toluene in	甲苯
VOCs in	挥发性有机物
Venting, Soil. see Soil Vapor Extraction (SVE)	通风，土壤，参见土壤气相抽提
Volatile Organic Compounds (VOCs)	挥发性有机物
Air Sparging of	空气注入
Air Stripping	空气抽提
Overview	简介
Remediation of	修复
Volatilization	挥发

W

Washing, Soil. see Soil-Washing Process	冲洗，参见土壤冲洗过程
Wastewater, Filtered	废水，过滤
Water, Viscosity of	水，黏度
Water Content of Soils	土壤含水量
Water Saturation of Soils	土壤饱和含水量
Weight Versus Mass	重量与质量
Wells, Monitoring. see Monitoring Wells	井，检测，参见监测井
Wilke-Chang Method	Wilke-Chang 法

X

Xylenes 二甲苯
 Gasoline, Use in   汽油，使用

Z

Zeroth-Order Reactions   零级反应